丛书总主编　陈宜瑜
丛书副总主编　于贵瑞　何洪林

中国生态系统定位观测与研究数据集

森林生态系统卷

吉林长白山站

（2009—2018）

王安志　主编

中国农业出版社

北　京

图书在版编目（CIP）数据

中国生态系统定位观测与研究数据集．森林生态系统
卷．吉林长白山站：2009-2018 / 陈宜瑜总主编；王安
志主编．—北京：中国农业出版社，2023.9
　　ISBN 978-7-109-31143-5

　　Ⅰ．①中…　Ⅱ．①陈…　②王…　Ⅲ．①生态系-统计
数据-中国②森林生态系统-统计数据-吉林-2009-
2018　Ⅳ．①Q147②S718.55

中国国家版本馆 CIP 数据核字（2023）第 179384 号

ZHONGGUO SHENGTAI XITONG DINGWEI GUANCE YU YANJIU SHUJUJI

中国农业出版社出版
地址：北京市朝阳区麦子店街 18 号楼
邮编：100125
责任编辑：李昕昱　文字编辑：吴沁茹
版式设计：李　文　责任校对：周丽芳
印刷：北京印刷一厂
版次：2023 年 9 月第 1 版
印次：2023 年 9 月北京第 1 次印刷
发行：新华书店北京发行所
开本：889mm×1194mm　1/16
印张：11.75
字数：345 千字
定价：98.00 元

丛书指导委员会

丛书编委会

中国生态系统定位观测与研究数据集
森林生态系统卷·吉林长白山站

本书编写委员会

主　编　王安志

编　委　郑兴波　蔡榕榕

序 一

进入 20 世纪 80 年代以来，生态系统对全球变化的反馈与响应、可持续发展成为生态系统生态学研究的热点，通过观测、分析、模拟生态系统的生态学过程，可为实现生态系统可持续发展提供管理与决策依据。长期监测数据的获取与开放共享已成为生态系统研究网络的长期性、基础性工作。

国际上，美国长期生态系统研究网络（US LTER）于 2004 年启动了 Eco Trends 项目，依托 US LTER 站点积累的观测数据，发表了生态系统（跨站点）长期变化趋势及其对全球变化响应的科学研究报告。英国环境变化网络（UK ECN）于 2016 年在 *Ecological Indicators* 发表专辑，系统报道了 UK ECN 的 20 年长期联网监测数据推动了生态系统稳定性和恢复力研究，并发表和出版了系列的数据集和数据论文。长期生态监测数据的开放共享、出版和挖掘越来越重要。

在国内，国家生态系统观测研究网络（National Ecosystem Research Network of China，简称 CNERN）及中国生态系统研究网络（Chinese Ecosystem Research Network，简称 CERN）的各野外站在长期的科学观测研究中积累了丰富的科学数据，这些数据是生态系统生态学研究领域的重要资产，特别是 CNERN/CERN 长达 20 年的生态系统长期联网监测数据不仅反映了中国各类生态站水分、土壤、大气、生物要素的长期变化趋势，同时也能为生态系统过程和功能动态研究提供数据支撑，为生态学模型的验证和发展、遥感产品地面真实性检验提供数据支撑。通过集成分析这些数据，CNERN/CERN 内外的科研人员发表了很多重要科研成果，支撑了国家生态文明建设的重大需求。

近年来，数据出版已成为国内外数据发布和共享，实现"可发现、可访问、可理解、可重用"（即 FAIR）目标的重要手段和渠道。CNERN/CERN 继 2011 年出版"中国生态系统定位观测与研究数据集"丛书后再次出版新一期数据集丛书，旨在以出版方式提升数据质量、明确数据知识产权，推动融合专业理论或知识的更高层级的数据产品的开发挖掘，促进 CNERN/CERN 开放共享由数据服务向知识服务转变。

该丛书包括农田生态系统、草地与荒漠生态系统、森林生态系统及湖泊湿地海湾生态系统共 4 卷（51 册）以及森林生态系统图集 1 册，各册收集了野外台站的观测样地与观测设施信息，水分、土壤、大气和生物联网观测数据以及特色研究数据。本次数据出版工作必将促进 CNERN/CERN 数据的长期保存、开放共享，充分发挥生态长期监测数据的价值，支撑长期生态学以及生态系统生态学的科学研究工作，为国家生态文明建设提供支撑。

2021 年 7 月

　　科学数据是科学发现和知识创新的重要依据与基石。大数据时代，科技创新越来越依赖于科学数据综合分析。2018 年 3 月，国家颁布了《科学数据管理办法》，提出要进一步加强和规范科学数据管理，保障科学数据安全，提高开放共享水平，更好地为国家科技创新、经济社会发展提供支撑，标志着我国正式在国家层面开始加强和规范科学数据管理工作。

　　随着全球变化、区域可持续发展等生态问题的日趋严重以及物联网、大数据和云计算技术的发展，生态学进入了"大科学、大数据"时代，生态数据开放共享已经成为推动生态学科发展创新的重要动力。

　　国家生态系统观测研究网络（National Ecosystem Research Network of China，简称 CNERN）是一个数据密集型的野外科技平台，各野外台站在长期的科学研究中积累了丰富的科学数据。2011 年，CNERN 组织出版了"中国生态系统定位观测与研究数据集"丛书。该丛书共 4 卷、51册，系统收集整理了 2008 年以前的各野外台站元数据，观测样地信息与水分、土壤、大气和生物监测以及相关研究成果的数据。该丛书的出版，拓展了 CNERN 生态数据资源共享模式，为我国生态系统研究、资源环境的保护利用与治理以及农、林、牧、渔业相关生产活动提供了重要的数据支撑。

　　2009 年以来，CNERN 又积累了 10 年的观测与研究数据，同时国家生态科学数据中心于 2019 年正式成立。中心以 CNERN 野外台站为基础，生态系统观测研究数据为核心，拓展部门台站、专项观测网络、科技计划项目、科研团队等数据来源渠道，推进生态科学数据开放共享、产品加工和分析应用。为了开发特色数据资源产品、整合与挖掘生态数据，国家生态科学数据中心立足国家野外生态观测台站长期监测数据，组织开展了新一版的观测与研究数据集的出版工作。

本次出版的数据集主要围绕"生态系统服务功能评估""生态系统过程与变化"等主题进行了指标筛选，规范了数据的质控、处理方法，并参考数据论文的体例进行编写，以翔实地展现数据产生过程，拓展数据的应用范围。

该丛书包括农田生态系统、草地与荒漠生态系统、森林生态系统以及湖泊湿地海湾生态系统共4卷（51册）以及图集1本，各册收集了野外台站的观测样地与观测设施信息，水分、土壤、大气和生物联网观测数据以及特色研究数据。该套丛书的再一次出版，必将更好地发挥野外台站长期观测数据的价值，推动我国生态科学数据的开放共享和科研范式的转变，为国家生态文明建设提供支撑。

2021 年 8 月

....

　　吉林长白山森林生态系统国家野外科学观测研究站（简称长白山站），即中国科学院长白山森林生态系统定位研究站，创建于 1979 年，同年加入了联合国 MAB 计划（Man and Biosphere Programme），依托中国科学院沈阳应用生态研究所（原中国科学院林业土壤研究所），地处长白山国家自然保护区（127°42′55″—128°16′48″E，41°41′49″—42°51′18″N）北坡山底。长白山站 1989 年被批准为中国科学院"开放站"，1992 年被批准为中国科学院生态系统研究网络（Chinese Ecosystem Research Network，CERN）重点站，1993 年加入"国际长期生态学研究网络"（The International Long Term Ecological Research，ILTER），2000 年被批准为国家重点开放实验站试点站，2005 年被批准为国家野外站，是中国陆地生态系统通量观测研究网络（ChinaFLUX）和中国科学院区域大气本底观测网成员，2010 年和 2019 年被评为优秀国家站。

　　自建站以来，长期开展阔叶红松林、暗针叶林、亚高山岳桦林、高山苔原、次生白桦林等不同森林生态系统的定位研究，承担多项国家级、省部级科研项目，积累了大量宝贵的监测和研究数据。同时，围绕全球性资源、环境、生态等热点问题，建成了包括森林水文过程模拟系统、开顶箱（Open-topchamber，OTC）、施氮控水系统、林冠塔吊观测系统、通量塔等 10 余个大型科研实验平台。

　　大数据时代的来临，国家生态系统观测研究网络平台（Chinese National Ecosystem Research Network，CNERN）的数据共享以特色数据资源产品开发、生态数据深度服务等为重点建设内容，以国家生态服务评估、大尺度生态过程和机理研究等重大需求为导向。依据《中国生态系统定位观测与研究数据集编写指南》，通过对历史数据的收集、整理和校正，编制了长白山站2009—2018年度水分、土壤、大气和生物的观测数据集（包括长白山站的简介、主要样地信息及联网长期观测数据等内容）。

本数据集的整理和编写由王安志研究员任主编，统稿由郑兴波高级工程师、蔡榕榕工程师完成，审稿由关德新研究员负责。参加数据整编的人员主要有王安志研究员、郑兴波高级工程师、戴冠华高级工程师、蔡榕榕工程师以及长白山站全体工作人员。

本书所提供的数据仅为2009—2018长白山站长期观测数据集，全部数据集已汇集至国家科技基础条件平台（www.cbs.iae.ac.cn）上，高等院校、科研机构和相关科技工作者可直接登入获取。

因为时间和篇幅的限制，本数据集并未包括此期间的研究数据和专题数据，加之水平能力有限，纰漏瑕疵之处，恳请广大专家、同仁批评指正。

在数据集汇编完成之际，向长白山站的长期观测人员以及曾在长白山站工作的老一辈科学家、科研人员的辛勤劳动和无私奉献表示诚挚的谢意。

编　者
2019.12

CONTENTS

目 录

序一

序二

前言

第1章 台站介绍 ·· 1

1.1 概述 ··· 1

1.2 研究方向 ··· 2

1.3 研究成果 ··· 3

第2章 主要样地与观测设备 ·· 5

2.1 概述 ··· 5

2.2 观测场介绍 ·· 6

2.2.1 长白山阔叶红松林观测场 （CBFZH01） ····························· 6

2.2.2 长白山次生白桦林辅助观测场 （CBFFZ01） ······················ 10

2.2.3 长白山阔叶红松林永久样地（1号地）（CBFZQ01） ··········· 10

2.2.4 长白山暗针叶林永久样地（2号地）（CBFZQ02） ·············· 11

2.2.5 长白山暗针叶林永久样地（3号地）（CBFZQ03） ·············· 11

2.2.6 长白山亚高山岳桦林永久样地（4号地）（CBFZQ04） ········ 12

2.2.7 长白山高山苔原永久样地（5号地）（CBFZQ05） ·············· 12

2.2.8 长白山气象观测场 （CBFQX01） ···································· 12

2.2.9 长白山水文径流观测场 （CBFFZ10） ······························· 13

2.2.10 长白山流动地表水观测场 （CBFFZ11） ·························· 14

第3章 联网长期观测数据 ·· 16

3.1 生物长期观测数据 ··· 16

3.1.1 群落生物量数据集 ··· 16

3.1.2 分种生物量数据集 ··· 16

3.1.3 乔木胸径数据集 ·· 18

3.1.4 灌木基径数据集 ·· 20

3.1.5 物种平均高度数据集 ·· 22

3.1.6 植物数量数据集 ·· 27

3.1.7 动物数量数据集 ·· 33

3.1.8 植物物种数数据集 ···································· 34

3.1.9 叶面积指数数据集 ···································· 35

3.1.10 凋落物季节动态数据集 ································ 36

3.1.11 凋落物现存量数据集 ·································· 38

3.1.12 物候数据集 ·· 39

3.1.13 元素含量与能值数据集 ································ 49

3.1.14 动植物名录数据集 ··································· 52

3.2 土壤长期观测数据 ·· 59

3.2.1 土壤交换量数据集 ····································· 59

3.2.2 土壤养分数据集 ······································ 61

3.2.3 土壤速效微量元素数据集 ································ 64

3.2.4 剖面土壤机械组成数据集 ································ 65

3.2.5 剖面土壤容重数据集 ··································· 66

3.2.6 剖面土壤重金属全量数据集 ······························ 67

3.2.7 剖面土壤微量元素数据集 ································ 69

3.2.8 剖面土壤矿质全量数据集 ································ 70

3.3 水分长期观测数据 ·· 72

3.3.1 土壤含水量数据集 ····································· 72

3.3.2 地表水、地下水水质 ··································· 123

3.3.3 雨水水质 ·· 129

3.3.4 蒸发量 ··· 131

3.3.5 地下水位 ·· 133

3.4 气象长期观测数据 ·· 136

3.4.1 气象人工观测要素 ····································· 136

3.4.2 气象自动观测要素 ····································· 146

第1章

台 站 介 绍

1.1 概述

长白山是世界上公认的欧亚大陆北半部最具代表性的典型自然综合体，山地森林生态系统保存着最完好和最丰富的物种基因库，也是世界上同纬度地区保存最完好、面积最大的原始森林分布区。巨大的海拔差异，导致水热条件的明显不同，从而形成了长白山自上而下明显的环境梯度，造就了长白山类型多样的自然植被，构成了独特的自然景观格局。在水平距离仅40多km的坡面上，包罗了从温带到极地水平上数千千米的植被景观，是欧亚大陆从中温带到寒带主要植被类型的缩影，是研究森林生态系统对气候变化响应的天然实验室。为了长期深入地开展森林生态学的定位研究，受中国科学院委托，1979年中国科学院林业土壤研究所（现中国科学院沈阳应用生态研究所）创建了长白山森林生态系统定位研究站。

长白山站位于长白山国家自然保护区（127°42′55″—128°16′48″E，41°41′49″—42°51′18″N）北坡山底，吉林省安图县二道白河镇境内，海拔763 m，站内年平均气温3.5℃，最低气温达到−39℃，年降水量为600～1 000 mm。自然区域覆盖长白山北坡不同海拔高度的原始和人类干扰下的植被类型，包括阔叶红松林（1 100 m以下）、云冷杉林（1 100～1 700 m）、亚高山岳桦林（1 700～2 000 m）、高山苔原（2 000 m以上），代表了欧亚大陆东北部典型的自然特征。

长白山站现有固定研究人员53人，研究员25人、副研究员15人、助理研究员13人，52人拥有博士学位。其中，中国科学院卓越青年科学家1人，中国科学院"百人计划"入选者3人，中国科学院"百人计划"青年项目1人，优秀青年基金获得者3人。此外，还有客座研究人员9人，全部为教授或者研究员，他们长期在站进行森林生态学方面的科学研究工作。

长白山站设立学术委员会（图1-1），负责组织和协调各学科方向的科研工作；设站长1名、副

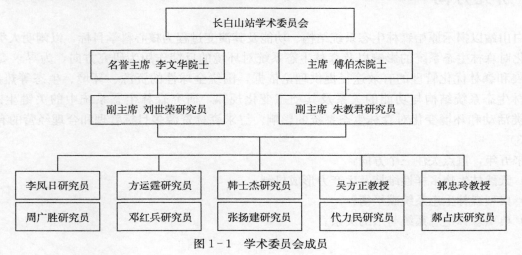

图1-1 学术委员会成员

站长2名；现有观测人员5名，包括气象观测人员2名、土壤观测和数据管理人员1名、生物和水分观测人员1名、试验分析及实验室管理人员1名；长期驻站人员7名（图1-2）。

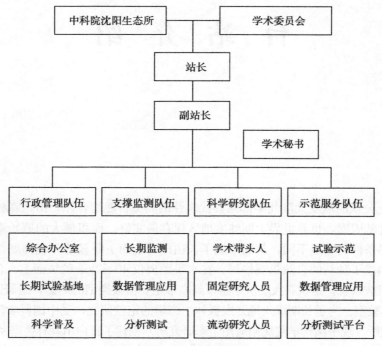

图1-2　组织架构

长白山站现有实验用房800 m²、10个实验室及计算机室、图书资料室等。配备常规生态仪器（如元素分析仪、TOC、流动分析仪、凯式定氮仪、自动化学分析仪、6 400光合仪、叶面积指数测定仪、CO_2/H_2O分析仪等）。在保护区周围的作业区内，设置合理经营利用森林资源研究试验地233 hm²。综合实验室有CERN（中国科学院生态系统研究网络）新进的大型野外监测和室内分析仪器15台。同时，专家公寓有标准客房74间，可接待150名左右国内外研究人员同时来站工作。此外，大会议室2间，可分别容纳80余人；小会议室2间，可分别容纳20余人。拥有野外考察车辆2台，大、小食堂可供百人同时就餐，可满足站区基本生活和研究工作的需要。

1.2　研究方向

长白山站以揭示原始森林生态系统结构、功能及其演变过程为核心科学目标，以阐明人类活动和环境变化对森林生态系统的影响以及森林生态系统对环境的反馈作用为研究方向，为寻求森林资源持续发展和森林优化管理的有效途径提供理论依据，围绕全球性的资源、环境、生态等热点问题，揭示森林生态系统结构与功能的关系及其动态变化规律，研究森林生态系统中的关键生态过程，阐明人类活动和环境变化对森林生态系统的影响，寻求森林资源多目标管理和合理经营的有效途径（图1-3）。

未来五年，重点关注三个方向：

（1）天然林生物多样性维持及生产力形成机制；

（2）典型森林生态系统碳平衡；

（3）典型森林生态系统与水的关系。

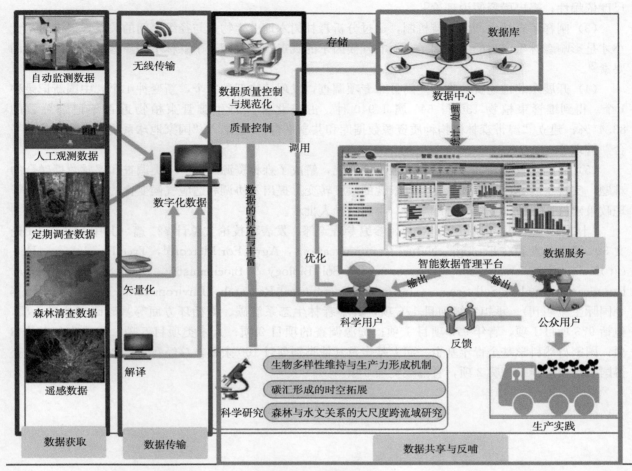

图 1-3 总体思路

1.3 研究成果

阔叶红松林是我国东北温带针阔叶混交林最具有代表性的典型森林类型。近 40 年，以长白山森林生态系统定位研究站为依托，国内外学者对原始阔叶红松林生态系统的物种组成、生物多样性、群落动态、生物地球化学循环等生态系统结构、功能、过程变化等方面开展了大量的研究工作，取得一系列科研成果，为生态学的发展做出了重要学术贡献。

（1）阐明了阔叶红松林对全球变化的响应机制及碳汇功能，提出长白山老龄原始阔叶红松林生态系统是大气的持续碳汇，原始老龄阔叶红松林生态系统具有持续固碳能力的结论[1][2][3]。

（2）揭示了温带天然林生物多样性维持机制，发现森林群落构建中随机性与确定性过程贡献具有

① Junhui Zhang, Xuhui Lee, Guozheng Song, et al, 2011. Pressure correction to the long-term measurement of carbon dioxide flux [J]. Agricultural and Forest Meteorology, 151 (1): 70-77.

② Jiabing Wu, Dexin Guan, FenhuiYuan, et al, 2012. Evolution of atmospheric carbon dioxide concentration at different temporal scales recorded in a tall forest [J]. Atmospheric Environment, 61: 9-14.

③ Jiabing Wu, Xiangming Xiao, Dexin Guan, et al, 2009. Estimation of the gross primary production of an old-growth temperate mixed forest using eddy covariance and remote sensing [J]. International Journal of Remote Sensing, 30 (2): 463-479.

尺度依赖性；提出稀释假说理论[①]。

（3）阐释了森林生产力维持机制，通过分析森林树木地上生物量与径级之间的关系，提出树木大小才是影响森林生产力的关键因子，而非气候因子的观点。准确阐述了森林不同演替阶段生产力驱动要素[②]。

（4）开展东北植物资源物种空间分布专项调查，发现植物新种2个，新变种1个，中国新记录种1个。得到维管束植物136科645属1940种，占东北林区野生维管束植物近百年记录总数的83.44%；建立"温带森林植物种质资源数据库和共享平台"，已纳入"国家地球系统科学数据共享平台"管理。

（5）研制开发了森林经营管理决策支持系统，解决了森林资源二类、三类调查和遥感数据融合的难题，实现了森林经营管理从林分到景观的尺度转变。提出了协调和适应气候变化的我国森林经营管理政策建议，并被国务院办公厅采用，得到领导人批示。

"十二五"以来，出版专著12部，参编专著4部，发表科技论文总计721篇（其中SCI或EI论文501篇，多发表在Ecology，Nature Communications，Agric For Meteorol，Tree Physiology，Forest Ecology & Management，Biogeosciences，Soil Biology & Biochemistry，Plant Soil，Geoderma，European Journal of Soil Scienc，Journal of Geophysical Research，Environmental Research Letters等国际主流期刊）。承担各级项目176项，其中森林生态系统碳、氮循环方面等基础研究项目4项，包括973项目1项，青年973项目1项；资源调查的项目2项；人才类项目5项；优秀青年基金3项；国家自然科学基金青年基金、面上基金及其他类别项目160余项，总经费1亿3000多万元。获得国家科技进步二等奖2项，省部级奖项8项。

---

① Jia Song, Da Yang, Cunyang Niu, et al, 2018. Correlation between leaf size and hydraulic architecture in five compound-leaved tree species of a temperate forest in NE China [J]. Forest Ecology and Management, 418: 63 - 72.

② Stephenson NL, Das AJ, Condit R, 2014. Rate of tree carbon accumulation increases continuously with tree size [J]. Nature, 507: 90 - 93.

第2章

□□□□□□□□□□□□□□□□□□□□□□□□□

主要样地与观测设备

2.1　概述

长白山站根据长白山自然保护区的植被分布，依照 CERN 监测规范总体要求，共设有 10 个观测场，22 个采样地，其中综合观测场 1 个，气象要素综合观测场 1 个，辅助观测场 3 个，站区观测点 5 个。长期定位观测的森林类型有阔叶红松林、次生白桦林、暗针叶林和亚高山岳桦林 4 种森林类型（表 2-1），各个观测场的空间位置图见图 2-1。

表 2-1　长白山站观测场、观测点

观测场名称	观测场代码	采样地名称	采样地代码
长白山阔叶红松林观测场	CBFZH01	长白山综合观测场土壤生物采样地	CBFZH01ABC _ 01
		长白山综合观测场土壤水分（中子仪）监测样地	CBFZH01CTS _ 01
		长白山综合观测场土壤水分（烘干法）监测样地	CBFZH01CHG _ 01
		长白山综合观测场凋落物含水量采样地	CBFZH01CKZ _ 01
		长白山综合观测场树干径流采样地	CBFZH01CSJ _ 01
		长白山综合观测场穿透降水采样地	CBFZH01CCJ _ 01
长白山次生白桦林辅助观测场	CBFFZ01	长白山白桦林观测场土壤生物联合采样地	CBFFZ01AB0 _ 01
长白山阔叶红松林永久样地（1 号地）	CBFZQ01	长白山阔叶红松林永久样地土壤生物联合采样地	CBFZQ01AB0 _ 01
长白山暗针叶林永久样地（2 号地）	CBFZQ02	长白山暗针叶林永久样地土壤生物联合采样地	CBFZQ02AB0 _ 01
长白山暗针叶林永久样地（3 号地）	CBFZQ03	长白山暗针叶林永久样地土壤生物联合采样地	CBFZQ03AB0 _ 01
长白山亚高山岳桦林永久样地（4 号地）	CBFZQ04	长白山亚高山岳桦林永久样地土壤生物联合采样地	CBFZQ04AB0 _ 01
长白山高山苔原永久样地（5 号地）	CBFZQ05	长白山高山苔原永久样地土壤生物联合采样地	CBFZQ05AB0 _ 01
长白山气象观测场	CBFQX01	长白山自动气象观测样地	CBFQX01DZD _ 01
		长白山气象观测场 E601 蒸发皿	CBFQX01CZF _ 01
		长白山气象测场地下水井采样点	CBFQX01CDX _ 01
		长白山气象观测场雨水采集器	CBFQX01CYS _ 01
		长白山人工气象观测样地	CBFQX01DRG _ 01
		长白山气象观测场土壤水分（中子管）监测地	CBFQX01CTS _ 01
长白山水文径流观测场	CBFFZ10	长白山水文径流观测场穿透降水采样地	CBFFZ10CCJ _ 01
		长白山水文径流观测场树干径流采样地	CBFFZ10CSJ _ 01
		长白山水文径流观测场地表径流采样地	CBFFZ10CTJ _ 01
长白山流动地表水观测场	CBFFZ11	长白山二道白河流动地表水采样点	CBFFZ11CLB _ 01

长白山森林生态系统定位研究站样地分布图
Distribution map of sampling site of Changbai
Mt. Forest Ecosystem Research Station

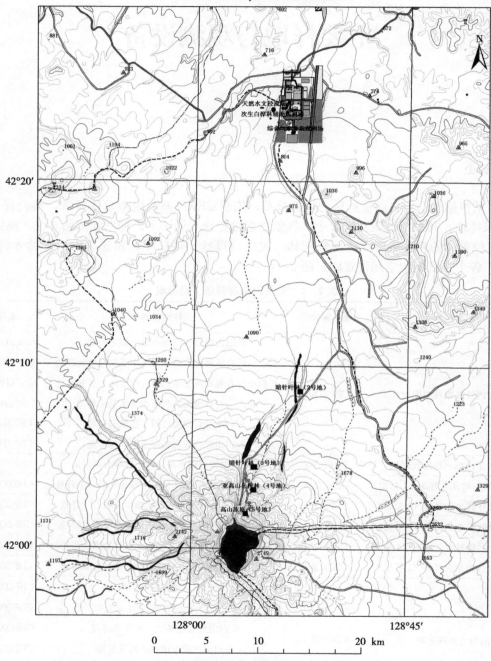

图 2-1 长白山森林生态系统定位研究站样地分布

2.2 观测场介绍

2.2.1 长白山阔叶红松林观测场（CBFZH01）

随着海拔的升高，长白山植被出现明显的垂直分布。其中，阔叶红松林是长白山地区代性植被类型，分布面积广，林分结构复杂。对其进行长期动态研究，对于了解长白山区森林的生态功能、合理永续利用森林资源、改善环境具有重要意义。

长白山阔叶红松林天然森林生态系统位于吉林省安图县二道白河镇，经度范围：128°05′41″—128°05′46″E，纬度范围：42°24′10″—42°24′12″N，海拔 784 m，为原始森林干扰后自然演替的顶级群落。动物活动主要为小型啮齿类和鸟类，偶见大型兽类脚印；人类活动轻度，主要为采集野菜、蘑菇、松子和养蜂，无任何采伐。

长白山阔叶红松林观测场于 1998 年建立，观测面积为 1 600 m²，观测内容包括生物、水分、土壤和气象数据。乔木层物种数 15 种，优势种 5 种，优势种平均高度 27 m，郁闭度 0.8；灌木层物种数 7 种，优势种 2 种，优势种平均高度 1 m，盖度 50%；草本层物种数 25 种，优势种 3 种，优势种平均高度 0.3 m，盖度 40%。地貌特征为山前玄武岩台地，地势平坦，坡度 2°，坡向北坡，坡位坡中。年均温 3.5℃，年降水量 700～800 mm，＞10℃有效积温＞2 335℃，无霜期 100～120 d，年平均湿度 71～72，年干燥度 0.53。根据全国第二次土壤普查，土类为棕色针叶林土，亚类为白浆化棕色针叶林土；根据中国土壤系统分类属于淋溶土，土壤母质为黄土，无侵蚀情况，土壤剖面分层情况为：0～5 cm 枯枝落叶及半腐败枯枝落叶层；5～11 cm 深灰色或深灰棕色腐殖质层；11～25 cm 浅灰色粉沙黏壤土；40～50 cm 浅灰色黏土，50～60 cm 暗棕色黏土，土壤采样理论上可用 266 年。

观测场采样地包括：①综合观测场土壤生物采样地；②综合观测场中子管采样地；③综合观测场烘干法采样地；④综合观测场树干径流采样地；⑤综合观测场穿透降水采样地；⑥综合观测场枯枝落叶含水量采样地。观测场所有样地综合配置分布图如图 2-2 所示。

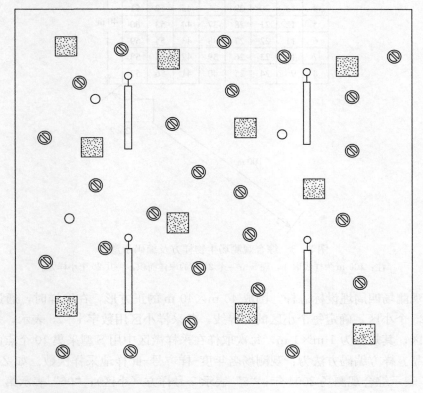

　　□　穿透雨收集槽0.2 m×5.83 m
　　⊶　穿透雨测量系统
　　◍　树干径流观测系统
　　▦　枯枝落叶承接盘
　　○　中子管

图 2-2　观测场样地平面示意图

2.2.1.1　综合观测场土壤生物采样地（CBFZH01ABC _ 01）

该样地属典型的阔叶红松林，生物物种丰富，土壤类型代表性强，地势平坦，适合做土壤、生物观测样地。样地中心点地理坐标为128°05′44″E、42°24′11″N，1998 年建立，面积为 40 m×40 m 的正方形，属于破坏性样地。

生物采样为沿综合观测场一角拉一条 100 m 样带，每 5 m 对一个 2 m×2 m 的样方取样，一共 20个，草本 1 m×1 m、灌木 2 m×2 m 全部取出。生物采样设计图及说明如图 2-3 所示。监测内容主要包括：①生境要素，即植物群落名称、群落高度、水分状况、动物活动、人类活动、生长/演替特征；②乔木层每木调查，即胸径、高度、生活型、生物量；③乔木、灌木、草本层物种组成，即株数/多度、平均高度、平均胸径、盖度、生活型、生物量、地上地下部总干重（草本层）；④树种的更新状况，即平均高度、平均基径；⑤群落特征，即分层特征、层间植物状况、叶面积指数；⑥凋落物各部分干重；⑦乔灌草物候，即出芽期、展叶期、首花期、盛花期、结果期、枯黄期等；⑧优势植物和凋落物元素含量与能值，即全碳、全氮、全磷、全钾、全硫、全钙、全镁、热值；⑨鸟类种类与数量；⑩大型野生动物种类与数量。

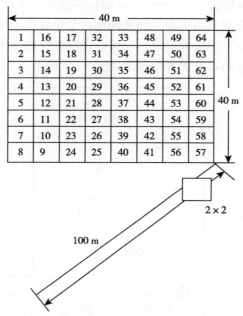

图 2-3　综合观测场生物样方及编码示意图

注：100 m 为样线取样，隔 5 m 一个 2×2 的取样面积，一共 20 个小样方。

土壤采样为观测场四周埋设标志杆，围成 40 m×40 m 的正方形，在取样时，通过对边拉线，分成 8 m×8 m 的 25 个小区，确定每个小区的分界线，各采样小区用数字 1～25 表示，每个小区又通过拉线确定采样微区，其规格为 1 m×1 m，每次取样在采样微区中用 S 型采集 10 个点的土壤，混合后用四分法缩分样品。样方编码方法为：观测场名年度-样方号-此样地采样次数。如 ZH2004-5-06，其中"ZH2004"表示综合观测场 2004 年；"5"表示 5 号样方（小区）；"06"表示第 6 次采样。土壤采样分区设计图及说明如图 2-4 所示。监测内容主要包括：①硝态氮、铵态氮、速效磷、速效钾、有机质、全氮、pH、凋落物厚度；②缓效钾、阳离子交换量、土壤交换性钙、镁、钾、钠、有效钼、有效硫、容重、有机质、全氮、全磷、全钾、微量元素全量（硼、钼、锌、锰、铜、铁）；③重金属（铬、铅、镍、镉、硒、砷、汞）、机械组成、土壤矿质全量（磷、钙、镁、钾、钠、铁、铝、硅、钼、锑、硫）、剖面下层容重。

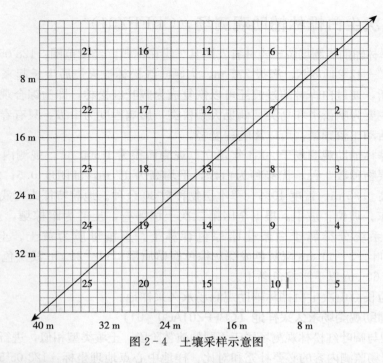

图 2-4　土壤采样示意图

2.2.1.2　长白山综合观测场土壤水分（中子仪）监测样地（CBFZH01CTS_01）

该样地主要观测土壤含水量，样地中心点地理坐标为 128°05′44″E、42°24′11″N，2003 年建立，面积为 40 m×40 m 的正方形。在样地的东部（上部）、中部、西部（下部）各安装有中子管，所测含水量具有代表性，能准确反映样地的平均含水量。每年 5 月 1 日至 10 月 30 日进行监测，1 次/5 d。中子管布置示意图见图 2-2。

2.2.1.3　长白山综合观测场土壤水分（烘干法）监测样地（CBFZH01CHG_01）

该样地主要用烘干法观测土壤含水量，样地中心点地理坐标为 128°05′44″E、42°24′11″N，2001 年建立，面积为 40 m×40 m 的正方形。采样地为东部（上部）、中部、西部（下部），同中子管布设地点（图 2-2）。每年 5 月 1 日至 10 月 30 日进行监测，1 次/2 月。

2.2.1.4　长白山综合观测场凋落物含水量采样地（CBFZH01CKZ_01）

该样地主要用于观测枯枝落叶含水量，样地中心点地理坐标为 128°05′44″E、42°24′11″N，1999 年建立，面积为 40 m×40 m 的正方形。采样方法为在样地内随机分布 10 个 1 m×1 m 的枯枝落叶承接盘，布置示意图见综合观测场平面示意图（图 2-2），每年 5 月 1 日至 10 月 30 日进行监测，1 次/月。

2.2.1.5　长白山综合观测场树干径流采样地（CBFZH01CSJ_01）

该样地主要观测树干径流量，样地中心点地理坐标为 128°05′44″E、42°24′11″N，1998 年建立，面积为 40 m×40 m 的正方形。在观测场内选择不同树种、不同胸径的 26 棵树，包括阔叶红松林所有优势树种，胸径从大到小涵盖所有径级，此树干径流量能代表阔叶红松林的树干径流量，下雨后有径流产生即观测。树干径流观测系统布置图见综合观测场平面示意图（图 2-2）。

2.2.1.6　长白山综合观测场穿透降水采样地（CBFZH01CCJ_01）

该样地主要观测穿透降水量，样地中心点地理坐标为 128°05′44″E、42°24′11″N，1998 年建立，面积为 40 m×40 m 的正方形。在观测场内选择林窗大小适中且具有代表性的位置，均匀布置 4 个 5.83 m×0.2 m 穿透雨收集器。每年 5 月 1 日至 10 月 31 日下雨后有流量产生即进行观测。穿透雨测量系统布置图见综合观测场平面示意图（图 2-2）。

2.2.2 长白山次生白桦林辅助观测场（CBFFZ01）

长白山次生白桦林辅助观测场位于吉林省安图县二道白河镇，经度范围：128°05′57″—128°05′58″E，纬度范围：42°24′07″—42°24′08″N，海拔 777 m，为阔叶红松林被火烧后生长起来的次生林，林下有红松幼苗、幼树更新，通过白桦林的过渡还可以恢复成为阔叶红松林，即为综合观测场群落类型的演替前期。动物活动主要为啮齿类和鸟类，偶见大型兽类，影响程度为中级。只有春季采集野菜和秋季采集松果时，人为活动比较频繁，所以影响程度轻。

长白山次生白桦林辅助观测场于 2004 年建立，观测面积为 1 600 m²，观测内容包括生物、土壤和气象数据。乔木层物种数 9 种，优势种为白桦，平均高为 17 m，郁闭度 0.5；木层物种数 10 种，优势种 2 种，平均高 0.35 m，盖度 40%；草本层物种数 30 余种。地貌特征为玄武岩台地，平坦；坡度 2°；坡向：北偏东；坡位：坡中。根据全国第二次土壤普查，土类为暗棕壤，亚类为白浆化暗棕壤；根据中国土壤系统分类属于白浆化暗棕色森林土。土壤母质为黄土。土壤剖面分层情况为：0～3 cm 枯枝落叶；3～11 cm 深灰色或深灰棕色腐殖质层；11～25 cm 浅灰色粉沙黏壤土；40～50 cm 浅灰色黏土；60 cm 以下暗棕色黏土。

观测场采样地为长白山次生白桦林辅助观测场永久采样地。

长白山次生白桦林辅助观测场永久采样地（CBFFZ01AB0_01）

该样地群落类型与阔叶红松林观测场属于不同的演替阶段，土壤类型相似，进行土壤与生物的长期监测，是对综合观测场监测内容的必要补充和对比。样地中心点地理坐标：128°05′57.5″E、42°24′7″N，面积为 40 m×40 m 的正方形。

生物采样为在样地内取面积为 5 m×5 m 的Ⅱ级样方 24 个，采样沿对角线，每 5 m 对一个 2 m×2 m 的样方取样，草本 1 m×1 m，灌木 2m×2m 全部取出。监测内容包括：生境要素、乔木层每木调查、树种林木更新、群落特征、物候观测、优势植物和凋落物元素含量以及能值、凋落物季节动态变化。

土壤采样为在观测场四周埋设样方标桩，分为 25 个小区，在每个小区中划分采样微区，其面积为 1 m×1 m，每次采样采用 S 型取样，混合后用四分法缩分样品。监测内容包括：①硝态氮、铵态氮、速效磷、速效钾、有机质、全氮、pH、凋落物厚度；②缓效钾、阳离子交换量、土壤交换性钙、镁、钾、钠、有效钼、有效硫、容重、有机质、全氮、全磷、全钾、微量元素全量（硼、钼、锌、锰、铜、铁）；③重金属（铬、铅、镍、镉、硒、砷、汞）、机械组成、土壤矿质全量（磷、钙、镁、钾、钠、铁、铝、硅、钼、锑、硫）、剖面下层容重。

2.2.3 长白山阔叶红松林永久样地（1 号地）（CBFZQ01）

长白山阔叶红松林永久样地（1 号地）位于长白山国家级自然保护区原始阔叶红松林的腹地，林分景观均质性大，经度范围：128°05′31″—128°05′37″E，纬度范围：42°24′6″—42°24′12″，海拔 784 m，为原始阔叶红松林。动物活动为啮齿类和鸟类，偶见大型兽类，影响程度为中级。人为干扰较少，其生物学及生态学过程具有近自然的属性。观测场内的植被代表性充分，对其开展水分、土壤和生物长期动态监测以及森林生态系统结构和功能的演变规律及其与环境变化的关系研究都具有鲜明的代表性，是对综合观测场的必要补充。

长白山阔叶红松林永久样地（1 号地）于 1998 年建立，观测面积为 10 000 m²，观测内容包括生物、土壤和气象数据。阔叶红松林，郁闭度 0.8；乔木层优势种：红松、色木槭、紫椴、水曲柳、蒙古栎，优势种平均高度 26 m；灌木层优势种：毛榛、东北山梅花，均高 1 m；草本层优势种：美汉草、毛缘薹草、山茄子，均高 0.3 m。地貌特征为玄武岩台地，地势平坦，坡度在 2°左右，北坡，位于坡中。年均温 3.6 ℃，年降水量 695 mm，年均蒸发量 1 247.3 mm，年均无霜期 149 d，年均湿度

71，年干燥度 0.53。根据全国第二次土壤普查，土类为暗棕壤，亚类为白浆化暗棕壤；根据中国土壤系统分类属于白浆化暗棕色森林土，土壤母质为黄土，土壤剖面分层情况为：0～3 cm 枯枝落叶；3～5 cm 半腐败枯枝落叶层；5～11 cm 深灰色或深灰棕色腐殖质层；11～25 cm 浅灰色粉沙黏壤土；40～50 cm 浅灰色黏土；60 cm 以下暗棕色黏土。

观测场采样地为长白山阔叶红松林永久样地土壤生物联合采样地。

长白山阔叶红松林永久样地土壤生物联合采样地（CBFZQ01AB0 _ 01）

该样地为站区调查点，属典型的阔叶红松林，生物物种丰富，土壤类型代表性强，地势平坦，进行土壤和生物的长期观测。样地中心点地理坐标为 128°05′34″E、42°24′9″N，1998 年建立，面积为 100 m×100 m 的正方形，属于永久样地。

2.2.4　长白山暗针叶林永久样地（2 号地）（CBFZQ02）

长白山暗针叶林永久样地（2 号地）位于长白山北坡，经度范围：128°07′54″—128°07′55″E，纬度范围：42°24′38″—42°24′39″N，海拔 1 258 m，为原始暗针叶林，是对综合观测场的必要补充。动物活动为啮齿类和鸟类，偶见大型兽类，影响程度为中级。只有春季采集野菜和秋季采集松果时，人为活动比较频繁，所以影响程度较轻。

长白山暗针叶林永久样地（2 号地）于 1998 年建立，观测面积为 600 m²，观测内容包括生物、土壤和气象数据。乔木层优势种：红松、云山、冷杉、臭松，平均高度 18 m，郁闭度 0.9；灌木层优势种 4 种，草本层优势种 10 种。地貌特征为山麓倾斜玄武岩高原，坡度 2°，北偏西，坡中。6—9 月均温 14.6 ℃，年降水量 800～1 000 mm，年均湿度 73，年干燥度 0.24。根据全国第二次土壤普查，土类为棕色针叶林土，亚类为灰化棕色针叶林土；根据中国土壤系统分类属于棕色针叶林土，土壤母质为火山灰沙，土壤剖面分层情况为：0～4 cm 藓类枯枝落叶层；4～15 cm 浅灰色砾质沙壤；15 cm 以下暗棕色砾质沙土。

观测场采样地为长白山暗针叶林永久样地土壤生物联合采样地。

长白山暗针叶林永久样地生物土壤联合采样地（CBFZQ02AB0 _ 01）

该样地为站区调查点，属原始暗针叶林，位于长白山海拔 500～2 700 m 明显的垂直分布带上。样地中心点地理坐标为 128°07′54.5″E、42°08′38.5″N，1998 年建立，面积为 20 m×30 m 的长方形，属于永久样地，进行土壤和生物的长期观测。

2.2.5　长白山暗针叶林永久样地（3 号地）（CBFZQ03）

长白山暗针叶林永久样地（3 号地）位于长白山北坡，经度范围：128°03′55″—128°03′56″E，纬度范围：42°04′38″—42°04′39″N，海拔 1 682 m，为原始暗针叶林，是对综合观测场的必要补充。动物活动为啮齿类和鸟类，偶见大型兽类，影响程度为中级。只有春季采集野菜和秋季采集松果时，人为活动比较频繁，所以影响程度较轻。

长白山暗针叶林永久样地（3 号地）于 1998 年建立，观测面积为 600 m²，观测内容包括生物、土壤和气象数据。乔木层优势种：云山、冷杉、臭松、伴生岳桦，平均高度 18 m，郁闭度 0.9；灌木层优势种 4 种，草本层优势种 20 种。地貌特征为玄武岩台地，地势平坦，北坡，坡中。6—9 月均温 12.6 ℃，年降水量 800～1 000 mm，年均湿度 73，年干燥度 0.24。根据全国第二次土壤普查，土类为棕色针叶林土，亚类为白浆化棕色针叶林土；根据中国土壤系统分类属于棕色针叶林土，土壤母质为火山灰沙，土壤剖面分层情况为：0～4 cm 藓类枯枝落叶层；4～15 cm 浅灰色砾质沙壤；15 cm 以下暗棕色砾质沙土。

观测场采样地为长白山暗针叶林永久样地土壤生物联合采样地。

长白山暗针叶林永久样地土壤生物联合采样地（CBFZQ03AB0＿01）

该样地为站区调查点，属原始暗针叶林，位于长白山海拔 500～2 700 m 明显的垂直分布带上。样地中心点地理坐标为 128°03′55.5″E、42°04′38.5″N，1998 年建立，面积为 20 m×30 m 的长方形，属于永久样地，进行土壤和生物的长期观测。

2.2.6　长白山亚高山岳桦林永久样地（4 号地）（CBFZQ04）

长白山亚高山岳桦林永久样地（4 号地），经度范围：128°04′03″—128°04′04″E，纬度范围：42°03′41″—42°03′42″N，海拔 1 928 m，为原始然亚高山岳桦林，是对综合观测场的必要补充。动物活动为小型啮齿类和鸟类，无人类活动干扰。

长白山亚高山岳桦林永久样地（4 号地）于 1998 年建立，观测面积为 600 m²，观测内容包括生物、土壤和气象数据。乔木层优势种：岳桦，平均高度 14 m，郁闭度 0.6；灌木层优势种 3 种，草本层优势种 14 种。地貌特征为火山椎体下部，坡度较大。6—9 月均温 11 ℃，年降水 1 000～1 100 mm，年均湿度 74，年干燥度 0.15。根据全国第二次土壤普查，土类为草甸森林土，亚类为亚高山草甸森林土；根据中国土壤系统分类属于亚高山草甸森林土，土壤母质为火山灰沙，土壤剖面分层情况为：0～2 cm 枯枝落叶层；2～12 cm 棕灰色沙壤土；12～20 cm 暗棕灰色沙壤土；20 cm 以下棕色沙壤土，含有小石砾。

观测场采样地为长白山亚高山岳桦林永久样地土壤生物联合采样地。

长白山亚高山岳桦林永久样地土壤生物联合采样地（CBFZQ04AB0＿01）

该样地为站区调查点，属原始亚高山岳桦林，位于长白山海拔 500～2 700 m 明显的垂直分布带上。样地中心点地理坐标为 128°04′3.5″E、42°03′41.5″N，1998 年建立，面积为 20 m×30 m 的长方形，属于永久样地，进行土壤和生物的长期观测。

2.2.7　长白山高山苔原永久样地（5 号地）（CBFZQ05）

长白山高山苔原永久样地（5 号地），经度范围：128°04′02″—128°04′03″E，纬度范围：42°02′27″—42°02′28″N，海拔 2 268 m，为原始高山苔原，是对综合观测场的必要补充。动物活动为小型啮齿类和鸟类，人类活动影响较轻，主要为采集野果、景天等植物。

长白山高山苔原永久样地（5 号地）于 1998 年建立，观测面积为 600 m²，观测内容包括生物、土壤和气象数据。灌木层优势种 4 种，平均高度 0.1 m，盖度 100；草本层优势种 10 种。地貌特征为火山椎体上部，坡度 18°，北坡，坡中。6—9 月均温-7.4℃，年降水量 1 100～1 300 mm，年均湿度 74，年干燥度 0.06。根据全国第二次土壤普查，土类为苔原土，亚类为山地苔原土；根据中国土壤系统分类属于苔原土，土壤母质为火山灰沙砾，土壤剖面分层情况为：0～6 cm 地衣、苔藓根层；6～14 cm 暗灰棕色轻壤到沙壤土；14～27 cm 暗棕红色沙壤土；27 cm 以下暗棕色沙砾层，单粒结构。

观测场采样地为长白山高山苔原永久样地生物土壤联合采样地。

长白山高山苔原永久样地生物土壤联合采样地（CBFZQ05AB0＿01）

该样地为站区调查点，位于长白山海拔 500～2 700 m 明显的垂直分布带上。植物群落为杜鹃灌丛，土壤类型为高山苔原土，属典型的高山冻原带样地。中心点地理坐标为 128°04′2.5″E、42°02′27.5″N，1998 年建立，面积为 20 m×30 m 的长方形，属于永久样地，进行土壤和生物的长期观测。

2.2.8　长白山气象观测场（CBFQX01）

长白山气象观测场建立于 1981 年，面积 875 m²，海拔 740 m，中心点地理坐标为 128°06′25.05″E、42°23′56.8″N。周围为次生林森林生态系统，地势比较开阔、平坦，周边 20 m 范围内为高度低于 2 m

的树丛，观测场周边为原始林和天然次生林，平均高度约 13 m；盖度 0.7；优势种有白桦，卫矛，毛缘薹草。土壤类型为白浆化暗棕壤。观测场建立后，周围设有围栏，进行气象、水分等要素的观测活动，观测场内设有气象要素自动和人工观测系统，大气降水收集装置，大型水面蒸发系统，地下观测水井等观测设施（图 2-5）。

综合气象要素观测场平面示意图

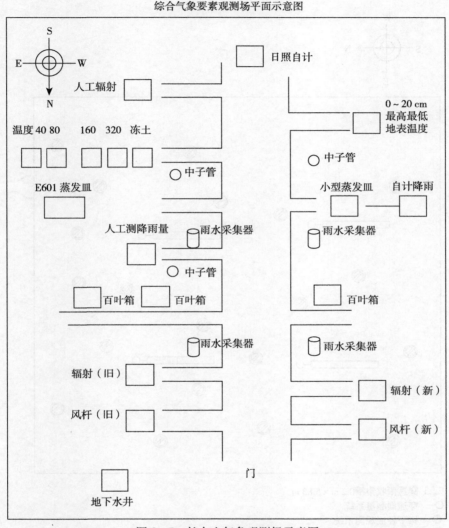

图 2-5　长白山气象观测场示意图

观测场采样地包括：①长白山自动气象观测样地；②长白山气象观测场 E601 蒸发皿；③长白山气象测场地下水井采样点；④长白山气象观测场雨水采集器；⑤长白山人工气象观测样地；⑥长白山气象观测场土壤水分（中子管）监测地。

2.2.9　长白山水文径流观测场（CBFFZ10）

长白山水文径流观测场于 2004 年建立，为天然水文径流场，面积为 100 m×60 m 的长方形。自然坡度 3.275°，利于地表径流观测，平均年降水量为 695 mm，年平均气温为 3.6 ℃，年平均蒸发量为 1 247.3 mm，年平均日照时数为 2 024.0 h，年平均无霜期为 149 d，群落盖度 0.9。乔木层优势种：红松、色木槭、紫椴、水曲柳、蒙古栎，平均高度 26 m；灌木层优势种：毛榛、东北山梅花，平均高度 1m；草本层优势种：美汉草、毛缘薹草、山茄等，均高 0.3 m。

    观测场采样地包括：①长白山水文径流观测场穿透降水采样地；②长白山水文径流观测场树干径流采样地；③长白山水文径流观测场地表径流采样地。其中，穿透降雨采样地，选择林分郁闭度在平均水平的地点放置4个收集器（图2-6）；树干径流采样地，按照不同树种、不同径级，挑选具有代表性的20株平均木安装树干径流自动观测系统。观测场内各项监测指标均由自动观测系统完成。

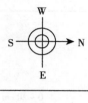

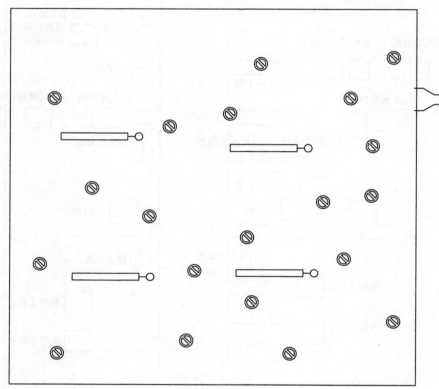

□ 穿透雨收集槽0.2 m×5.83 m
○ 穿透雨测量系统
◎ 树干径流观测系统
〉 巴歇尔量水槽

图2-6　长白山水文径流观测场示意图

2.2.10　长白山流动地表水观测场（CBFFZ11）

    长白山流动地表水观测场位于长白山二道白河上游，海拔738 m，属于天然河流，水源地为长白山天池，距瀑布约60 km。河流流量稳定，水质优良，河水清澈见底，人为干扰较小。河宽5 m，采样点在河流中心点，水流流向为由南向北（图2-7）。
    观测场采样地为长白山二道白河流动地表水采样点，采样频率为1次/月，主要进行地表水水质观测。

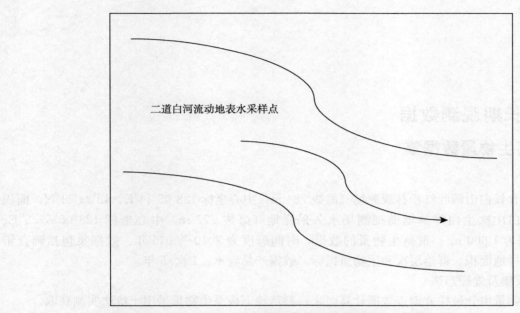

图 2-7　长白山流动地表水观测场示意图

第3章

联网长期观测数据

3.1 生物长期观测数据

3.1.1 群落生物量数据集

3.1.1.1 概述

本数据集包含长白山阔叶红松林观测场（海拔 784 m，中心坐标 128°05′44″E、42°24′11″N，面积 1 600 m²）和长白山次生白桦林辅助观测场永久采样地（海拔 777 m，中心坐标 128°05′57.5″E、42°24′7″N，面积为 1 600 m²）群落生物量的数据，时间跨度为 2010—2015 年。数据集包括调查年份、样地代码、样地面积、群落层次和生物量指标。数据产品频率：1 次/5 年。

3.1.1.2 数据采集及处理方法

群落地上生物量由分种样方调查数据计算而来；群落地下根系生物量采用土坑法实测获取。

3.1.1.3 数据质量控制和评估

原始数据质量控制方法为对历年的数据进行整理和质量控制，对异常数据进行核实。质控方法包括阈值检查（根据多年数据比对，对监测数据超出历史数据阈值范围进行校验，删除异常值或标注说明）、一致性检查（例如数量级与其他测量值不同）等。数据产品处理方法为在质控数据的基础上根据实测树高、胸径，利用生物量模型计算二级样方各器官（或部分）生物量，将每个样地二级样方内的生物量累加求和，再计算单位面积（每平方米）的生物量，形成样地尺度的数据产品。

3.1.1.4 数据

具体数据见表 3-1。

表 3-1 群落生物量

年份	样地代码	样地面积/hm²	群落层次	生物量/（kg/m²）
2010	CBFZH01	0.16	乔木层	95.40
2010	CBFZH01	0.16	灌木层	112.00
2010	CBFZH01	0.16	草本层	0.60
2015	CBFZH01	0.16	乔木层	1.60
2015	CBFZH01	0.16	灌木层	0.20
2015	CBFZH01	0.16	草本层	0.50

3.1.2 分种生物量数据集

3.1.2.1 概述

本数据集包含长白山阔叶红松林观测场（海拔 784 m，中心坐标 128°05′44″E、42°24′11″N，面积

1 600 m²）和长白山次生白桦林辅助观测场永久采样地（海拔 777 m，中心坐标 128°05′57.5″E、42°24′7″N，面积为 1 600 m²）分种生物量的数据，时间跨度为 2010—2015 年。分种生物量数据集包括调查年份、样地代码、样地面积、植物种名、株数、地上总干重和地下总干重。数据产品频率：1次/5 年。

3.1.2.2　数据采集及处理方法

分种生物量地上生物量由分种样方调查数据计算而来，地下生物量采用土坑法实测获取。

3.1.2.3　数据质量控制和评估

原始数据质量控制方法为对历年的数据进行整理和质量控制，对异常数据进行核实。质控方法包括阈值检查（根据多年数据比对，对监测数据超出历史数据阈值范围进行校验，删除异常值或标注说明）、一致性检查（例如数量级与其他测量值不同）等。数据产品处理方法为在质控数据的基础上，在质控数据的基础上，根据实测树高、胸径，利用生物量模型估算生物量。以年和物种为基础单元，统计样地尺度下不同物种的地上和地下总生物量。

3.1.2.4　数据

具体数据见表 3-2。

表 3-2　分种生物量

年份	样地代码	样地面积/hm²	植物种名	株数	地上总干重/kg	地下总干重/kg
2010	CBFZH01	0.16	暴马丁香	9	17.01	6.47
2010	CBFZH01	0.16	红松	25	3 777.02	1 162.87
2010	CBFZH01	0.16	辽椴	4	205.97	29.92
2010	CBFZH01	0.16	蒙古栎	5	454.87	6.35
2010	CBFZH01	0.16	青楷槭	16	126.17	11.44
2010	CBFZH01	0.16	水曲柳	4	1 213.79	250.79
2010	CBFZH01	0.16	元宝槭	64	548.34	294.75
2010	CBFZH01	0.16	毛脉槭	63	94.14	69.05
2010	CBFZH01	0.16	紫椴	26	4 537.32	1 653.45
2010	CBFZH01	0.16	紫花槭	6	156.46	18.65
2010	CBFFZ01	0.16	红松	143	895.77	123.33
2010	CBFFZ01	0.16	蒙古栎	18	39.80	0.93
2010	CBFFZ01	0.16	青楷槭	15	61.52	6.50
2010	CBFFZ01	0.16	水曲柳	4	212.30	54.73
2010	CBFFZ01	0.16	元宝槭	99	135.04	82.79
2010	CBFFZ01	0.16	毛脉槭	4	7.36	5.16
2010	CBFFZ01	0.16	紫椴	57	465.71	158.44
2010	CBFFZ01	0.16	紫花槭	17	68.46	10.46
2010	CBFZH01	0.16	东北山梅花	46	1 281.917	540.211
2010	CBFZH01	0.16	长白忍冬	6	34.628 58	18.533 83
2010	CBFZH01	0.16	榛	7	383.052 2	187.032 8
2010	CBFFZ01	0.16	东北山梅花	6	1 153.09	563.274 6
2010	CBFFZ01	0.16	长白忍冬	3	66.377 49	33.460 33
2010	CBFFZ01	0.16	榛	1	691.369	394.393 4

（续）

年份	样地代码	样地面积/hm²	植物种名	株数	地上总干重/kg	地下总干重/kg
2015	CBFZH01	0.16	暴马丁香	9	25.18	10.18
2015	CBFZH01	0.16	红松	24	4 853.25	1 229.28
2015	CBFZH01	0.16	辽椴	3	253.66	34.70
2015	CBFZH01	0.16	蒙古栎	5	921.58	6.68
2015	CBFZH01	0.16	青楷槭	16	167.43	14.45
2015	CBFZH01	0.16	水曲柳	4	1 219.99	254.27
2015	CBFZH01	0.16	元宝槭	63	897.75	337.25
2015	CBFZH01	0.16	髭脉槭	59	211.66	95.20
2015	CBFZH01	0.16	紫椴	25	4 580.89	1 703.89
2015	CBFZH01	0.16	紫花槭	84	978.56	121.56
2015	CBFFZ01	0.16	红松	70	97.93	20.06
2015	CBFFZ01	0.16	辽椴	6	28.42	1.94
2015	CBFFZ01	0.16	蒙古栎	24	107.21	1.77
2015	CBFFZ01	0.16	青楷槭	20	113.23	10.87
2015	CBFFZ01	0.16	水曲柳	4	206.74	58.01
2015	CBFFZ01	0.16	元宝槭	132	415.09	179.17
2015	CBFFZ01	0.16	髭脉槭	11	28.73	13.49
2015	CBFFZ01	0.16	紫椴	75	644.29	295.92
2015	CBFFZ01	0.16	紫花槭	40	212.59	29.14
2015	CBFZH01	0.16	东北山梅花	18	4 543.429 5	2 203.439 1
2015	CBFZH01	0.16	长白忍冬	8	240.075 21	118.422 96
2015	CBFZH01	0.16	榛	33	2 203.585 5	1 118.917 2
2015	CBFFZ01	0.16	东北山梅花	3	1 290.020 9	637.440 66
2015	CBFFZ01	0.16	长白忍冬	7	155.010 15	76.536 686
2015	CBFFZ01	0.16	榛	11	1 808.311 6	945.140 43

3.1.3　乔木胸径数据集

3.1.3.1　概述

本数据集包含长白山阔叶红松林观测场（海拔 784 m，中心坐标 128°05′44″E、42°24′11″N，面积 1 600 m²）和长白山次生白桦林辅助观测场永久采样地的（海拔 777 m，中心坐标 128°05′57.5″E、42°24′7″N，面积为 1 600 m²）乔木层各种乔木胸径的数据，时间跨度为 2010—2015 年。乔木胸径数据集包括调查年份、样地代码、样地面积、植物种名、株数和胸径。数据产品频率：1 次/5 年。

3.1.3.2　数据采集及处理方法

乔木胸径由野外样地实测调查而来。

3.1.3.3　数据质量控制和评估

原始数据质量控制方法为对历年的数据进行整理和质量控制，对异常数据进行核实。质控方法包括阈值检查（根据多年数据比对，对监测数据超出历史数据阈值范围进行校验，删除异常值或标注说明）、一致性检查（例如数量级与其他测量值不同）等。数据产品处理方法为在质控数据的基础上，以年和物种为基础单元，统计物种水平上的结果，并注明重复数，形成样地尺度的数据产品。

3.1.3.4　数据

具体数据见表 3-3。

表 3-3　乔木胸径

年份	样地代码	样地面积/hm²	植物种名	株数	胸径/cm
2010	CBFZH01	0.16	暴马丁香	9	2.1
2010	CBFZH01	0.16	红松	25	38.2
2010	CBFZH01	0.16	辽椴	4	12.1
2010	CBFZH01	0.16	蒙古栎	5	35.5
2010	CBFZH01	0.16	青楷槭	16	3.6
2010	CBFZH01	0.16	水曲柳	4	66.3
2010	CBFZH01	0.16	元宝槭	64	8.4
2010	CBFZH01	0.16	髭脉槭	63	2.6
2010	CBFZH01	0.16	紫椴	26	32.4
2010	CBFZH01	0.16	紫花槭	85	5.1
2015	CBFZH01	0.16	暴马丁香	9	2.5
2015	CBFZH01	0.16	红松	24	39.1
2015	CBFZH01	0.16	辽椴	3	13.8
2015	CBFZH01	0.16	蒙古栎	5	36.2
2015	CBFZH01	0.16	青楷槭	16	4.9
2015	CBFZH01	0.16	水曲柳	4	68.3
2015	CBFZH01	0.16	元宝槭	63	8.8
2015	CBFZH01	0.16	髭脉槭	59	2.9
2015	CBFZH01	0.16	紫椴	25	33.6
2015	CBFZH01	0.16	紫花槭	84	5.5
2010	CBFFZ01	0.16	白桦	44	20.6
2010	CBFFZ01	0.16	茶条枫	4	5.2
2010	CBFFZ01	0.16	朝鲜槐	1	2.8
2010	CBFFZ01	0.16	春榆	45	5.9
2010	CBFFZ01	0.16	胡桃楸	1	2.2
2010	CBFFZ01	0.16	红松	73	2.6
2010	CBFFZ01	0.16	辽椴	7	4.7
2010	CBFFZ01	0.16	蒙古栎	27	3.6
2010	CBFFZ01	0.16	青楷槭	20	3.1
2010	CBFFZ01	0.16	三花槭	4	3.7
2010	CBFFZ01	0.16	山荆子	3	3
2010	CBFFZ01	0.16	山樱桃	1	5.5
2010	CBFFZ01	0.16	鼠李	1	4.8
2010	CBFFZ01	0.16	水曲柳	4	14
2010	CBFFZ01	0.16	元宝槭	140	4.4

（续）

年份	样地代码	样地面积/hm²	植物种名	株数	胸径/cm
2010	CBFFZ01	0.16	毛脉槭	14	3.2
2010	CBFFZ01	0.16	紫椴	184	4.9
2010	CBFFZ01	0.16	紫花槭	41	4.1
2015	CBFFZ01	0.16	白桦	42	22
2015	CBFFZ01	0.16	茶条枫	3	3.3
2015	CBFFZ01	0.16	朝鲜槐	1	1.8
2015	CBFFZ01	0.16	春榆	39	4.8
2015	CBFFZ01	0.16	胡桃楸	1	2.4
2015	CBFFZ01	0.16	红松	70	2.5
2015	CBFFZ01	0.16	辽椴	6	3.5
2015	CBFFZ01	0.16	蒙古栎	24	3
2015	CBFFZ01	0.16	青楷槭	20	2.6
2015	CBFFZ01	0.16	三花槭	2	4.6
2015	CBFFZ01	0.16	山荆子	2	3.1
2015	CBFFZ01	0.16	山樱桃	1	2.6
2015	CBFFZ01	0.16	鼠李	1	2.4
2015	CBFFZ01	0.16	水曲柳	4	12.7
2015	CBFFZ01	0.16	元宝槭	132	3.9
2015	CBFFZ01	0.16	毛脉槭	11	2.4
2015	CBFFZ01	0.16	紫椴	75	4.6
2015	CBFFZ01	0.16	紫花槭	40	3.2

3.1.4　灌木基径数据集

3.1.4.1　概述

本数据集包含长白山阔叶红松林观测场（海拔 784 m，中心坐标 128°05′44″E、42°24′11″N，面积 1 600 m²）和长白山次生白桦林辅助观测场永久采样地的（海拔 777 m，中心坐标 128°05′57.5″E、42°24′7″N，面积为 1 600 m²）灌木层各种灌木基径的数据，时间跨度为 2010—2015 年。灌木基径数据集包括调查年份、样地代码、样地面积、植物种名、株数和基径。数据产品频率：1 次/5 年。

3.1.4.2　数据采集及处理方法

灌木基径由野外样地实测调查而来。

3.1.4.3　数据质量控制和评估

原始数据质量控制方法为对历年的数据进行整理和质量控制，对异常数据进行核实。质控方法包括阈值检查（根据多年数据比对，对监测数据超出历史数据阈值范围进行校验，删除异常值或标注说明）、一致性检查（例如数量级与其他测量值不同）等。数据产品处理方法为在质控数据的基础上，以年和物种为基础单元，统计物种水平上的结果，并注明重复数，形成样地尺度的数据产品。

3.1.4.4　数据

具体数据见表 3-4。

表 3-4　灌木基径

年份	样地代码	样地面积/hm²	植物种名	株数	基径/cm
2010	CBFZH01	0.16	刺五加	2	0.5
2010	CBFZH01	0.16	东北山梅花	46	0.5
2010	CBFZH01	0.16	光萼溲疏	28	0.6
2010	CBFZH01	0.16	黄芦木	1	0.4
2010	CBFZH01	0.16	瘤枝卫矛	1	0.5
2010	CBFZH01	0.16	毛榛	86	1
2010	CBFZH01	0.16	卫矛	85	0.2
2010	CBFZH01	0.16	长白茶藨子	24	0.3
2010	CBFZH01	0.16	长白忍冬	14	0.3
2010	CBFFZ01	0.16	东北茶藨子	2	0.2
2010	CBFFZ01	0.16	东北山梅花	6	1.4
2010	CBFFZ01	0.16	东北溲疏	5	0.2
2010	CBFFZ01	0.16	黄芦木	1	0.4
2010	CBFFZ01	0.16	库页悬钩子	2	0.2
2010	CBFFZ01	0.16	瘤枝卫矛	8	0.8
2010	CBFFZ01	0.16	毛榛	12	1.1
2010	CBFFZ01	0.16	石蚕叶绣线菊	19	0.6
2010	CBFFZ01	0.16	卫矛	75	0.3
2010	CBFFZ01	0.16	修枝荚蒾	1	0.5
2010	CBFFZ01	0.16	长白忍冬	5	0.5
2015	CBFZH01	0.16	刺五加	2	0.8
2015	CBFZH01	0.16	东北山梅花	18	1.2
2015	CBFZH01	0.16	光萼溲疏	14	0.8
2015	CBFZH01	0.16	黄芦木	1	0.7
2015	CBFZH01	0.16	瘤枝卫矛	1	1
2015	CBFZH01	0.16	毛榛	33	1.5
2015	CBFZH01	0.16	卫矛	66	0.5
2015	CBFZH01	0.16	长白茶藨子	23	0.6
2015	CBFZH01	0.16	长白忍冬	8	0.7
2015	CBFFZ01	0.16	东北茶藨子	4	0.3
2015	CBFFZ01	0.16	东北山梅花	3	1.4
2015	CBFFZ01	0.16	东北溲疏	1	0.4
2015	CBFFZ01	0.16	黄芦木	1	0.7
2015	CBFFZ01	0.16	库页悬钩子	2	0.5
2015	CBFFZ01	0.16	瘤枝卫矛	8	1.1
2015	CBFFZ01	0.16	毛榛	11	1.4
2015	CBFFZ01	0.16	石蚕叶绣线菊	26	0.7
2015	CBFFZ01	0.16	卫矛	66	0.5
2015	CBFFZ01	0.16	修枝荚蒾	1	0.8
2015	CBFFZ01	0.16	长白忍冬	7	0.7

3.1.5   物种平均高度数据集

3.1.5.1   概述

本数据集包含长白山阔叶红松林观测场（海拔 784 m，中心坐标 128°05′44″E、42°24′11″N，面积 1 600 m²）和长白山次生白桦林辅助观测场永久采样地的（海拔 777 m，中心坐标 128°05′57.5″E、42°24′7″N，面积为 1 600 m²）乔木、灌木、草本各层植物各物种平均高度的数据，时间跨度为 2010—2015 年。物种平均高度数据集包括调查年份、样地代码、样地面积、植物种名、株数和平均高度。数据产品频率：1 次/5 年。

3.1.5.2   数据采集及处理方法

物种平均高度由野外样地实测调查而来。原始数据质量控制方法为对历年的数据进行整理和质量控制，对异常数据进行核实。

3.1.5.3   数据质量控制和评估

质控方法包括阈值检查（根据多年数据比对，对监测数据超出历史数据阈值范围进行校验，删除异常值或标注说明）、一致性检查（例如数量级与其他测量值不同）等。数据产品处理方法为在质控数据的基础上，以年和物种为基础单元，统计物种水平上的结果，并注明重复数，形成样地尺度的数据产品。

3.1.5.4   数据

具体数据见表 3-5。

表 3-5   物种平均高度

年份	样地代码	样地面积/hm²	植物种名	株数	平均高度/m
2010	CBFZH01	0.16	暴马丁香	9	2.1
2010	CBFZH01	0.16	红松	25	22.1
2010	CBFZH01	0.16	辽椴	4	7.5
2010	CBFZH01	0.16	蒙古栎	5	11.1
2010	CBFZH01	0.16	青楷槭	16	3.8
2010	CBFZH01	0.16	水曲柳	4	26
2010	CBFZH01	0.16	元宝槭	64	4.6
2010	CBFZH01	0.16	髭脉槭	63	2.5
2010	CBFZH01	0.16	紫椴	26	14.8
2010	CBFZH01	0.16	紫花槭	85	3.4
2010	CBFZH01	0.16	刺五加	2	0.8
2010	CBFZH01	0.16	东北山梅花	46	0.7
2010	CBFZH01	0.16	光萼溲疏	28	0.7
2010	CBFZH01	0.16	黄芦木	1	0.5
2010	CBFZH01	0.16	瘤枝卫矛	1	0.8
2010	CBFZH01	0.16	卫矛	85	0.3
2010	CBFZH01	0.16	长白茶藨子	24	0.2
2010	CBFZH01	0.16	长白忍冬	14	0.4
2010	CBFZH01	0.16	毛榛	86	1.3
2010	CBFZH01	0.16	白花碎米荠		0.18

（续）

年份	样地代码	样地面积/hm²	植物种名	株数	平均高度/m
2010	CBFZH01	0.16	东北羊角芹		0.05
2010	CBFZH01	0.16	光叶蚊子草		0.45
2010	CBFZH01	0.16	红花变豆菜		0.4
2010	CBFZH01	0.16	猴腿蹄盖蕨		0.45
2010	CBFZH01	0.16	鸡腿堇菜		0.12
2010	CBFZH01	0.16	荚果蕨		0.15
2010	CBFZH01	0.16	林大戟		0.35
2010	CBFZH01	0.16	毛缘薹草		0.25
2010	CBFZH01	0.16	三脉猪殃殃		0.08
2010	CBFZH01	0.16	山尖子		0.2
2010	CBFZH01	0.16	山茄子		0.4
2010	CBFZH01	0.16	深山唐松草		0.38
2010	CBFZH01	0.16	丝引苔草		0.1
2010	CBFZH01	0.16	舞鹤草		0.05
2010	CBFZH01	0.16	荨麻叶龙头草		0.2
2010	CBFZH01	0.16	种阜草		0.05
2010	CBFZH01	0.16	酢浆草		0.05
2010	CBFFZ01	0.16	白桦	44	19.2
2010	CBFFZ01	0.16	茶条枫	4	2.4
2010	CBFFZ01	0.16	朝鲜槐	1	1.6
2010	CBFFZ01	0.16	春榆	45	3.2
2010	CBFFZ01	0.16	胡桃楸	1	1.9
2010	CBFFZ01	0.16	红松	73	2
2010	CBFFZ01	0.16	辽椴	7	2.2
2010	CBFFZ01	0.16	蒙古栎	27	2.1
2010	CBFFZ01	0.16	青楷槭	20	2.6
2010	CBFFZ01	0.16	三花槭	4	2.3
2010	CBFFZ01	0.16	山荆子	3	1.9
2010	CBFFZ01	0.16	山樱桃	1	2.3
2010	CBFFZ01	0.16	鼠李	1	2.5
2010	CBFFZ01	0.16	水曲柳	4	9
2010	CBFFZ01	0.16	元宝槭	140	2.5
2010	CBFFZ01	0.16	髭脉槭	14	2.1
2010	CBFFZ01	0.16	紫椴	184	2.5
2010	CBFFZ01	0.16	紫花槭	41	2.4
2010	CBFFZ01	0.16	东北茶藨子	2	0.2
2010	CBFFZ01	0.16	东北山梅花	6	0.8
2010	CBFFZ01	0.16	东北溲疏	5	0.2

（续）

年份	样地代码	样地面积/hm²	植物种名	株数	平均高度/m
2010	CBFFZ01	0.16	黄芦木	1	0.3
2010	CBFFZ01	0.16	库页悬钩子	2	0.4
2010	CBFFZ01	0.16	瘤枝卫矛	8	1.5
2010	CBFFZ01	0.16	石蚕叶绣线菊	19	0.7
2010	CBFFZ01	0.16	卫矛	75	0.4
2010	CBFFZ01	0.16	修枝荚蒾	1	0.6
2010	CBFFZ01	0.16	长白忍冬	5	0.5
2010	CBFFZ01	0.16	毛榛	12	1.1
2010	CBFFZ01	0.16	白花碎米荠		0.15
2010	CBFFZ01	0.16	北乌头		0.35
2010	CBFFZ01	0.16	粗茎鳞毛蕨		0.35
2010	CBFFZ01	0.16	东北羊角芹		0.05
2010	CBFFZ01	0.16	东方草莓		0.08
2010	CBFFZ01	0.16	和尚菜		0.22
2010	CBFFZ01	0.16	猴腿蹄盖蕨		0.2
2010	CBFFZ01	0.16	鸡腿堇菜		0.15
2010	CBFFZ01	0.16	荚果蕨		0.15
2010	CBFFZ01	0.16	尖萼耧斗菜		0.35
2010	CBFFZ01	0.16	林风毛菊		0.12
2010	CBFFZ01	0.16	铃兰		0.13
2010	CBFFZ01	0.16	毛果一枝黄花寡毛变种		0.3
2010	CBFFZ01	0.16	木贼		0.2
2010	CBFFZ01	0.16	三脉猪殃殃		0.16
2010	CBFFZ01	0.16	莎草		0.15
2010	CBFFZ01	0.16	山茄子		0.3
2010	CBFFZ01	0.16	丝引苔草		0.15
2010	CBFFZ01	0.16	透骨草		0.15
2010	CBFFZ01	0.16	蚊子草		0.35
2010	CBFFZ01	0.16	舞鹤草		0.05
2010	CBFFZ01	0.16	细叶孩儿参		0.1
2010	CBFFZ01	0.16	兴安鹿药		0.15
2010	CBFFZ01	0.16	荨麻叶龙头草		0.18
2010	CBFFZ01	0.16	羊须草		0.12
2010	CBFFZ01	0.16	展枝唐松草		0.35
2010	CBFFZ01	0.16	种阜草		0.05
2015	CBFZH01	0.16	暴马丁香	9	2.6
2015	CBFZH01	0.16	红松	24	23.1
2015	CBFZH01	0.16	辽椴	3	10.1

（续）

年份	样地代码	样地面积/hm²	植物种名	株数	平均高度/m
2015	CBFZH01	0.16	蒙古栎	5	11.8
2015	CBFZH01	0.16	青楷槭	16	4.6
2015	CBFZH01	0.16	水曲柳	4	26.3
2015	CBFZH01	0.16	元宝槭	63	5.3
2015	CBFZH01	0.16	毛脉槭	59	3.3
2015	CBFZH01	0.16	紫椴	25	15.6
2015	CBFZH01	0.16	紫花槭	84	4.1
2015	CBFZH01	0.16	刺五加	2	0.8
2015	CBFZH01	0.16	东北山梅花	18	0.9
2015	CBFZH01	0.16	光萼溲疏	14	0.7
2015	CBFZH01	0.16	黄芦木	1	0.6
2015	CBFZH01	0.16	瘤枝卫矛	1	0.9
2015	CBFZH01	0.16	卫矛	66	0.4
2015	CBFZH01	0.16	长白茶藨子	23	0.4
2015	CBFZH01	0.16	长白忍冬	8	0.5
2015	CBFZH01	0.16	毛榛	33	1.5
2015	CBFZH01	0.16	白花碎米荠		0.25
2015	CBFZH01	0.16	薄叶荠苨		0.45
2015	CBFZH01	0.16	北重楼		0.35
2015	CBFZH01	0.16	大叶柴胡		0.25
2015	CBFZH01	0.16	东北羊角芹		0.06
2015	CBFZH01	0.16	光叶蚊子草		0.45
2015	CBFZH01	0.16	和尚菜		0.2
2015	CBFZH01	0.16	红花变豆菜		0.4
2015	CBFZH01	0.16	猴腿蹄盖蕨		0.45
2015	CBFZH01	0.16	鸡腿堇菜		0.15
2015	CBFZH01	0.16	吉林延龄草		0.4
2015	CBFZH01	0.16	荚果蕨		0.2
2015	CBFZH01	0.16	假升麻		0.35
2015	CBFZH01	0.16	宽叶山蒿		0.3
2015	CBFZH01	0.16	宽叶薹草		0.15
2015	CBFZH01	0.16	林大戟		0.35
2015	CBFZH01	0.16	林生茜草		0.2
2015	CBFZH01	0.16	落新妇		0.35
2015	CBFZH01	0.16	毛缘薹草		0.25
2015	CBFZH01	0.16	如意草		0.12
2015	CBFZH01	0.16	三脉猪殃殃		0.25
2015	CBFZH01	0.16	山尖子		0.55

（续）

年份	样地代码	样地面积/hm²	植物种名	株数	平均高度/m
2015	CBFZH01	0.16	山茄子		0.4
2015	CBFZH01	0.16	深山唐松草		0.45
2015	CBFZH01	0.16	丝引苔草		0.15
2015	CBFZH01	0.16	舞鹤草		0.06
2015	CBFZH01	0.16	缬草		0.45
2015	CBFZH01	0.16	荨麻叶龙头草		0.35
2015	CBFZH01	0.16	种阜草		0.06
2015	CBFZH01	0.16	酢浆草		0.06
2015	CBFFZ01	0.16	白桦	42	19.4
2015	CBFFZ01	0.16	茶条枫	3	2.5
2015	CBFFZ01	0.16	朝鲜槐	1	2
2015	CBFFZ01	0.16	春榆	39	3.9
2015	CBFFZ01	0.16	胡桃楸	1	2.8
2015	CBFFZ01	0.16	红松	70	2.6
2015	CBFFZ01	0.16	辽椴	6	3.4
2015	CBFFZ01	0.16	蒙古栎	24	2.6
2015	CBFFZ01	0.16	青楷槭	20	3.3
2015	CBFFZ01	0.16	三花槭	2	3.6
2015	CBFFZ01	0.16	山荆子	2	2.3
2015	CBFFZ01	0.16	山樱桃	1	3.2
2015	CBFFZ01	0.16	鼠李	1	2.8
2015	CBFFZ01	0.16	水曲柳	4	9.4
2015	CBFFZ01	0.16	元宝槭	132	3.1
2015	CBFFZ01	0.16	毦脉槭	11	2.6
2015	CBFFZ01	0.16	紫椴	75	3.3
2015	CBFFZ01	0.16	紫花槭	40	2.9
2015	CBFFZ01	0.16	东北茶藨子	4	0.4
2015	CBFFZ01	0.16	东北山梅花	3	1.1
2015	CBFFZ01	0.16	东北溲疏	1	0.5
2015	CBFFZ01	0.16	黄芦木	1	0.5
2015	CBFFZ01	0.16	库页悬钩子	2	0.7
2015	CBFFZ01	0.16	瘤枝卫矛	8	1.6
2015	CBFFZ01	0.16	石蚕叶绣线菊	26	0.8
2015	CBFFZ01	0.16	卫矛	66	0.5
2015	CBFFZ01	0.16	修枝荚蒾	1	0.6
2015	CBFFZ01	0.16	长白忍冬	7	0.6
2015	CBFFZ01	0.16	毛榛	11	1.4
2015	CBFFZ01	0.16	白花碎米荠		0.25

（续）

年份	样地代码	样地面积/hm²	植物种名	株数	平均高度/m
2015	CBFFZ01	0.16	北乌头		0.4
2015	CBFFZ01	0.16	粗茎鳞毛蕨		0.35
2015	CBFFZ01	0.16	东北风毛菊		0.1
2015	CBFFZ01	0.16	东北南星		0.25
2015	CBFFZ01	0.16	东北羊角芹		0.06
2015	CBFFZ01	0.16	东方草莓		0.2
2015	CBFFZ01	0.16	和尚菜		0.23
2015	CBFFZ01	0.16	猴腿蹄盖蕨		0.35
2015	CBFFZ01	0.16	鸡腿堇菜		0.2
2015	CBFFZ01	0.16	荚果蕨		0.3
2015	CBFFZ01	0.16	尖萼耧斗菜		0.4
2015	CBFFZ01	0.16	林风毛菊		0.1
2015	CBFFZ01	0.16	铃兰		0.15
2015	CBFFZ01	0.16	毛果一枝黄花寡毛变种		0.45
2015	CBFFZ01	0.16	木贼		0.2
2015	CBFFZ01	0.16	如意草		0.24
2015	CBFFZ01	0.16	三脉猪殃殃		0.3
2015	CBFFZ01	0.16	莎草		0.2
2015	CBFFZ01	0.16	山茄子		0.35
2015	CBFFZ01	0.16	深山唐松草		0.4
2015	CBFFZ01	0.16	肾叶鹿蹄草		0.06
2015	CBFFZ01	0.16	丝引苔草		0.18
2015	CBFFZ01	0.16	透骨草		0.25
2015	CBFFZ01	0.16	尾叶香茶菜		0.35
2015	CBFFZ01	0.16	蚊子草		0.4
2015	CBFFZ01	0.16	舞鹤草		0.06
2015	CBFFZ01	0.16	细叶孩儿参		0.07
2015	CBFFZ01	0.16	兴安鹿药		0.23
2015	CBFFZ01	0.16	荨麻叶龙头草		0.25
2015	CBFFZ01	0.16	羊须草		0.15
2015	CBFFZ01	0.16	展枝唐松草		0.4
2015	CBFFZ01	0.16	种阜草		0.07

3.1.6　植物数量数据集

3.1.6.1　概述

本数据集包含长白山阔叶红松林观测场（海拔 784 m，中心坐标 128°05′44″E、42°24′11″N，面积
1 600 m²）乔木、灌木、草本层植物数量的数据，时间跨度为 2009—2018 年。植物数量数据集包括
调查年份、样地代码、样地面积、植物种名和株数。数据产品频率：1 次/年。

3.1.6.2 数据采集及处理方法

植物数量由野外样地实测调查而来。

3.1.6.3 数据质量控制和评估

原始数据质量控制方法为对历年的数据进行整理和质量控制，对异常数据进行核实。质控方法包括阈值检查（根据多年数据比对，对监测数据超出历史数据阈值范围进行校验，删除异常值或标注说明）、一致性检查（例如数量级与其他测量值不同）等。数据产品处理方法为在质控数据的基础上，以年和物种为基础单元，统计样地尺度下不同物种的总株数，形成样地尺度的数据产品。

3.1.6.4 数据

具体数据见表 3-6

表 3-6　植物数量

年份	样地代码	样地面积/hm²	植物种名	株数
2009	CBFZH01	0.16	暴马丁香	96
2009	CBFZH01	0.16	朝鲜怀	6
2009	CBFZH01	0.16	春榆	2
2009	CBFZH01	0.16	红松	25
2009	CBFZH01	0.16	辽椴	9
2009	CBFZH01	0.16	蒙古栎	10
2009	CBFZH01	0.16	青楷械	81
2009	CBFZH01	0.16	水曲柳	2 536
2009	CBFZH01	0.16	元宝械	42
2009	CBFZH01	0.16	髭脉械	63
2009	CBFZH01	0.16	紫椴	7
2009	CBFZH01	0.16	紫花械	45
2010	CBFZH01	0.16	暴马丁香	112
2010	CBFZH01	0.16	朝鲜槐	16
2010	CBFZH01	0.16	春榆	3
2010	CBFZH01	0.16	红松	30
2010	CBFZH01	0.16	辽椴	26
2010	CBFZH01	0.16	蒙古栎	23
2010	CBFZH01	0.16	青楷械	38
2010	CBFZH01	0.16	水曲柳	1 245
2010	CBFZH01	0.16	元宝械	146
2010	CBFZH01	0.16	髭脉械	87
2010	CBFZH01	0.16	紫椴	16
2010	CBFZH01	0.16	紫花械	53
2010	CBFZH01	0.04	刺五加	2
2010	CBFZH01	0.04	东北山梅花	16
2010	CBFZH01	0.04	光萼溲疏	20
2010	CBFZH01	0.04	黄芦木	1
2010	CBFZH01	0.04	瘤枝卫矛	1

（续）

年份	样地代码	样地面积/hm²	植物种名	株数
2010	CBFZH01	0.04	卫矛	85
2010	CBFZH01	0.04	长白茶藨子	24
2010	CBFZH01	0.04	长白忍冬	14
2010	CBFZH01	0.04	毛榛	36
2010	CBFZH01	0.04	白花碎米荠	100
2010	CBFZH01	0.04	东北羊角芹	133
2010	CBFZH01	0.04	光叶蚊子草	11
2010	CBFZH01	0.04	红花变豆菜	3
2010	CBFZH01	0.04	猴腿蹄盖蕨	16
2010	CBFZH01	0.04	鸡腿堇菜	5
2010	CBFZH01	0.04	荚果蕨	26
2010	CBFZH01	0.04	林大戟	1
2010	CBFZH01	0.04	毛缘薹草	252
2010	CBFZH01	0.04	三脉猪殃殃	5
2010	CBFZH01	0.04	山尖子	3
2010	CBFZH01	0.04	山茄子	66
2010	CBFZH01	0.04	深山唐松草	8
2010	CBFZH01	0.04	丝引苔草	69
2010	CBFZH01	0.04	舞鹤草	28
2010	CBFZH01	0.04	荨麻叶龙头草	162
2010	CBFZH01	0.04	种阜草	8
2010	CBFZH01	0.04	酢浆草	164
2011	CBFZH01	0.16	暴马丁香	122
2011	CBFZH01	0.16	朝鲜槐	13
2011	CBFZH01	0.16	春榆	2
2011	CBFZH01	0.16	红松	28
2011	CBFZH01	0.16	辽椴	25
2011	CBFZH01	0.16	蒙古栎	27
2011	CBFZH01	0.16	青楷槭	39
2011	CBFZH01	0.16	水曲柳	1 316
2011	CBFZH01	0.16	元宝槭	137
2011	CBFZH01	0.16	毙脉槭	61
2011	CBFZH01	0.16	紫椴	16
2011	CBFZH01	0.16	紫花槭	56
2012	CBFZH01	0.16	暴马丁香	128
2012	CBFZH01	0.16	朝鲜槐	10
2012	CBFZH01	0.16	春榆	1
2012	CBFZH01	0.16	红松	28

（续）

年份	样地代码	样地面积/hm²	植物种名	株数
2012	CBFZH01	0.16	辽椴	17
2012	CBFZH01	0.16	蒙古栎	29
2012	CBFZH01	0.16	青楷槭	49
2012	CBFZH01	0.16	水曲柳	1 270
2012	CBFZH01	0.16	元宝槭	134
2012	CBFZH01	0.16	髭脉槭	109
2012	CBFZH01	0.16	紫椴	12
2012	CBFZH01	0.16	紫花槭	63
2013	CBFZH01	0.16	暴马丁香	131
2013	CBFZH01	0.16	朝鲜槐	13
2013	CBFZH01	0.16	春榆	2
2013	CBFZH01	0.16	红松	30
2013	CBFZH01	0.16	辽椴	13
2013	CBFZH01	0.16	蒙古栎	32
2013	CBFZH01	0.16	青楷槭	58
2013	CBFZH01	0.16	水曲柳	1 582
2013	CBFZH01	0.16	元宝槭	174
2013	CBFZH01	0.16	髭脉槭	118
2013	CBFZH01	0.16	紫椴	19
2013	CBFZH01	0.16	紫花槭	90
2014	CBFZH01	0.16	暴马丁香	118
2014	CBFZH01	0.16	朝鲜槐	14
2014	CBFZH01	0.16	春榆	2
2014	CBFZH01	0.16	红松	27
2014	CBFZH01	0.16	辽椴	13
2014	CBFZH01	0.16	蒙古栎	33
2014	CBFZH01	0.16	青楷槭	64
2014	CBFZH01	0.16	水曲柳	1 644
2014	CBFZH01	0.16	元宝槭	173
2014	CBFZH01	0.16	髭脉槭	105
2014	CBFZH01	0.16	紫椴	19
2014	CBFZH01	0.16	紫花槭	99
2015	CBFZH01	0.16	暴马丁香	124
2015	CBFZH01	0.16	朝鲜槐	11
2015	CBFZH01	0.16	春榆	2
2015	CBFZH01	0.16	红松	29
2015	CBFZH01	0.16	辽椴	15
2015	CBFZH01	0.16	蒙古栎	41

（续）

年份	样地代码	样地面积/hm²	植物种名	株数
2015	CBFZH01	0.16	青楷槭	83
2015	CBFZH01	0.16	水曲柳	2 803
2015	CBFZH01	0.16	元宝槭	193
2015	CBFZH01	0.16	毙脉槭	138
2015	CBFZH01	0.16	紫椴	26
2015	CBFZH01	0.16	紫花槭	99
2015	CBFZH01	0.04	刺五加	2
2015	CBFZH01	0.04	东北山梅花	18
2015	CBFZH01	0.04	光萼溲疏	14
2015	CBFZH01	0.04	黄芦木	1
2015	CBFZH01	0.04	瘤枝卫矛	1
2015	CBFZH01	0.04	卫矛	66
2015	CBFZH01	0.04	长白茶藨子	23
2015	CBFZH01	0.04	长白忍冬	8
2015	CBFZH01	0.04	毛榛	33
2015	CBFZH01	0.04	白花碎米荠	77
2015	CBFZH01	0.04	薄叶荠苨	1
2015	CBFZH01	0.04	北重楼	1
2015	CBFZH01	0.04	大叶柴胡	1
2015	CBFZH01	0.04	东北羊角芹	94
2015	CBFZH01	0.04	光叶蚊子草	6
2015	CBFZH01	0.04	和尚菜	2
2015	CBFZH01	0.04	红花变豆菜	3
2015	CBFZH01	0.04	猴腿蹄盖蕨	7
2015	CBFZH01	0.04	鸡腿堇菜	5
2015	CBFZH01	0.04	吉林延龄草	3
2015	CBFZH01	0.04	荚果蕨	6
2015	CBFZH01	0.04	假升麻	1
2015	CBFZH01	0.04	宽叶山蒿	1
2015	CBFZH01	0.04	宽叶薹草	5
2015	CBFZH01	0.04	林大戟	1
2015	CBFZH01	0.04	林生茜草	2
2015	CBFZH01	0.04	落新妇	1
2015	CBFZH01	0.04	毛缘薹草	275
2015	CBFZH01	0.04	如意草	1
2015	CBFZH01	0.04	三脉猪殃殃	5
2015	CBFZH01	0.04	山尖子	2
2015	CBFZH01	0.04	山茄子	87

（续）

年份	样地代码	样地面积/hm²	植物种名	株数
2015	CBFZH01	0.04	深山唐松草	4
2015	CBFZH01	0.04	丝引薹草	13
2015	CBFZH01	0.04	舞鹤草	35
2015	CBFZH01	0.04	缬草	1
2015	CBFZH01	0.04	荨麻叶龙头草	150
2015	CBFZH01	0.04	种阜草	8
2015	CBFZH01	0.04	酢浆草	157
2016	CBFZH01	0.16	暴马丁香	111
2016	CBFZH01	0.16	朝鲜槐	8
2016	CBFZH01	0.16	春榆	3
2016	CBFZH01	0.16	红松	26
2016	CBFZH01	0.16	辽椴	13
2016	CBFZH01	0.16	蒙古栎	26
2016	CBFZH01	0.16	青楷槭	58
2016	CBFZH01	0.16	水曲柳	2 178
2016	CBFZH01	0.16	元宝槭	140
2016	CBFZH01	0.16	毛脉槭	126
2016	CBFZH01	0.16	紫椴	22
2016	CBFZH01	0.16	紫花槭	66
2017	CBFZH01	0.16	暴马丁香	127
2017	CBFZH01	0.16	朝鲜槐	8
2017	CBFZH01	0.16	春榆	3
2017	CBFZH01	0.16	红松	32
2017	CBFZH01	0.16	辽椴	16
2017	CBFZH01	0.16	蒙古栎	38
2017	CBFZH01	0.16	青楷槭	58
2017	CBFZH01	0.16	水曲柳	1 453
2017	CBFZH01	0.16	元宝槭	128
2017	CBFZH01	0.16	毛脉槭	136
2017	CBFZH01	0.16	紫椴	22
2017	CBFZH01	0.16	紫花槭	73
2018	CBFZH01	0.16	白牛槭	6
2018	CBFZH01	0.16	暴马丁香	72
2018	CBFZH01	0.16	朝鲜槐	6
2018	CBFZH01	0.16	春榆	5
2018	CBFZH01	0.16	黑樱桃	14
2018	CBFZH01	0.16	红松	36
2018	CBFZH01	0.16	辽椴	8

（续）

年份	样地代码	样地面积/hm²	植物种名	株数
2018	CBFZH01	0.16	蒙古栎	115
2018	CBFZH01	0.16	青楷槭	163
2018	CBFZH01	0.16	秋子梨	8
2018	CBFZH01	0.16	三花槭	3
2018	CBFZH01	0.16	水曲柳	1 044
2018	CBFZH01	0.16	元宝槭	271
2018	CBFZH01	0.16	髭脉槭	65
2018	CBFZH01	0.16	紫椴	33
2018	CBFZH01	0.16	紫花槭	323

3.1.7　动物数量数据集

3.1.7.1　概述

本数据集包含长白山阔叶红松林观测场（海拔 784 m，中心坐标 128°05′44″E、42°24′11″N，面积 1 600 m²）大型野生动物和鸟类数量的数据，时间跨度为 2010—2015 年。动物数量数据集包括调查年份、样地代码、动物类别、调查面积、动物名称和数量。数据产品频率：1 次/5 年。

3.1.7.2　数据采集及处理方法

动物数量由野外样地实测调查而来。

3.1.7.3　数据质量控制和评估

原始数据质量控制方法为对历年的数据进行整理和质量控制，对异常数据进行核实。质控方法包括阈值检查（根据多年数据比对，对监测数据超出历史数据阈值范围进行校验，删除异常值或标注说明）、一致性检查（例如数量级与其他测量值不同）等。数据产品处理方法为在质控数据的基础上，在质控数据的基础上，以年和物种为基础单元，统计样地尺度下不同动物的数量。

3.1.7.4　数据

具体数据见表 3-7。

表 3-7　动物数量

年份	样地代码	动物类别	调查面积/hm²	动物名称	数量/只
2010	CBFZH01	兽类	0.5	大林姬鼠	12
2010	CBFZH01	兽类	0.5	花鼠	36
2010	CBFZH01	兽类	0.5	黄鼬	1
2010	CBFZH01	兽类	0.5	狍	3
2010	CBFZH01	兽类	0.5	松鼠	8
2010	CBFZH01	兽类	0.5	野猪	15
2010	CBFZH01	鸟类	0.5	白背啄木鸟	3
2010	CBFZH01	鸟类	0.5	白眉鸫	6
2010	CBFZH01	鸟类	0.5	大嘴乌鸦	8
2010	CBFZH01	鸟类	0.5	花尾榛鸡	14

（续）

年份	样地代码	动物类别	调查面积/hm²	动物名称	数量/只
2010	CBFZH01	鸟类	0.5	黄喉鹀	4
2010	CBFZH01	鸟类	0.5	黄腰柳莺	25
2010	CBFZH01	鸟类	0.5	灰山椒鸟	22
2010	CBFZH01	鸟类	0.5	松鸦	13
2010	CBFZH01	鸟类	0.5	小斑啄木鸟	7
2015	CBFZH01	鼠类	0.5	大林姬鼠	5
2015	CBFZH01	鼠类	0.5	红背䶄	1
2015	CBFZH01	鼠类	0.5	花鼠	11
2015	CBFZH01	兽类	0.5	黄鼬	1
2015	CBFZH01	兽类	0.5	狍	1
2015	CBFZH01	鼠类	0.5	松鼠	1
2015	CBFZH01	兽类	0.5	黑熊	1
2015	CBFZH01	兽类	0.5	野猪	15
2015	CBFZH01	鼠类	0.5	棕背䶄	2
2015	CBFZH01	鸟类	0.5	白背啄木鸟	2
2015	CBFZH01	鸟类	0.5	白眉鸫	2
2015	CBFZH01	鸟类	0.5	大嘴乌鸦	5
2015	CBFZH01	鸟类	0.5	花尾榛鸡	8
2015	CBFZH01	鸟类	0.5	黄喉鹀	1
2015	CBFZH01	鸟类	0.5	黄腰柳莺	2
2015	CBFZH01	鸟类	0.5	灰山椒鸟	2
2015	CBFZH01	鸟类	0.5	雀鹰	1
2015	CBFZH01	鸟类	0.5	松鸦	2
2015	CBFZH01	鸟类	0.5	小斑啄木鸟	1

3.1.8　植物物种数数据集

3.1.8.1　概述

　　本数据集包含长白山阔叶红松林观测场（海拔 784 m，中心坐标 128°05′44″E、42°24′11″N，面积 1 600 m²）和长白山次生白桦林辅助观测场永久采样地（海拔 777 m，中心坐标 128°05′57.5″E，42°24′7″N，面积为 1 600 m²）乔木、灌木和草本层物种数的数据，时间跨度为 2010—2015 年。植物物种数数据集包括调查年份、样地代码、样地面积、乔木物种数、灌木物种数和草本物种数。数据产品频率：1 次/5 年。

3.1.8.2　数据采集及处理方法

　　植物物种数由野外样地实测调查而来。

3.1.8.3　数据质量控制和评估

　　原始数据质量控制方法为对历年的数据进行整理和质量控制，对异常数据进行核实。质控方法包括阈值检查（根据多年数据比对，对监测数据超出历史数据阈值范围进行校验，删除异常值或标注说明）、一致性检查（例如数量级与其他测量值不同）等。数据产品处理方法为在质控数据的基础上，

在质控数据的基础上，以年为基础单元，统计样地尺度下不同层次的总物种数。

3.1.8.4 数据

具体数据见表 3-8。

表 3-8 植物物种数

年份	样地代码	样地面积/hm²	乔木物种数/个	灌木物种数/个	草本物种数/个
2010	CBFZH01	0.16	10	11	18
2010	CBFFZ01	0.16	18	13	27
2015	CBFZH01	0.16	10	11	30
2015	CBFFZ01	0.16	18	13	33

3.1.9 叶面积指数数据集

3.1.9.1 概述

本数据集包含长白山阔叶红松林观测场（海拔 784 m，中心坐标 128°05′44″E、42°24′11″N，面积 1 600 m²）乔木、灌木和草本层各层叶面积指数的数据，时间跨度为 2010—2015 年。叶面积指数数据集包括调查年份、月份、样地代码、乔木叶面积指数、灌木叶面积指数和叶面积指数。数据产品频率：1 次/5 年。

3.1.9.2 数据采集及处理方法

叶面积指数使用便携式叶面积仪（美国 LI-COR 公司的 Li-3 000C）定点进行测定。

3.1.9.3 数据质量控制和评估

原始数据质量控制方法为对历年的数据进行整理和质量控制，对异常数据进行核实。质控方法包括阈值检查（根据多年数据比对，对监测数据超出历史数据阈值范围进行校验，删除异常值或标注说明）、一致性检查（例如数量级与其他测量值不同）等。数据产品处理方法为在质控数据的基础上，以年和年内月份为基础单元，统计样地尺度下不同层片的叶面积指数。

3.1.9.4 数据

具体数据见表 3-9。

表 3-9 叶面积指数

年份	月份	样地代码	乔木叶面积指数	灌木叶面积指数	草本叶面积指数
2010	4	CBFZH01	1.27	0.22	0.14
2010	5	CBFZH01	2.18	0.35	0.28
2010	6	CBFZH01	5.12	0.62	1.28
2010	7	CBFZH01	5.31	0.76	1.21
2010	8	CBFZH01	5.39	0.83	1.11
2010	9	CBFZH01	3.50	0.73	0.79
2010	10	CBFZH01	1.49	0.42	0.38
2015	4	CBFZH01	1.39	0.21	0.11
2015	5	CBFZH01	3.83	0.27	0.65
2015	6	CBFZH01	4.73	0.29	0.65
2015	7	CBFZH01	5.25	0.32	0.65
2015	8	CBFZH01	5.20	0.34	0.64

（续）

年份	月份	样地代码	乔木叶面积指数	灌木叶面积指数	草本叶面积指数
2015	9	CBFZH01	4.30	0.38	0.55
2015	10	CBFZH01	2.14	0.25	0.38

3.1.10 凋落物季节动态数据集

3.1.10.1 概述

本数据集包含长白山阔叶红松林观测场（海拔 784 m，中心坐标 128°05′44″E、42°24′11″N，面积 1 600 m²）凋落物季节动态的数据，时间跨度为 2009—2018 年。凋落物季节动态数据集包括调查年份、月份、样地代码、枯枝干重、枯叶干重、落果（花）干重、树皮干重、苔藓地衣干重和杂物干重。数据产品频率：1 次/月（生长季）。

3.1.10.2 数据采集及处理方法

凋落物回收量的季节动态通过每年生长季进行定时取样测定凋落物量的数据分析得到。在长白山阔叶红松林观测场随机布设 10 个 1.0 m×1.0 m 固定的网状凋落物收集框，收集框中心距离地面高度为 1.0 m，用支架固定使收集框保持水平状态。长白山地区的生长季从每年的 4 月开始到 10 月结束，因此每年 4 月底、5 月底、6 月底、7 月底、8 月底、9 月底和 10 月底将凋落物框内的凋落物一一收集，带回实验室分拣成枯枝、枯叶、花（或果）和树皮，分别在 65 ℃下烘干至恒重，称取干重并记录到森林植物群落凋落物回收量季节动态记录表中。

3.1.10.3 数据质量控制和评估

原始数据质量控制方法为对历年的数据进行整理和质量控制，对异常数据进行核实。质控方法包括阈值检查（根据多年数据比对，对监测数据超出历史数据阈值范围进行校验，删除异常值或标注说明）、一致性检查（例如数量级与其他测量值不同）等。数据产品处理方法为在质控数据的基础上，以年和月或季节为基础单元，统计样地尺度下不同层次凋落物的质量。

3.1.10.4 数据

具体数据见表 3-10。

表 3-10 凋落物季节动态

单位：g/1 600 m²

年份	月份	样地代码	枯枝干重	枯叶干重	落果（花）干重	树皮干重	苔藓地衣干重	杂物干重
2009	4	CBFZH01	14.87	11.09	8.21	5.59	1.74	3.39
2009	5	CBFZH01	7.02	15.58	4.51	2.40	1.47	4.45
2009	6	CBFZH01	4.28	10.81	10.34	0.45	0.89	1.20
2009	7	CBFZH01	1.83	3.59	11.69	0.60	0.88	3.31
2009	8	CBFZH01	8.42	5.97	6.56	1.76	0.95	3.44
2009	9	CBFZH01	8.26	185.56	12.56	0.49	1.00	3.09
2009	10	CBFZH01	13.27	204.48	9.05	3.58	0.78	2.59
2010	4	CBFZH01	21.23	16.59	12.90	14.22	0.56	6.92
2010	5	CBFZH01	3.30	7.36	9.32	3.82	0.29	4.18
2010	6	CBFZH01	4.00	23.30	12.53	3.72	0.23	6.13
2010	7	CBFZH01	3.87	6.29	17.88	2.33	1.18	3.81

（续）

年份	月份	样地代码	枯枝干重	枯叶干重	落果（花）干重	树皮干重	苔藓地衣干重	杂物干重
2010	8	CBFZH01	9.35	8.27	5.03	4.61	0.39	8.40
2010	9	CBFZH01	4.12	80.51	6.89	4.92	0.50	5.98
2010	10	CBFZH01	6.02	303.09	31.28	1.77	1.96	2.38
2011	4	CBFZH01	35.46	15.65	4.94	8.86	1.57	6.50
2011	5	CBFZH01	10.20	8.77	2.97	4.86	1.67	13.74
2011	6	CBFZH01	22.11	13.45	11.08	5.11	1.58	5.45
2011	7	CBFZH01	3.57	6.70	8.78	4.34	1.91	5.05
2011	8	CBFZH01	15.53	8.18	5.51	3.76	0.89	4.81
2011	9	CBFZH01	17.18	114.71	17.83	6.19	1.93	8.93
2011	10	CBFZH01	22.34	286.28	7.82	7.13	1.51	7.94
2012	4	CBFZH01	41.30	11.09	11.16	19.11	0.53	7.91
2012	5	CBFZH01	2.70	11.86	7.77	4.49	0.90	5.37
2012	6	CBFZH01	2.08	7.11	5.80	3.35	1.51	2.96
2012	7	CBFZH01	5.23	6.55	5.78	3.30	3.95	4.12
2012	8	CBFZH01	12.67	13.81	4.94	3.80	5.69	10.99
2012	9	CBFZH01	6.84	104.22	4.12	2.08	0.00	2.84
2012	10	CBFZH01	18.24	257.20	2.69	3.30	0.00	3.93
2013	4	CBFZH01	57.87	15.73	2.95	37.95	3.40	14.24
2013	5	CBFZH01	8.17	22.66	4.40	5.34	4.05	11.82
2013	6	CBFZH01	3.96	15.38	23.94	2.49	6.79	5.84
2013	7	CBFZH01	4.80	4.86	6.50	4.10	1.28	4.43
2013	8	CBFZH01	15.68	12.43	8.61	5.35	12.55	8.82
2013	9	CBFZH01	32.13	240.02	16.96	4.43	1.77	8.09
2013	10	CBFZH01	15.27	130.61	9.62	0.50	1.75	5.99
2014	4	CBFZH01	75.38	10.04	11.75	7.36	0.91	2.61
2014	5	CBFZH01	14.16	12.92	3.43	4.33	0.62	4.51
2014	6	CBFZH01	2.55	11.51	4.30	2.26	8.87	4.48
2014	7	CBFZH01	8.99	7.94	5.52	3.19	2.86	8.69
2014	8	CBFZH01	5.50	17.63	4.42	2.58	2.25	5.23
2014	9	CBFZH01	12.12	176.70	65.63	2.17	1.80	5.14
2014	10	CBFZH01	91.34	147.74	88.37	5.98	0.17	5.61
2015	4	CBFZH01	27.28	14.60	11.25	16.38	2.88	6.27
2015	5	CBFZH01	43.73	15.10	5.83	7.17	2.85	7.81
2015	6	CBFZH01	10.97	11.72	8.02	4.84	2.93	2.87
2015	7	CBFZH01	5.28	4.45	5.75	7.32	2.30	2.47
2015	8	CBFZH01	17.65	9.98	7.62	8.38	3.44	4.19
2015	9	CBFZH01	6.20	226.53	15.99	5.30	0.00	3.33
2015	10	CBFZH01	27.59	134.79	6.32	4.44	0.00	1.37

（续）

年份	月份	样地代码	枯枝干重	枯叶干重	落果（花）干重	树皮干重	苔藓地衣干重	杂物干重
2016	4	CBFZH01	50.20	8.28	1.06	10.75	0.23	6.15
2016	5	CBFZH01	14.35	7.89	0.38	1.61	0.09	7.43
2016	6	CBFZH01	6.14	7.34	6.96	1.18	0.54	4.80
2016	7	CBFZH01	1.16	1.52	3.71	0.44	0.08	2.62
2016	8	CBFZH01	17.56	3.12	5.59	1.31	0.24	5.22
2016	9	CBFZH01	14.24	265.41	11.37	0.72	0.30	2.99
2016	10	CBFZH01	2.78	46.49	1.07	2.32	0.13	1.84
2017	4	CBFZH01	36.08	14.63	8.29	14.35	1.03	11.77
2017	5	CBFZH01	30.18	18.58	0.51	1.62	0.18	11.68
2017	6	CBFZH01	9.85	7.58	3.97	1.82	0.00	3.75
2017	7	CBFZH01	4.48	7.29	12.90	0.62	0.00	6.82
2017	8	CBFZH01	6.13	8.49	4.88	1.17	0.08	9.26
2017	9	CBFZH01	8.57	192.20	8.15	1.91	0.07	11.22
2017	10	CBFZH01	24.58	137.63	0.86	10.95	0.07	4.64
2018	4	CBFZH01	30.01	19.39	8.99	40.57	2.23	19.27
2018	5	CBFZH01	7.96	12.89	4.07	5.30	1.18	12.29
2018	6	CBFZH01	5.69	15.61	9.08	8.11	0.00	12.45
2018	7	CBFZH01	4.27	5.84	8.18	3.99	0.00	8.99
2018	8	CBFZH01	13.60	12.14	11.34	6.30	0.43	13.28
2018	9	CBFZH01	11.76	202.47	13.68	6.44	0.00	10.29
2018	10	CBFZH01	16.02	157.01	8.15	4.67	0.00	7.38

3.1.11 凋落物现存量数据集

3.1.11.1 概述

本数据集包含长白山阔叶红松林观测场（海拔 784 m，中心坐标 128°05′44″E、42°24′11″N，面积 1 600 m²）凋落物现存量的数据，时间跨度为 2009—2018 年。凋落物现存量数据集包括调查年份、月份、样地代码、枯枝干重、枯叶干重、落果（花）干重、树皮干重、苔藓地衣干重和杂物干重。数据产品频率：1 次/年。

3.1.11.2 数据采集及处理方法

凋落物现存量通过在每个凋落物收集框附近选取投影面积为 1.0 m×1.0 m 代表样点进行观测，收集其中全部凋落物，用于记录凋落物现存量。将每次回收的凋落物按枝、叶、花、果、皮、苔藓地衣及杂物等进行分拣，在 65℃下烘干至恒重后称重。

3.1.11.3 数据质量控制和评估

原始数据质量控制方法为对历年的数据进行整理和质量控制，对异常数据进行核实。质控方法包括阈值检查（根据多年数据比对，对监测数据超出历史数据阈值范围进行校验，删除异常值或标注说明）、一致性检查（例如数量级与其他测量值不同）等。数据产品处理方法为在质控数据的基础上，以年为基础单元，统计样地尺度下不同层次凋落物的质量。如有多个重复，需提供重复数和标准差。

3.1.11.4　数据

具体数据见表 3-11。

表 3-11　凋落物现存量

单位：g/1 600 m²

年份	月份	样地代码	枯枝干重	枯叶干重	落果（花）干重	树皮干重	苔藓地衣干重	杂物干重
2009	8	CBFZH01	38.89	123.53	5.25	4.69	2.29	20.84
2010	8	CBFZH01	30.06	60.75	8.29	6.05	2.75	29.94
2011	8	CBFZH01	49.63	92.09	7.12	5.01	1.01	37.11
2012	8	CBFZH01	45.98	92.27	11.63	7.87	1.66	17.14
2013	8	CBFZH01	60.73	123.74	15.89	10.11	2.75	20.96
2014	8	CBFZH01	71.52	123.90	24.04	15.33	2.88	22.29
2015	8	CBFZH01	108.08	122.03	11.67	6.26	1.51	26.98
2016	8	CBFZH01	36.77	103.03	4.86	2.36	1.12	23.07
2017	8	CBFZH01	62.15	89.43	5.04	5.62	2.11	19.67
2018	8	CBFZH01	151.62	123.76	13.64	20.06	4.57	54.49

3.1.12　物候数据集

3.1.12.1　概述

本数据集包含长白山阔叶红松林观测场（海拔 784 m，中心坐标 128°05′44″E、42°24′11″N，面积 1 600 m²）、长白山阔叶红松林永久样地（1 号地）（海拔 784 m，中心坐标 128°05′34″E、42°24′9″N，面积为 10 000 m²）、长白山暗针叶林永久样地（2 号地）（海拔 1 258 m，中心坐标 128°07′54.5″E、42°08′38.5″N，面积为 600 m²）、长白山暗针叶林永久样地（3 号地）（海拔 1 682 m，中心坐标 128°07′55.5″E、42°08′38.5″N，面积为 600 m²）、长白山亚高山岳桦林永久样地（4 号地）（海拔 1 928 m，中心坐标 128°04′3.5″E、42°03′41.5″N，面积为 600 m²）和长白山气象观测场（海拔 740 m，中心坐标 128°06′25.05″E、42°23′56.8″N，面积 875 m²）乔木、灌木、草本植物物候的数据，时间跨度为 2009—2018 年。本数据集由 2 张数据表组成，它们分别为：

乔、灌木植物物候，包括调查年份、样地代码、植物种名、出芽期、展叶期、首花期、盛花期、果实或种子成熟期、叶秋季变色期和落叶期。

草本植物物候，包括调查年份、样地代码、植物种名、萌动期（返青期）、开花期、果实或种子成熟期、种子散布期和黄枯期。数据产品频率：1 次/年。

3.1.12.2　数据采集及处理方法

乔、灌木物候根据样地群落调查数据，每个样地确定 1~7 个优势种/气候指示种进行观测，每个优势种/气候指示种确定 3~5 株，定株观测；草本植物物候，每个优势种/气候指示种确定 3~5 个固定观测样方，定点观测。

3.1.12.3　数据质量控制和评估

原始数据质量控制方法为对历年上报的数据报表进行质量控制和整理，根据多年数据进行阈值检查，对监测数据超出历史数据阈值范围的异常值进行核验。数据产品处理方法为以年为基本单元，选取优势物种的关键物候期

3.1.12.4　数据

具体数据见表 3-12、表 3-13。

表 3 - 12　乔木、灌木植物物候

年份	样地代码	植物种名	出芽期（月/日）	展叶期（月/日）	首花期（月/日）	盛花期（月/日）	果实或种子成熟期（月/日）	叶秋季变色期（月/日）	落叶期（月/日）
2009	CBFZH01	白桦	04/22	04/29	04/29	05/04	05/15	09/07	09/13
2009	CBFZH01	暴马丁香	04/16	04/20	05/28	06/11	06/24	09/20	09/28
2009	CBFZH01	红松	05/01	05/15	06/06	06/17	07/03	09/20	09/26
2009	CBFZH01	元宝槭	04/21	05/03	05/03	05/12	05/20	09/15	09/22
2009	CBFZH01	水曲柳	04/26	05/08	04/29	05/09	06/08	09/08	09/13
2009	CBFZH01	紫椴	04/28	05/01	06/20	06/29	07/11	09/15	09/21
2009	CBFZH01	蒙古栎	04/24	05/02	05/12	05/20	06/08	09/23	10/03
2009	CBFZQ01	小楷槭	05/13	05/25	06/15	06/20	07/08	09/07	09/18
2009	CBFZQ02	花楸树	05/13	05/25	06/26	07/10	07/24	09/04	09/12
2009	CBFZQ03	岳桦	05/24	05/28	05/18	06/03	06/27	08/27	09/05
2009	CBFZH01	鸡树条	04/26	05/03	05/14	05/29	06/18	09/25	10/03
2009	CBFZH01	东北山梅花	04/25	05/01	06/06	06/11	06/29	09/24	10/05
2009	CBFZH01	毛榛	04/23	05/01	04/18	04/23	06/07	09/19	09/25
2009	CBFZQ03	牛皮杜鹃	05/01	06/05	05/21	05/30	07/13	09/05	09/19
2009	CBFZQ04	笃斯越橘	05/28	06/05	06/18	06/24	07/11	08/28	09/06
2009	CBFZQ04	牛皮杜鹃	05/06	06/12	05/28	06/08	07/20	08/31	09/21
2010	CBFZH01	白桦	04/29	05/10	05/22	05/27	06/18	09/08	09/15
2010	CBFZH01	暴马丁香	04/27	05/04	06/06	06/12	07/03	09/19	09/25
2010	CBFZH01	红松	05/14	05/23	06/11	06/17	09/10	09/22	09/27
2010	CBFZH01	元宝槭	05/05	05/16	05/28	06/02	06/27	09/22	09/28
2010	CBFZH01	水曲柳	05/08	05/25	05/10	05/15	07/15	09/03	09/16
2010	CBFZH01	紫椴	05/04	05/14	06/26	07/02	08/25	09/05	09/10
2010	CBFZH01	蒙古栎	05/08	05/15	06/08	06/15	06/23	09/23	10/01
2010	CBFZQ01	小楷槭	05/19	05/26	06/17	06/26	07/29	09/05	09/16
2010	CBFZQ02	花楸树	05/20	05/26	07/08	07/15	08/08	09/01	09/14
2010	CBFZQ03	岳桦	06/01	06/14	06/15	06/22	08/14	08/28	09/06
2010	CBFZH01	东北山梅花	05/01	05/06	06/15	06/21	07/19	09/21	10/03
2010	CBFZH01	鸡树条	05/02	05/17	06/03	06/13	06/30	09/19	09/27
2010	CBFZH01	毛榛	04/30	05/07	04/24	05/04	08/20	09/15	09/24
2010	CBFZQ03	牛皮杜鹃	05/18	06/16	06/01	06/08	07/05	09/08	09/23
2010	CBFZQ04	笃斯越橘	06/08	06/13	06/25	07/01	08/13	08/24	08/29
2010	CBFZQ04	牛皮杜鹃	06/12	06/20	06/04	06/14	07/18	08/26	09/04
2011	CBFZH01	白桦	04/28	05/06	05/16	05/21	06/25	09/10	09/17
2011	CBFZH01	暴马丁香	04/24	05/02	06/10	06/17	07/12	09/15	09/24
2011	CBFZH01	红松	05/16	05/28	06/14	06/24	09/08	09/20	09/25
2011	CBFZH01	元宝槭	05/05	05/17	05/22	05/30	07/02	09/21	09/27
2011	CBFZH01	水曲柳	05/13	05/26	05/16	05/26	07/10	09/06	09/15
2011	CBFZH01	紫椴	05/06	05/18	06/30	07/07	08/22	09/13	09/18

（续）

年份	样地代码	植物种名	出芽期（月/日）	展叶期（月/日）	首花期（月/日）	盛花期（月/日）	果实或种子成熟期（月/日）	叶秋季变色期（月/日）	落叶期（月/日）
2011	CBFZH01	蒙古栎	05/09	05/17	06/12	06/21	07/20	09/25	09/29
2011	CBFZQ01	小楷槭	05/22	06/01	06/14	06/30	07/25	09/01	09/11
2011	CBFZQ02	花楸树	05/22	06/01	07/07	07/15	09/04	09/03	09/16
2011	CBFZQ03	岳桦	06/02	06/08	06/13	06/25	08/19	08/27	09/04
2011	CBFZH01	鸡树条	05/03	05/18	06/08	06/15	07/03	09/12	09/26
2011	CBFZH01	东北山梅花	05/02	05/09	06/14	06/22	07/24	09/16	09/25
2011	CBFZH01	毛榛	04/28	05/08	05/03	05/08	08/24	09/12	09/19
2011	CBFZQ03	牛皮杜鹃	05/20	06/12	06/08	06/15	07/23	09/12	09/25
2011	CBFZQ04	笃斯越橘	06/05	06/15	06/20	06/30	08/15	08/23	09/01
2011	CBFZQ04	牛皮杜鹃	06/14	06/21	06/16	06/22	07/15	08/22	09/04
2012	CBFZH01	白桦	04/20	05/05	05/14	05/25	06/23	09/04	09/20
2012	CBFZH01	暴马丁香	04/19	04/26	06/08	06/15	07/19	09/16	09/26
2012	CBFZH01	红松	04/28	05/25	06/16	06/25	09/01	09/19	09/28
2012	CBFZH01	元宝槭	05/04	05/10	05/17	05/26	06/18	09/18	09/27
2012	CBFZH01	水曲柳	05/07	05/16	05/08	05/20	06/08	09/04	09/16
2012	CBFZH01	紫椴	05/04	05/10	06/29	07/10	08/18	09/13	09/20
2012	CBFZH01	蒙古栎	05/04	05/10	06/14	06/22	07/25	09/18	09/27
2012	CBFZQ01	小楷槭	05/08	05/29	06/11	06/25	07/22	08/31	09/06
2012	CBFZQ02	花楸树	05/07	05/30	07/05	07/16	09/03	09/01	09/06
2012	CBFZQ03	岳桦	05/16	06/09	06/05	06/19	08/21	08/26	09/04
2012	CBFZH01	笃斯越橘	05/28	06/06	06/23	07/01	08/16	08/22	09/06
2012	CBFZH01	东北山梅花	04/25	05/01	06/06	06/14	07/26	09/15	09/25
2012	CBFZH01	鸡树条	04/26	05/08	06/04	06/12	07/05	09/13	09/24
2012	CBFZQ03	毛榛	04/24	05/06	05/04	05/10	08/22	09/08	09/17
2012	CBFZQ04	牛皮杜鹃	05/20	06/17	06/01	06/13	07/24	09/12	09/24
2012	CBFZQ04	牛皮杜鹃	05/25	06/23	06/08	06/19	06/27	08/20	09/05
2013	CBFZH01	白桦	04/26	05/10	05/15	05/27	06/29	09/01	09/06
2013	CBFZH01	暴马丁香	04/29	05/06	06/13	06/22	07/23	09/14	09/23
2013	CBFZH01	红松	05/08	05/22	06/04	06/15	08/27	09/11	09/21
2013	CBFZH01	元宝槭	05/05	05/16	05/15	05/22	06/18	09/08	09/19
2013	CBFZH01	水曲柳	05/15	05/20	05/12	05/20	06/12	08/31	09/06
2013	CBFZH01	紫椴	05/04	05/16	06/29	07/06	07/15	09/02	09/08
2013	CBFZH01	蒙古栎	05/08	05/18	06/30	07/12	07/18	09/09	09/20
2013	CBFZQ01	小楷槭	05/13	05/27	05/27	06/06	06/23	08/27	09/03
2013	CBFZQ02	花楸树	05/12	05/28	06/17	06/27	08/30	08/28	09/03
2013	CBFZQ03	岳桦	05/23	06/07	06/06	06/25	08/20	08/23	09/01
2013	CBFZH01	笃斯越橘	05/30	06/10	06/17	06/26	08/24	08/25	09/04
2013	CBFZH01	牛皮杜鹃	05/29	06/27	06/06	06/15	07/28	09/01	09/15

（续）

年份	样地代码	植物种名	出芽期（月/日）	展叶期（月/日）	首花期（月/日）	盛花期（月/日）	果实或种子成熟期（月/日）	叶秋季变色期（月/日）	落叶期（月/日）
2013	CBFZH01	东北山梅花	05/04	05/18	06/10	06/18	07/01	09/12	09/22
2013	CBFZQ03	鸡树条	05/05	05/19	06/05	06/17	07/26	09/09	09/18
2013	CBFZQ04	毛榛	04/28	05/07	04/29	05/14	07/22	09/05	09/12
2013	CBFZQ04	牛皮杜鹃	05/18	06/15	05/24	06/19	07/25	09/07	09/22
2014	CBFZH01	白桦	04/18	04/24	05/06	05/17	08/07	08/20	09/05
2014	CBFZH01	暴马丁香	04/08	04/14	05/20	06/09	08/20	09/14	09/24
2014	CBFZH01	红松	04/23	05/15	06/20	06/30	08/24	09/10	09/19
2014	CBFZH01	元宝槭	04/20	04/27	05/09	05/18	08/17	09/16	09/21
2014	CBFZH01	水曲柳	05/08	05/16	05/13	05/22	08/15	08/28	09/07
2014	CBFZH01	紫椴	04/20	05/15	06/23	07/02	08/05	08/21	09/11
2014	CBFZH01	蒙古栎	04/28	05/14	05/18	05/25	08/17	09/10	09/22
2014	CBFZQ01	小楷槭	05/18	05/24	06/08	06/22	08/20	08/17	09/04
2014	CBFZQ02	花楸树	05/17	05/25	06/15	06/25	08/28	08/25	09/01
2014	CBFZQ03	岳桦	05/18	05/25	06/03	06/16	08/21	08/15	08/30
2014	CBFZH01	笃斯越橘	05/27	06/07	07/16	07/24	08/19	08/23	09/05
2014	CBFZH01	牛皮杜鹃	05/23	06/22	06/05	06/18	07/30	09/01	09/18
2014	CBFZH01	东北山梅花	04/19	04/25	05/20	06/04	08/18	09/08	09/15
2014	CBFZQ03	鸡树条	04/15	04/22	06/01	06/11	08/04	09/07	09/15
2014	CBFZQ04	毛榛	04/20	04/25	04/10	04/20	08/14	08/28	09/14
2014	CBFZQ04	牛皮杜鹃	05/06	06/03	05/12	05/21	07/18	09/02	09/24
2015	CBFZH01	白桦	04/04	04/26	05/05	05/18	08/04	09/03	09/10
2015	CBFZH01	暴马丁香	04/08	04/20	06/07	06/12	08/21	09/16	09/21
2015	CBFZH01	红松	04/24	05/01	06/06	06/13	08/29	09/13	09/19
2015	CBFZH01	元宝槭	04/23	04/29	05/11	05/19	08/26	09/08	09/17
2015	CBFZH01	水曲柳	04/30	05/10	04/26	05/16	07/25	08/31	09/06
2015	CBFZH01	紫椴	04/21	05/01	06/23	06/30	08/24	09/02	09/09
2015	CBFZH01	蒙古栎	04/26	04/29	05/14	05/20	08/29	09/14	09/21
2015	CBFZQ01	小楷槭	05/01	05/16	06/05	06/16	08/24	09/05	09/14
2015	CBFZQ02	花楸树	05/01	05/17	06/04	06/17	09/03	09/08	09/15
2015	CBFZQ03	岳桦	05/06	05/24	06/04	06/15	08/22	08/31	09/07
2015	CBFZH01	笃斯越橘	05/27	06/03	06/10	06/25	08/24	08/31	09/15
2015	CBFZH01	牛皮杜鹃	05/25	06/10	06/01	06/10	07/20	08/31	09/15
2015	CBFZH01	东北山梅花	04/24	04/29	05/20	06/01	08/23	09/12	09/24
2015	CBFZQ03	鸡树条	04/26	04/30	05/15	05/20	08/06	09/16	09/22
2015	CBFZQ04	毛榛	04/18	04/29	04/20	04/27	09/01	09/09	09/14
2015	CBFZQ04	牛皮杜鹃	05/17	06/12	05/23	05/30	07/15	09/05	09/20
2016	CBFZH01	白桦	04/22	05/01	05/06	05/11	08/14	08/23	08/30
2016	CBFZH01	暴马丁香	04/12	04/19	06/05	06/12	08/18	09/12	09/28

（续）

年份	样地代码	植物种名	出芽期（月/日）	展叶期（月/日）	首花期（月/日）	盛花期（月/日）	果实或种子成熟期（月/日）	叶秋季变色期（月/日）	落叶期（月/日）
2016	CBFZH01	红松	04/30	05/06	06/08	06/15	08/28	09/05	09/08
2016	CBFZH01	元宝槭	04/26	05/04	05/05	05/16	08/15	09/15	09/23
2016	CBFZH01	水曲柳	04/26	05/11	04/26	05/07	08/04	08/29	09/05
2016	CBFZH01	紫椴	04/29	05/10	06/25	07/04	08/14	08/24	09/03
2016	CBFZH01	蒙古栎	04/28	05/07	05/13	05/23	08/16	09/12	09/27
2016	CBFZQ01	小楷槭	05/09	05/17	06/24	06/29	08/22	08/27	09/03
2016	CBFZQ02	花楸树	05/10	05/18	06/24	07/05	09/07	08/27	09/04
2016	CBFZQ03	岳桦	05/24	06/01	05/29	06/12	08/13	08/28	09/03
2016	CBFZH01	笃斯越橘	06/03	06/09	07/14	07/22	08/16	08/23	09/10
2016	CBFZH01	牛皮杜鹃	05/25	07/01	06/10	06/16	08/02	09/03	09/28
2016	CBFZH01	东北山梅花	04/20	04/26	06/05	06/11	08/17	09/06	09/20
2016	CBFZQ03	鸡树条	04/22	04/30	05/20	06/18	08/05	09/04	09/17
2016	CBFZQ04	毛榛	04/24	04/30	04/29	05/06	08/07	08/26	09/12
2016	CBFZQ04	牛皮杜鹃	05/07	06/11	05/26	06/05	07/19	09/07	09/30
2017	CBFZH01	白桦	04/19	05/01	05/09	05/14	08/10	09/01	09/07
2017	CBFZH01	暴马丁香	04/08	04/19	05/26	06/11	08/19	09/09	09/17
2017	CBFZH01	红松	04/29	05/06	05/26	06/08	08/28	09/10	09/15
2017	CBFZH01	元宝槭	04/21	05/01	05/02	05/10	06/08	09/11	09/18
2017	CBFZH01	水曲柳	05/03	05/10	05/01	05/09	07/14	08/30	09/05
2017	CBFZH01	紫椴	05/01	05/06	06/29	07/10	07/24	08/31	09/06
2017	CBFZH01	蒙古栎	04/30	05/06	05/10	05/18	08/28	09/10	09/16
2017	CBFZQ01	小楷槭	05/14	05/19	05/28	06/15	08/15	08/28	09/05
2017	CBFZQ02	花楸树	05/14	05/20	06/24	07/01	08/16	09/01	09/07
2017	CBFZQ03	岳桦	05/20	05/28	05/19	05/30	08/27	08/24	08/31
2017	CBFZH01	笃斯越橘	06/06	06/12	06/18	06/25	08/20	08/28	09/04
2017	CBFZH01	牛皮杜鹃	05/20	06/13	05/22	06/03	07/30	09/07	09/26
2017	CBFZH01	东北山梅花	04/18	04/29	05/23	05/30	08/15	09/13	09/22
2017	CBFZQ03	鸡树条	04/08	04/30	05/18	05/30	08/03	09/12	09/19
2017	CBFZQ04	毛榛	04/07	04/30	04/28	05/11	08/16	09/02	09/08
2017	CBFZQ04	牛皮杜鹃	05/10	06/05	05/18	05/30	07/22	09/10	09/28
2018	CBFZH01	白桦	04/19	04/25	04/26	05/04	09/17	09/07	09/10
2018	CBFZH01	暴马丁香	04/01	04/14	05/11	05/20	08/17	09/19	09/29
2018	CBFZH01	红松	05/03	05/10	06/04	06/13	08/30	09/14	09/20
2018	CBFZH01	元宝槭	04/18	04/29	04/26	05/03	07/13	09/18	09/26
2018	CBFZH01	水曲柳	05/01	05/10	04/23	05/10	07/10	09/04	09/09
2018	CBFZH01	紫椴	04/20	05/04	06/20	06/30	09/01	09/05	09/09
2018	CBFZH01	蒙古栎	04/22	05/04	05/08	05/14	08/18	09/13	09/28
2018	CBFZQ01	小楷槭	05/10	05/15	06/19	06/26	08/20	09/05	09/12

（续）

年份	样地代码	植物种名	出芽期（月/日）	展叶期（月/日）	首花期（月/日）	盛花期（月/日）	果实或种子成熟期（月/日）	叶秋季变色期（月/日）	落叶期（月/日）
2018	CBFZQ02	花楸树	05/09	05/13	06/20	07/03	09/13	09/04	09/07
2018	CBFZQ03	岳桦	05/14	05/28	05/25	06/03	09/04	09/01	09/04
2018	CBFZH01	东北山梅花	04/18	04/25	06/04	06/15	08/15	09/09	09/19
2018	CBFZH01	鸡树条	04/23	05/02	06/05	06/16	08/08	09/09	09/21
2018	CBFZH01	毛榛	04/06	04/25	04/13	04/25	08/12	09/08	09/12
2018	CBFZQ03	牛皮杜鹃	05/10	06/02	05/20	05/24	07/20	09/10	09/29
2018	CBFZQ04	笃斯越橘	05/18	05/28	06/05	06/15	08/29	09/04	09/10
2018	CBFZQ04	牛皮杜鹃	05/15	06/06	05/29	06/10	07/20	09/10	09/22

表 3 - 13　草本植物物候

年份	样地代码	植物种名	萌动期（返青期）（月/日）	开花期（月/日）	果实或种子成熟期（月/日）	种子散布期（月/日）	黄枯期（月/日）
2009	CBFZH01	藜芦	04/18	05/07	05/24	06/09	06/21
2009	CBFZH01	舞鹤草	04/29	05/18	06/07	06/13	09/05
2009	CBFZH01	深山唐松草	05/02	05/25	06/17	06/23	08/31
2009	CBFZH01	荨麻叶龙头草（美汉草）	04/16	05/08	05/24	06/17	09/17
2009	CBFZH01	草芍药	04/18	04/30	05/21	06/20	07/31
2009	CBFZH01	东北百合	04/20	07/01	07/18	08/15	09/14
2009	CBFZH01	尖萼耧斗菜	04/23	05/26	06/13	06/27	08/28
2009	CBFZH01	山茄子	04/21	04/29	05/12	06/01	08/31
2009	CBFZH01	白花碎米荠	04/16	05/05	05/24	06/08	09/18
2009	CBFZH01	侧金盏花（早春）	03/24	04/01	04/18	04/29	06/23
2009	CBFZH01	菟葵（早春）	03/21	04/04	04/16	04/22	06/21
2009	CBFZQ01	舞鹤草	05/20	06/05	06/18	06/29	08/22
2009	CBFZQ03	藜芦	05/15	06/16	07/06	07/28	08/08
2009	CBFZQ03	兴安升麻	05/21	07/01	07/26	08/06	09/05
2009	CBFZQ03	大叶樟	05/19	07/06	07/26	08/11	09/18
2009	CBFZQ04	东亚仙女木	05/28	06/12	07/16	08/09	08/29
2009	CBFZQ04	高山罂粟	05/21	06/03	07/22	08/18	09/11
2009	CBFQX01	毛百合	04/26	06/08	07/23	08/26	09/02
2009	CBFQX01	东方草莓	04/15	04/29	06/02	06/29	09/18
2010	CBFZH01	藜芦	04/28	06/02	07/03	07/16	07/25
2010	CBFZH01	舞鹤草	05/01	05/22	06/11	07/18	09/07
2010	CBFZH01	深山唐松草	05/01	06/02	06/12	07/23	09/01
2010	CBFZH01	荨麻叶龙头草（美汉草）	04/20	05/14	05/28	06/13	09/20
2010	CBFZH01	草芍药	04/27	05/15	06/04	07/13	08/06
2010	CBFZH01	东北百合	04/27	07/05	07/25	08/11	09/12
2010	CBFZH01	尖萼耧斗菜	04/30	06/04	06/24	07/23	09/03

（续）

年份	样地代码	植物种名	萌动期（返青期）（月/日）	开花期（月/日）	果实或种子成熟期（月/日）	种子散布期（月/日）	黄枯期（月/日）
2010	CBFZH01	山茄子	04/26	05/18	05/26	06/12	09/13
2010	CBFZH01	白花碎米荠	04/18	05/31	06/22	06/30	09/17
2010	CBFZH01	侧金盏花（早春）	04/02	04/05	05/05	05/15	05/28
2010	CBFZH01	苋葵（早春）	04/02	04/06	05/05	05/14	05/29
2010	CBFZQ01	舞鹤草	05/16	06/13	06/29	07/14	08/26
2010	CBFZQ03	藜芦	06/01	06/12	07/15	08/08	08/14
2010	CBFZQ03	兴安升麻	05/29	06/28	07/25	08/06	08/15
2010	CBFZQ03	大叶樟	05/28	06/09	08/06	08/23	08/27
2010	CBFZQ04	东亚仙女木	06/02	06/18	07/22	08/08	08/23
2010	CBFZQ04	高山罂粟	05/31	06/20	07/24	08/17	09/08
2010	CBFQX01	毛百合	05/02	06/22	07/30	08/12	09/05
2010	CBFQX01	东方草莓	04/25	05/26	06/20	07/18	09/19
2011	CBFZH01	藜芦	04/28	06/05	07/08	07/15	07/28
2011	CBFZH01	舞鹤草	05/04	05/24	06/21	07/22	09/10
2011	CBFZH01	深山唐松草	05/03	06/10	06/22	07/25	09/02
2011	CBFZH01	荨麻叶龙头草（美汉草）	04/26	05/13	06/01	07/22	09/22
2011	CBFZH01	草芍药	04/29	05/20	06/12	07/15	08/15
2011	CBFZH01	东北百合	04/28	07/06	08/06	08/18	09/14
2011	CBFZH01	尖萼耧斗菜	05/02	06/14	06/28	07/27	08/28
2011	CBFZH01	山茄子	04/27	05/15	05/29	06/14	09/05
2011	CBFZH01	白花碎米荠	04/22	05/21	06/24	07/05	09/15
2011	CBFZH01	侧金盏花（早春）	04/06	04/10	05/01	05/13	05/26
2011	CBFZH01	苋葵（早春）	04/06	04/10	05/02	05/14	05/26
2011	CBFZQ01	舞鹤草	05/18	06/16	07/04	07/18	08/30
2011	CBFZQ03	藜芦	06/05	06/22	07/14	08/14	08/21
2011	CBFZQ03	兴安升麻	06/05	07/06	07/20	08/15	08/19
2011	CBFZQ03	大叶樟	06/02	06/24	08/02	08/24	09/02
2011	CBFZQ04	东亚仙女木	06/07	06/17	07/26	08/15	09/01
2011	CBFZQ04	高山罂粟	06/01	06/24	07/29	08/20	09/11
2011	CBFQX01	毛百合	05/13	06/20	07/29	08/15	09/08
2011	CBFQX01	东方草莓	05/02	05/30	06/24	07/22	09/20
2012	CBFZH01	藜芦	04/23	06/05	07/05	07/16	07/30
2012	CBFZH01	舞鹤草	05/05	05/25	06/23	07/25	09/06
2012	CBFZH01	深山唐松草	04/22	06/12	07/01	07/25	09/04
2012	CBFZH01	荨麻叶龙头草（美汉草）	04/15	05/13	06/05	07/21	09/20
2012	CBFZH01	草芍药	04/27	05/10	06/09	07/13	08/24
2012	CBFZH01	东北百合	04/29	07/08	08/09	08/16	09/13
2012	CBFZH01	尖萼耧斗菜	04/30	06/13	07/04	07/24	08/31

（续）

年份	样地代码	植物种名	萌动期（返青期）（月/日）	开花期（月/日）	果实或种子成熟期（月/日）	种子散布期（月/日）	黄枯期（月/日）
2012	CBFZH01	山茄子	04/24	05/11	05/28	06/18	09/08
2012	CBFZH01	白花碎米荠	04/12	05/20	06/08	07/02	09/14
2012	CBFZH01	侧金盏花（早春）	04/09	03/28	04/29	05/15	05/24
2012	CBFZH01	菟葵（早春）	04/09	03/29	05/02	05/13	05/23
2012	CBFZQ01	舞鹤草	05/15	06/18	07/09	07/20	09/02
2012	CBFZQ03	藜芦	06/06	06/26	07/22	08/09	08/20
2012	CBFZQ03	兴安升麻	06/07	07/09	07/24	08/13	08/21
2012	CBFZQ03	大叶樟	05/28	06/29	08/05	08/21	08/29
2012	CBFZQ04	东亚仙女木	06/04	06/15	07/24	08/12	08/31
2012	CBFZQ04	高山罂粟	06/03	06/15	07/27	08/18	09/08
2012	CBFQX01	毛百合	05/08	06/13	07/26	08/16	09/10
2012	CBFQX01	东方草莓	04/27	05/29	06/23	07/21	09/24
2013	CBFZH01	藜芦	04/25	06/04	07/07	07/18	07/24
2013	CBFZH01	舞鹤草	04/26	06/08	06/26	07/20	09/03
2013	CBFZH01	深山唐松草	04/25	06/11	07/08	07/19	09/01
2013	CBFZH01	荨麻叶龙头草（美汉草）	04/26	05/14	06/03	07/23	09/15
2013	CBFZH01	草芍药	04/29	05/23	06/14	07/15	08/28
2013	CBFZH01	东北百合	04/28	07/21	08/20	09/02	09/14
2013	CBFZH01	尖萼耧斗菜	05/01	05/28	07/07	07/24	08/29
2013	CBFZH01	山茄子	05/02	05/15	05/30	06/15	09/04
2013	CBFZH01	白花碎米荠	04/29	05/27	06/12	07/03	09/05
2013	CBFZH01	侧金盏花（早春）	04/12	03/31	05/12	05/15	05/31
2013	CBFZH01	菟葵（早春）	04/12	03/31	05/10	05/14	05/30
2013	CBFZQ01	舞鹤草	05/25	06/17	07/12	07/25	08/30
2013	CBFZQ03	藜芦	06/14	07/07	08/13	08/21	08/24
2013	CBFZQ03	兴安升麻	06/17	07/15	08/11	08/20	08/25
2013	CBFZQ03	大叶樟	06/02	07/18	08/05	08/22	08/29
2013	CBFZQ04	东亚仙女木	06/01	06/13	08/04	08/25	09/05
2013	CBFZQ04	高山罂粟	05/29	06/14	08/12	08/22	09/05
2013	CBFQX01	毛百合	05/09	06/18	07/04	08/14	08/25
2013	CBFQX01	东方草莓	04/30	05/26	06/30	07/31	09/20
2014	CBFZH01	藜芦	04/12	06/01	07/04	07/15	07/26
2014	CBFZH01	舞鹤草	04/20	05/16	07/19	08/03	09/01
2014	CBFZH01	深山唐松草	04/18	06/15	07/16	07/24	08/29
2014	CBFZH01	荨麻叶龙头草（美汉草）	04/11	05/10	06/28	07/21	09/14
2014	CBFZH01	草芍药	04/15	05/08	07/04	07/23	08/26
2014	CBFZH01	东北百合	04/15	07/17	08/21	08/29	09/12
2014	CBFZH01	尖萼耧斗菜	04/17	06/13	07/12	07/28	08/30

（续）

年份	样地代码	植物种名	萌动期（返青期）（月/日）	开花期（月/日）	果实或种子成熟期（月/日）	种子散布期（月/日）	黄枯期（月/日）
2014	CBFZH01	山茄子	04/15	05/08	06/03	06/20	09/01
2014	CBFZH01	白花碎米荠	04/11	05/25	06/25	07/07	09/06
2014	CBFZH01	侧金盏花（早春）	04/05	03/25	04/28	05/05	05/15
2014	CBFZH01	苋葵（早春）	04/05	03/26	04/28	05/05	05/18
2014	CBFZQ01	舞鹤草	05/18	06/10	08/02	08/18	08/27
2014	CBFZQ03	藜芦	05/14	07/05	08/09	08/19	08/22
2014	CBFZQ03	兴安升麻	05/15	07/26	08/15	08/27	08/24
2014	CBFZQ03	大叶樟	05/22	07/20	08/13	08/25	09/02
2014	CBFZQ04	东亚仙女木	05/26	06/15	08/15	08/22	08/29
2014	CBFZQ04	高山罂粟	06/01	07/25	08/24	08/30	09/07
2014	CBFQX01	毛百合	04/24	06/21	07/25	08/20	08/28
2014	CBFQX01	东方草莓	04/18	05/25	07/19	08/05	09/17
2015	CBFZH01	藜芦	04/12	05/29	07/03	07/16	07/25
2015	CBFZH01	舞鹤草	04/24	05/28	08/01	08/24	09/03
2015	CBFZH01	深山唐松草	04/24	05/29	07/29	08/14	09/03
2015	CBFZH01	荨麻叶龙头草（美汉草）	04/12	05/12	07/29	08/25	09/14
2015	CBFZH01	草芍药	04/18	05/07	05/30	07/24	08/23
2015	CBFZH01	东北百合	04/24	07/15	08/22	08/28	09/14
2015	CBFZH01	尖萼耧斗菜	04/21	05/19	07/25	08/01	08/29
2015	CBFZH01	山茄子	04/23	05/08	07/02	08/14	09/03
2015	CBFZH01	白花碎米荠	04/09	05/21	07/26	08/29	09/04
2015	CBFZH01	侧金盏花（早春）	03/19	03/23	04/20	04/27	05/02
2015	CBFZH01	苋葵（早春）	03/19	03/23	04/19	04/24	05/02
2015	CBFZQ01	舞鹤草	05/01	06/12	08/03	08/16	08/24
2015	CBFZQ03	藜芦	05/14	07/28	08/09	08/15	08/24
2015	CBFZQ03	兴安升麻	05/13	07/25	08/12	08/25	08/28
2015	CBFZQ03	大叶樟	05/13	07/18	08/11	08/23	09/05
2015	CBFZQ04	东亚仙女木	05/24	06/10	08/21	08/26	09/08
2015	CBFZQ04	高山罂粟	05/28	06/20	08/23	09/03	09/13
2015	CBFQX01	毛百合	04/20	06/15	08/24	08/29	09/04
2015	CBFQX01	东方草莓	04/22	05/16	06/23	08/23	09/09
2016	CBFZH01	藜芦	04/05	06/01	07/08	07/18	07/24
2016	CBFZH01	舞鹤草	04/12	05/17	07/13	07/28	09/02
2016	CBFZH01	深山唐松草	04/13	05/07	07/15	08/10	08/30
2016	CBFZH01	荨麻叶龙头草（美汉草）	04/07	05/10	06/25	07/15	09/15
2016	CBFZH01	草芍药	04/23	05/13	07/03	07/25	08/31
2016	CBFZH01	东北百合	04/23	07/14	08/20	09/02	09/14
2016	CBFZH01	尖萼耧斗菜	04/23	05/24	07/15	07/29	09/03

（续）

年份	样地代码	植物种名	萌动期（返青期）（月/日）	开花期（月/日）	果实或种子成熟期（月/日）	种子散布期（月/日）	黄枯期（月/日）
2016	CBFZH01	山茄子	04/13	05/12	06/01	06/26	09/04
2016	CBFZH01	白花碎米荠	04/07	05/18	06/08	08/12	09/14
2016	CBFZH01	侧金盏花（早春）	03/15	03/25	04/27	05/04	05/10
2016	CBFZH01	茋葵（早春）	03/15	03/22	04/25	05/03	05/09
2016	CBFZQ01	舞鹤草	05/26	07/01	08/03	08/16	08/28
2016	CBFZQ03	藜芦	05/22	06/19	08/13	08/17	08/23
2016	CBFZQ03	兴安升麻	05/24	07/25	08/14	08/25	08/25
2016	CBFZQ03	大叶樟	05/22	07/19	08/18	08/26	09/03
2016	CBFZQ04	东亚仙女木	05/29	06/18	08/16	08/25	08/30
2016	CBFZQ04	高山罂粟	05/29	06/18	08/23	09/04	09/10
2016	CBFQX01	毛百合	05/05	06/07	07/26	08/18	09/02
2016	CBFQX01	东方草莓	04/29	05/30	07/20	08/08	09/22
2017	CBFZH01	藜芦	04/04	05/29	07/10	07/20	07/25
2017	CBFZH01	舞鹤草	04/22	05/24	06/10	07/12	09/20
2017	CBFZH01	深山唐松草	04/19	06/18	07/18	08/12	08/29
2017	CBFZH01	荨麻叶龙头草（美汉草）	04/05	05/11	05/31	06/25	09/16
2017	CBFZH01	草芍药	04/19	05/09	05/30	07/26	08/30
2017	CBFZH01	东北百合	04/20	07/12	08/20	09/05	09/12
2017	CBFZH01	尖萼耧斗菜	04/20	05/19	06/15	06/30	09/20
2017	CBFZH01	山茄子	04/15	05/13	06/08	06/20	09/01
2017	CBFZH01	白花碎米荠	04/05	05/17	06/06	06/19	09/12
2017	CBFZH01	侧金盏花（早春）	03/23	03/26	05/03	05/14	05/22
2017	CBFZH01	茋葵（早春）	03/21	03/25	05/03	05/13	05/22
2017	CBFZQ01	舞鹤草	05/04	06/03	07/26	08/12	08/26
2017	CBFZQ03	藜芦	05/15	06/20	08/14	08/19	08/24
2017	CBFZQ03	兴安升麻	05/15	07/22	08/17	08/23	08/25
2017	CBFZQ03	大叶樟	05/25	07/21	08/17	08/23	09/08
2017	CBFZQ04	东亚仙女木	05/30	06/17	08/20	09/04	09/09
2017	CBFZQ04	高山罂粟	05/30	06/20	08/22	09/06	09/12
2017	CBFQX01	毛百合	04/27	06/19	07/24	08/26	09/17
2017	CBFQX01	东方草莓	04/23	05/16	07/18	08/15	09/20
2018	CBFZH01	藜芦	04/01	06/03	06/25	07/12	07/18
2018	CBFZH01	舞鹤草	04/24	05/08	06/12	06/29	09/05
2018	CBFZH01	深山唐松草	04/18	06/05	06/25	06/30	08/28
2018	CBFZH01	荨麻叶龙头草（美汉草）	03/30	05/07	06/12	06/29	09/18
2018	CBFZH01	草芍药	04/25	05/10	06/02	06/15	08/15
2018	CBFZH01	东北百合	04/18	07/14	08/28	09/05	09/15
2018	CBFZH01	尖萼耧斗菜	04/20	05/22	06/25	07/11	09/09

（续）

年份	样地代码	植物种名	萌动期（返青期）（月/日）	开花期（月/日）	果实或种子成熟期（月/日）	种子散布期（月/日）	黄枯期（月/日）
2018	CBFZH01	山茄子	04/19	05/08	06/01	06/08	08/31
2018	CBFZH01	白花碎米荠	03/31	05/16	06/06	06/17	09/16
2018	CBFZH01	侧金盏花（早春）	03/18	03/23	05/12	05/15	05/20
2018	CBFZH01	菟葵（早春）	03/18	03/23	05/04	05/14	05/18
2018	CBFZQ01	舞鹤草	05/06	05/29	07/26	09/01	09/08
2018	CBFZQ03	藜芦	05/25	06/18	08/15	08/24	09/01
2018	CBFZQ03	兴安升麻	05/24	07/20	08/13	08/18	09/12
2018	CBFZQ03	大叶樟	05/22	07/16	08/20	08/25	09/09
2018	CBFZQ04	东亚仙女木	05/27	06/03	08/14	08/22	09/19
2018	CBFZQ04	高山罂粟	05/25	06/20	08/21	09/08	09/11
2018	CBFQX01	毛百合	04/22	06/15	07/23	08/20	09/10
2018	CBFQX01	东方草莓	04/03	05/26	06/28	08/05	09/23

3.1.13　元素含量与能值数据集

3.1.13.1　概述

本数据集包含长白山阔叶红松林观测场（海拔 784 m，中心坐标 128°05′44″E、42°24′11″N，面积 1 600 m²）的乔木、灌木、草本优势种元素含量与能值的数据，时间跨度为 2010—2015 年。本数据集由 2 张数据表组成，它们分别为：

乔木、灌木、草本优势种元素含量与能值，包括调查年份、月份、样地代码、观测层次、交换性钙、交换性镁、交换性钾、交换性钠、交换性铝、交换性氢和阳离子交换量指标。数据产品频率：1 次/5 年。

乔木、灌木、草本优势种元素含量与能值分析方法，包括站代码、分析年份、分析项目名称、分析方法名称、分析方法引用标准。

3.1.13.2　数据采集及处理方法

元素含量与能值数据通过在选定的样品采集样方中，乔木选取 6 种优势种、灌木选取 2 种优势种、草本选取 3 种优势种，在植物生长高峰期（8 月中、下旬）分种采集各器官样品，带回实验室分析，分析方法见表 3-14。

表 3-14　乔木、灌木、草本优势种元素含量与能值分析方法

项目	符号	方法
全碳	C	干烧法（元素分析仪）
全氮	N	干烧法（元素分析仪）
全磷	P	比色法
全钾	K	原子吸收分光光度法
全硫	S	比浊法
全钙	Ca	原子吸收分光光度法
全镁	Mg	原子吸收分光光度法
干重热值		氧弹法
灰分		灰分法

3.1.13.3　数据质量控制和评估

原始数据质量控制方法为对历年上报的数据报表进行质量控制和整理，根据多年数据进行阈值检查，对监测数据超出历史数据阈值范围的异常值进行核验。数据产品处理方法为在质控数据基础上，按实际结果出版。

3.1.13.4　数据

具体数据见表 3 - 15。

表 3 - 15　乔木、灌木、草本优势种元素含量与能值

年份	样地代码	植物种名	采样部位	全碳/(g/kg)	全氮/(g/kg)	全磷/(g/kg)	全钾/(g/kg)	全硫/(g/kg)	全钙/(g/kg)	全镁/(g/kg)	干重热值/(MJ/kg)	灰分/%
2010	CBFZH01	白桦	根	487.60	5.44	1.16	1.34	0.32	7.32	0.88	18.70	3.42
2010	CBFZH01	白桦	皮	452.77	5.70	1.03	0.83	0.17	10.51	0.62	22.45	1.73
2010	CBFZH01	白桦	叶	408.65	21.68	2.50	15.26	1.51	8.82	0.82	20.32	6.09
2010	CBFZH01	白桦	枝	488.53	5.88	0.01	1.04	0.22	5.59	0.87	19.39	2.81
2010	CBFZH01	红松	根	529.39	5.33	1.42	2.42	0.43	1.18	0.42	20.12	1.53
2010	CBFZH01	红松	果	457.41	10.57	5.19	13.71	1.05	0.00	0.55	21.18	2.91
2010	CBFZH01	红松	皮	531.72	1.65	4.02	0.00	0.18	4.00	0.28	19.53	4.15
2010	CBFZH01	红松	叶	464.38	14.15	1.00	10.24	1.68	4.95	0.89	20.25	1.46
2010	CBFZH01	红松	枝	515.93	3.22	0.01	0.99	0.25	3.40	0.43	19.90	11.73
2010	CBFZH01	蒙古栎	根	509.42	4.78	0.26	1.72	3.80	7.14	0.39	17.55	3.20
2010	CBFZH01	蒙古栎	果	415.62	9.66	2.00	10.50	0.52	1.54	0.59	17.06	2.54
2010	CBFZH01	蒙古栎	皮	427.23	4.32	0.91	1.27	0.38	37.94	0.34	17.22	9.49
2010	CBFZH01	蒙古栎	叶	407.26	22.51	2.79	14.47	1.49	6.52	0.76	17.93	5.83
2010	CBFZH01	蒙古栎	枝	478.31	4.96	0.06	1.60	0.13	6.06	0.51	18.00	2.10
2010	CBFZH01	水曲柳	根	489.92	3.68	0.46	5.52	0.32	1.41	0.85	17.37	6.25
2010	CBFZH01	水曲柳	皮	466.70	4.96	0.70	5.67	0.22	15.97	0.60	18.21	5.16
2010	CBFZH01	水曲柳	叶	390.08	19.48	3.13	12.41	4.00	28.38	0.91	17.09	10.03
2010	CBFZH01	水曲柳	枝	520.11	5.42	0.44	4.31	0.34	4.92	0.46	18.38	3.06
2010	CBFZH01	元宝槭	根	438.84	4.04	0.80	2.64	0.34	7.66	0.68	17.48	3.66
2010	CBFZH01	元宝槭	皮	394.72	4.96	0.66	2.24	0.00	36.01	0.77	17.22	10.25
2010	CBFZH01	元宝槭	叶	410.98	19.48	2.54	15.10	2.41	14.52	0.81	17.09	9.75
2010	CBFZH01	元宝槭	枝	473.67	4.13	0.24	1.89	0.21	10.74	0.48	17.79	3.70
2010	CBFZH01	紫椴	根	459.74	5.51	0.71	4.25	0.27	5.89	0.88	18.82	3.15
2010	CBFZH01	紫椴	果	415.62	12.86	3.71	10.84	1.31	13.40	0.80	17.91	5.95
2010	CBFZH01	紫椴	皮	448.13	9.83	1.20	0.36	1.42	23.56	0.42	20.36	8.29
2010	CBFZH01	紫椴	叶	401.69	22.51	3.70	14.49	2.92	14.94	0.80	18.57	8.04
2010	CBFZH01	紫椴	枝	411.91	7.17	1.30	2.84	0.37	19.70	0.66	17.52	5.32
2010	CBFZH01	榛	根	437.44	7.53	1.31	2.44	0.47	3.74	0.69	17.00	4.49
2010	CBFZH01	榛	叶	424.91	21.32	4.82	13.92	1.64	19.26	0.82	16.85	7.58
2010	CBFZH01	榛	枝	459.74	3.95	1.58	0.89	0.31	4.98	0.85	17.87	3.52
2010	CBFZH01	东北山梅花	根	478.31	11.39	4.82	2.27	0.39	0.67	1.01	18.43	1.71

（续）

年份	样地代码	植物种名	采样部位	全碳/(g/kg)	全氮/(g/kg)	全磷/(g/kg)	全钾/(g/kg)	全硫/(g/kg)	全钙/(g/kg)	全镁/(g/kg)	干重热值/(MJ/kg)	灰分/%
2010	CBFZH01	东北山梅花	叶	392.40	26.46	4.44	12.72	1.83	21.32	0.83	15.93	14.41
2010	CBFZH01	东北山梅花	枝	494.56	4.13	1.88	1.17	0.18	1.23	0.90	18.71	1.82
2010	CBFZH01	荨麻叶龙头草	地上	322.74	25.54	8.27	23.46	2.29	12.36	2.06	15.19	12.73
2010	CBFZH01	荨麻叶龙头草	地下	399.37	19.11	8.19	7.24	1.88	6.56	1.93	15.40	8.31
2010	CBFZH01	山茄子	地上	345.96	17.20	3.07	24.23	1.25	14.30	1.81	14.19	12.45
2010	CBFZH01	山茄子	地下	413.30	11.21	9.34	14.68	0.66	2.78	0.89	14.86	8.52
2010	CBFZH01	毛缘薹草	地上	357.57	23.15	7.43	20.62	2.05	2.95	1.08	16.48	9.86
2010	CBFZH01	毛缘薹草	地下	390.08	17.09	7.73	9.15	1.88	7.01	1.67	14.69	12.03
2015	CBFZH01	白桦	根	499.08	4.62	1.01	0.60	0.20	5.68	0.72	20.92	3.00
2015	CBFZH01	白桦	茎	470.28	5.58	1.20	0.38	0.10	6.71	0.08	21.34	2.20
2015	CBFZH01	白桦	皮	728.24	3.93	0.65	0.30	0.16	2.20	0.70	29.62	1.50
2015	CBFZH01	白桦	叶	506.22	12.86	1.88	2.20	0.42	12.88	4.18	23.29	7.40
2015	CBFZH01	红松	根	488.36	5.42	1.21	0.80	0.07	5.88	1.31	21.23	5.00
2015	CBFZH01	红松	果	520.17	8.41	1.02	1.60	0.28	0.52	1.35	23.88	2.60
2015	CBFZH01	红松	茎	545.68	3.68	0.49	0.20	0.07	3.32	0.70	21.89	1.90
2015	CBFZH01	红松	皮	529.99	4.01	0.35	0.40	0.16	3.74	0.14	22.88	2.90
2015	CBFZH01	红松	叶	558.26	7.81	0.77	1.00	0.15	7.77	1.50	22.79	3.40
2015	CBFZH01	蒙古栎	根	458.26	3.74	0.98	0.60	0.02	12.18	0.08	19.89	4.20
2015	CBFZH01	蒙古栎	果	450.88	8.25	1.26	2.20	0.08	1.67	0.34	22.64	2.50
2015	CBFZH01	蒙古栎	茎	480.60	3.62	0.41	0.60	0.14	7.55	0.22	20.49	2.80
2015	CBFZH01	蒙古栎	皮	417.25	8.36	0.38	0.40	0.40	60.54	0.92	21.26	4.00
2015	CBFZH01	蒙古栎	叶	427.56	20.11	1.99	1.40	0.12	11.18	2.34	19.57	3.80
2015	CBFZH01	水曲柳	根	483.66	5.85	0.82	2.70	0.09	5.38	1.20	21.92	7.10
2015	CBFZH01	水曲柳	茎	488.99	4.21	0.51	1.90	0.02	5.31	0.41	20.98	3.00
2015	CBFZH01	水曲柳	皮	478.24	4.99	0.47	1.80	0.08	24.59	1.18	21.58	7.50
2015	CBFZH01	水曲柳	叶	490.26	6.96	0.89	1.30	0.62	21.22	4.34	20.72	9.30
2015	CBFZH01	元宝槭	根	476.32	3.38	1.22	1.00	0.14	10.25	0.83	21.74	4.70
2015	CBFZH01	元宝槭	果	483.66	10.23	3.33	4.48	0.06	8.75	0.60	21.88	7.80
2015	CBFZH01	元宝槭	茎	470.89	5.15	0.69	1.30	0.05	12.79	0.59	20.33	5.50
2015	CBFZH01	元宝槭	皮	494.32	4.98	0.73	0.90	0.04	24.15	0.89	22.12	7.70
2015	CBFZH01	元宝槭	叶	456.33	13.21	1.52	2.90	0.21	21.98	4.12	19.92	9.20
2015	CBFZH01	紫椴	根	488.83	6.59	1.24	1.50	0.12	9.25	1.94	19.99	4.90
2015	CBFZH01	紫椴	果	497.13	8.98	1.51	5.90	0.18	15.21	1.26	21.32	5.20
2015	CBFZH01	紫椴	茎	476.21	4.98	1.85	2.80	0.04	11.35	0.99	21.24	4.00

（续）

年份	样地代码	植物种名	采样部位	全碳/(g/kg)	全氮/(g/kg)	全磷/(g/kg)	全钾/(g/kg)	全硫/(g/kg)	全钙/(g/kg)	全镁/(g/kg)	干重热值/(MJ/kg)	灰分/%
2015	CBFZH01	紫椴	皮	484.98	11.76	0.53	0.80	0.66	27.42	0.78	23.21	11.00
2015	CBFZH01	紫椴	叶	494.87	8.25	0.72	1.80	0.32	18.93	2.60	22.53	8.60
2015	CBFZH01	东北山梅花	根	428.84	7.24	1.84	0.60	0.08	1.90	0.92	20.09	8.10
2015	CBFZH01	东北山梅花	茎	439.28	8.25	1.59	1.00	0.32	3.20	0.78	21.23	2.40
2015	CBFZH01	东北山梅花	叶	471.75	17.19	1.77	5.82	0.38	25.63	3.00	21.30	3.30
2015	CBFZH01	榛	根	466.24	1.82	1.22	0.62	0.12	11.55	0.31	20.47	3.90
2015	CBFZH01	榛	茎	488.84	5.81	0.98	0.70	0.10	5.47	0.20	20.17	3.50
2015	CBFZH01	榛	叶	444.16	15.21	1.58	1.40	0.22	18.74	2.39	20.68	9.60
2015	CBFZH01	荨麻叶龙头草	地上	401.16	15.51	2.24	6.22	0.32	15.23	3.89	20.52	14.00
2015	CBFZH01	荨麻叶龙头草	地下	413.24	13.63	2.40	2.32	0.80	9.36	2.87	19.43	8.40
2015	CBFZH01	毛缘薹草	地上	418.59	20.12	2.15	5.24	0.30	5.05	1.50	21.43	10.60
2015	CBFZH01	毛缘薹草	地下	462.82	13.58	1.69	1.41	0.80	5.97	1.76	19.99	8.50
2015	CBFZH01	山茄子	地上	366.71	12.90	1.93	5.98	0.14	18.74	3.12	19.88	15.20
2015	CBFZH01	山茄子	地下	418.76	10.66	1.81	4.21	0.33	7.67	1.22	19.50	7.70
2015	CBFZH01	粗茎鳞毛蕨	地上	328.14	14.87	1.96	4.36	0.29	12.92	2.63	20.72	12.50
2015	CBFZH01	粗茎鳞毛蕨	地下	401.58	9.57	1.27	2.58	0.46	6.88	0.99	19.65	9.10
2015	CBFZH01	白花碎米荠	地上	398.25	12.22	2.02	5.76	0.20	17.11	3.28	20.00	14.30
2015	CBFZH01	白花碎米荠	地下	427.14	8.98	1.47	3.41	0.40	6.52	1.42	19.66	7.20

3.1.14　动植物名录数据集

3.1.14.1　概述

本数据集由长白山植物名录和动物名录组成，包含长白山阔叶红松林（海拔 784 m，中心坐标 128°05′44″E、42°24′11″N，面积 1 600 m²）、长白山次生白桦林辅助观测场（海拔 777 m，中心坐标 128°05′57.5″E、42°24′7″N，面积为 1 600 m²）、长白山阔叶红松林永久样地（1 号地）（海拔 784 m，中心坐标 128°05′34″E、42°24′9″N，面积为 10 000 m²）、长白山暗针叶林永久样地（2 号地）（海拔 1 258 m，中心坐标 128°07′54.5″E、42°08′38.5″N，面积为 600 m²）、长白山暗针叶林永久样地（3 号地）（海拔 1 682 m，中心坐标 128°07′55.5″E、42°08′38.5″N，面积为 600 m²）、长白山亚高山岳桦林永久样地（4 号地）（海拔 1 928 m，中心坐标 128°04′3.5″E、42°03′41.5″N，面积为 600 m²）和长白山高山苔原永久样地（5 号地）（海拔 2 268 m，中心坐标 128°04′2.5″E、42°02′27.5″N，面积为

600 m²）的数据，时间跨度为 2010—2015 年。本数据集由 2 张数据表组成，它们分别为：

植物名录，包括层片、植物种名和拉丁名。数据产品频率：1 次/5 年。

动物名录，包括动物类别、动物名称和拉丁名。数据产品频率：1 次/5 年。

3.1.14.2　数据采集及处理方法

动植物名录通过不同类群选用不同的调查方法，植物采用样线调查法和分区样方调查法相结合，动物采用设置样地和样带的方法。

3.1.14.3　数据质量控制和评估

原始数据质量控制方法为对历年数据进行整理与规范化，统一、规范样地名称，规范动植物名称与拉丁名，同一样地同一物种统一名称。数据产品处理方法为在质控数据的基础上，分别对植物、动物进行汇总，形成台站主要动植物完整名录。

3.1.14.4　数据

具体数据见表 3 - 16、表 3 - 17。

表 3 - 16　植物名录

层片	植物种名	拉丁学名
乔木	白桦	*Betula platyphylla* Suk.
乔木	暴马丁香	*Syringa reticulata* subsp. *amurensis* (Ruprecht) P. S. Green & M. C. Chang
乔木	茶条械	*Acer tataricum* subsp. *ginnala* (Maximowicz) Wesmael
乔木	朝鲜槐	*Maackia amurensis* Rupr. et Maxim.
乔木	赤松	*Pinus densiflora* Sieb. et Zucc.
乔木	臭冷杉	*Abies nephrolepis* (Trautv.) Maxim.
乔木	春榆	*Ulmus davidiana* var. *japonica* (Rehd.) Nakai
乔木	红松	*Pinus koraiensis* Siebold et Zuccarini
乔木	胡桃楸	*Juglans mandshurica* Maxim.
乔木	硕桦	*Betula costata* Trautv.
乔木	花楷械	*Acer ukurunduense* Trautv. et Mey.
乔木	花楸树	*Sorbus pohuashanensis* (Hance) Hedl.
乔木	黑樱桃	*Prunus maximowiczii* (Rupr.) Kom.
乔木	红皮云杉	*Picea koraiensis* Nakai
乔木	黄花落叶松	*Larix olgensis* Henry
乔木	辽椴	*Tilia mandshurica* Rupr. et Maxim.
乔木	蒙古栎	*Quercus mongolica* Fischer ex Ledebour
乔木	青楷械	*Acer tegmentosum* Maxim.
乔木	秋子梨	*Pyrus ussuriensis* Maxim.
乔木	三花械	*Acer triflorum* Komarov
乔木	山荆子	*Malus baccata* (L.) Borkh.
乔木	水曲柳	*Fraxinus mandshurica* Rupr.
乔木	乌苏里鼠李	*Rhamnus ussuriensis* J. Vass.
乔木	东北鼠李	*Rhamnus schneideri* var. *manshurica* Nakai
乔木	鼠李	*Rhamnus davurica* Pall.
乔木	水榆花楸	*Sorbus alnifolia* (Sieb. et Zucc.) K. Koch

（续）

层片	植物种名	拉丁学名
乔木	杉松	*Abies holophylla* Maxim.
乔木	元宝槭	*Acer truncatum* Bunge
乔木	小楷槭	*Acer komarovii* Pojark.
乔木	鱼鳞云杉	*Picea jezoensis*
乔木	岳桦	*Betula ermanii* Cham.
乔木	长白鱼鳞云杉	*Picea jezoensis* var. *komarovii* (V. Vassil.) Cheng et L. K. Fu
乔木	毡脉槭	*Acer barbinerve* Maxim.
乔木	紫椴	*Tilia amurensis* Rupr.
乔木	紫花槭	*Acer pseudosieboldianum* (Pax) Komarov
乔木	山杨	*Populus davidiana* Dode
乔木	裂叶榆	*Ulmus laciniata* (Trautv.) Mayr
乔木	黄檗	*Phellodendron amurense* Rupr.
乔木	斑叶稠李	*Prunus maackii* Rupr.
乔木	金刚鼠李	*Rhamnus diamantiaca* Nakai
乔木	东北槭	*Acer mandshuricum* Maxim.
灌木	朝鲜荚蒾	*Viburnum koreanum* Nakai
灌木	刺蔷薇	*Rosa acicularis* Lindl.
灌木	刺五加	*Eleutherococcus senticosus* (Ruprecht & Maximowicz) Maximowicz
灌木	楤木	*Aralia elata* (Miq.) Seem.
灌木	东北茶藨子	*Ribes mandshuricum* (Maxim.) Kom.
灌木	东北山梅花	*Philadelphus schrenkii* Rupr.
灌木	东北溲疏	*Deutzia parviflora* Bunge var. *amurensis* Regel
灌木	笃斯越橘	*Vaccinium uliginosum* L.
灌木	狗枣猕猴桃	*Actinidia kolomikta* (Maxim. et Rupr.) Maxim.
灌木	光萼溲疏	*Deutzia glabrata* Kom.
灌木	黄芦木	*Berberis amurensis* Rupr.
灌木	鸡树条	*Viburnum opulus* subsp. *calvescens* (Rehder) Sugimoto
灌木	接骨木	*Sambucus williamsii* Hance
灌木	金花忍冬	*Lonicera chrysantha* Turcz.
灌木	库页悬钩子	*Rubus sachalinensis* Lévl.
灌木	蓝果忍冬	*Lonicera caerulea*
灌木	瘤枝卫矛	*Euonymus verrucosus* Scop.
灌木	毛榛	*Corylus mandshurica* Maxim.
灌木	密刺茶藨子	*Ribes horridum* Ruprechtex Maximowicz
灌木	牛皮杜鹃	*Rhododendron aureum* Georgi
灌木	软枣猕猴桃	*Actinidia arguta* (Siebold et Zucc.) Planch. ex Miq.
灌木	山葡萄	*Vitis amurensis* Rupr.
灌木	石蚕叶绣线菊	*Spiraea chamaedryfolia* L.

（续）

层片	植物种名	拉丁学名
灌木	卫矛	*Euonymus alatus* （Thunb.）Sieb.
灌木	五味子	*Schisandra chinensis* （Turcz.）Baill.
灌木	西伯利亚刺柏	*Juniperus communis* var. *saxatilis* Pall.
灌木	修枝荚蒾	*Viburnum burejaeticum* Regel et Herd.
灌木	越橘	*Vaccinium vitis – idaea* L.
灌木	早花忍冬	*Lonicera praeflorens* Batal.
灌木	长白茶藨子	*Ribes komarovii* Pojark.
灌木	长白忍冬	*Lonicera ruprechtiana* Regel
灌木	针刺悬钩子	*Rubus pungens* Camb.
灌木	榛	*Corylus heterophylla* Fisch. ex Trautv.
灌木	叶状苞杜鹃	*Rhododendron redowskianum* Maxim.
灌木	绣线菊	*Spiraea salicifolia* L.
草本	白花碎米荠	*Cardamine leucantha* （Tausch）O. E. Schulz
草本	白花酢浆草	*Oxalis acetosella* L.
草本	白山蓼	*Koenigia ocreata* （L.）T. M. Schust. & Reveal
草本	斑点亭阁草	*Micranthes nelsoniana* （D. Don）Small
草本	薄叶荠苨	*Adenophora remotiflora* （Sieb. et Zucc.）Miq.
草本	北极花	*Linnaea borealis* L.
草本	北乌头	*Aconitum kusnezoffii* Reichb.
草本	北重楼	*Paris verticillata* M. – Bieb.
草本	草芍药	*Paeonia obovata* Maxim.
草本	侧金盏花	*Adonis amurensis* Regel et Radde
草本	朝鲜当归	*Angelica gigas* Nakai
草本	粗茎鳞毛蕨	*Dryopteris crassirhizoma* Nakai
草本	大白花地榆	*Sanguisorba stipulata* Rafinesque
草本	大叶柴胡	*Bupleurum longiradiatum* Turcz.
草本	大叶鞘柄菊	*Taimingasa firma* （Kom.）C. Ren & Q. E. Yang
草本	大叶樟	*Deyeuxia purpurea* （Trin.）Kunth
草本	单侧花	*Orthilia secunda* （L.）House
草本	单花鸢尾	*Iris uniflora* Pall. ex Link
草本	灯芯草	*Juncus effusus* L.
草本	地榆	*Sanguisorba officinalis* L.
草本	顶冰花	*Gagea nakaiana* Kitagawa
草本	东北百合	*Lilium distichum* Nakai et Kamibayashi
草本	东北蛾眉蕨	*Deparia pycnosora* （Christ）M. Kato
草本	东北风毛菊	*Saussurea manshurica* Kom.
草本	东北南星	*Arisaema amurense* Maxim.
草本	东北羊角芹	*Aegopodium alpestre* Ledeb.

（续）

层片	植物种名	拉丁学名
草本	东北猪殃殃	*Galium dahuricum* var. *lasiocarpum* (Makino) Nakai
草本	东方草莓	*Fragaria orientalis* Losinsk.
草本	东亚仙女木	*Dryas octopetala* L. var. *asiatica* (Nakai) Nakai
草本	冻原薹草	*Carex siroumensis* Koidz.
草本	短果茴芹	*Pimpinella brachycarpa* (Komar.) Nakai
草本	对叶兰	*Neottia puberula* (Maximowicz) Szlachetko
草本	多被银莲花	*Anemone raddeana* Regel
草本	耳叶蟹甲草	*Parasenecio auriculatus* (DC.) H. Koyama
草本	高岭风毛菊	*Saussurea tomentosa* Kom.
草本	高山杜鹃	*Rhododendron lapponicum* (L.) Wahl
草本	高山茅香	*Anthoxanthum monticola* (Bigelow) Veldkamp
草本	高山芹	*Angelica saxatilis* Turcz. ex Ledeb.
草本	高山乌头	*Aconitum monanthum* Nakai
草本	光叶蚊子草	*Filipendula palmata* var. *glabra* Ldb. ex Kom.
草本	桂皮紫萁	*Osmundastrum cinnamomeum* (Linnaeus) C. Presl
草本	和尚菜	*Adenocaulon himalaicum* Edgew.
草本	褐黄鳞薹草	*Carex vesicata* Meinsh.
草本	黑水银莲花	*Anemone amurensis* (Korsh.) Kom.
草本	红花变豆菜	*Sanicula rubriflora* Fr. Schmidt
草本	猴腿蹄盖蕨	*Athyrium multidentatum* (Döll) Ching
草本	鸡腿堇菜	*Viola acuminata* Ledeb.
草本	吉林延龄草	*Trillium kamtschaticum* Pall. ex Pursh
草本	荚果蕨	*Matteuccia struthiopteris* (L.) Tadaro
草本	假升麻	*Aruncus sylvester* Kostel.
草本	尖萼耧斗菜	*Aquilegia oxysepala* Trautv. et Mey.
草本	间穗薹草	*Carex loliacea* L.
草本	聚花风铃草	*Campanula glomerata* subsp. *speciosa* (Sprengel) Domin
草本	宽叶蔓乌头	*Aconitum sczukinii* Turcz.
草本	宽叶山蒿	*Artemisia stolonifera* (Maxim.) Komar.
草本	宽叶薹草	*Carex siderosticta* Hance
草本	老鹳草	*Geranium wilfordii* Maxim.
草本	藜芦	*Veratrum nigrum* L.
草本	林大戟	*Euphorbia lucorum* Rupr.
草本	林地早熟禾	*Poa nemoralis* L.
草本	林风毛菊	*Saussurea sinuata* Kom.
草本	林生茜草	*Rubia sylvatica* (Maxim.) Nakai
草本	铃兰	*Convallaria majalis* L.
草本	柳叶蒿	*Artemisia integrifolia* L.

（续）

层片	植物种名	拉丁学名
草本	龙常草	*Diarrhena mandshurica* Maximowicz
草本	卵叶轮草	*Galium platygalium* （Maxim.） Pobed.
草本	落新妇	*Astilbe chinensis* （Maxim.） Franch. et Sav.
草本	毛茛	*Ranunculus japonicus* Thunb.
草本	兴安一枝黄花	*Solidago dahurica* （Kitagawa） Kitagawa ex Juzepczuk
草本	毛果银莲花	*Anemone baicalensis* Turcz.
草本	毛蕊老鹳草	*Geranium platyanthum* Duthie
草本	毛缘薹草	*Carex pilosa* Scop.
草本	木贼	*Equisetum hyemale* L.
草本	拟扁果草	*Enemion raddeanum* Regel
草本	欧洲羽节蕨	*Gymnocarpium dryopteris* （L.） Newman
草本	七瓣莲	*Trientalis europaea* L.
草本	七筋姑	*Clintonia udensis* Trantv. et Mey.
草本	茜草	*Rubia cordifolia* L.
草本	如意草	*Viola arcuata* Blume
草本	三脉猪殃殃	*Galium kamtschaticum* Steller ex Roem. et Schult.
草本	山尖子	*Parasenecio hastatus* （L.） H. Koyama
草本	山茄子	*Brachybotrys paridiformis* Maxim. ex Oliv.
草本	深山露珠草	*Circaea alpina* subsp. *caulescens* （Komarov） Tatewaki
草本	深山唐松草	*Thalictrum tuberiferum* Maxim.
草本	肾叶鹿蹄草	*Pyrola renifolia* Maxim.
草本	水金凤	*Impatiens noli－tangere* L.
草本	水珠草	*Circaea canadensis* subsp. *quadrisulcata* （Maximowicz） Boufford
草本	丝梗扭柄花	*Streptopus koreanus* Ohwi
草本	丝引薹草	*Carex remotiuscula* Wahlenb.
草本	松毛翠	*Phyllodoce caerulea* Babington
草本	唢呐草	*Mitella nuda* L.
草本	透骨草	*Phryma leptostachya* subsp. *asiatica* （Hara） Kitamura
草本	橐吾	*Ligularia sibirica* （L.） Cass.
草本	尾叶香茶菜	*Isodon excisus*
草本	蚊子草	*Filipendula palmata* （Pall.） Maxim.
草本	乌苏里薹草	*Carex ussuriensis* Kom
草本	舞鹤草	*Maianthemum bifolium* （L.） F. W. Schmidt
草本	蟋蟀薹草	*Carex eleusinoides* Turcz. ex Kunth.
草本	细柄茅	*Ptilagrostis mongholica* （Turcz. ex Trin.） Griseb.
草本	细叶孩儿参	*Pseudostellaria sylvatica* （Maxim.） Pax
草本	鲜黄连	*Plagiorhegma dubium* Maximowicz
草本	小白花地榆	*Sanguisorba tenuifolia* var. *alba* Trautv. et Mey.

（续）

层片	植物种名	拉丁学名
草本	小丛红景天	*Rhodiola dumulosa* （Franch.）S. H. Fu
草本	缬草	*Valeriana officinalis* L.
草本	兴安鹿药	*Maianthemum dahuricum* （Turczaninow ex Fischer & C. A. Meyer）LaFrankie
草本	兴安升麻	*Actaea dahurica* Turcz. ex Fisch. et C. A. Mey.
草本	荨麻叶龙头草	*Meehania urticifolia* （Miq.）Makino
草本	烟管蓟	*Cirsium pendulum* Fisch. ex DC.
草本	羊须草	*Carex callitrichos* V. Krecz.
草本	玉竹	*Polygonatum odoratum* （Mill.）Druce
草本	月见草	*Oenothera biennis* L.
草本	早熟禾	*Poa annua* L.
草本	展枝沙参	*Adenophora divaricata* Franch. et Sav.
草本	展枝唐松草	*Thalictrum squarrosum* Steph. et Willd.
草本	长白亭阁草	*Micranthes laciniata* （Nakai & Takeda）S. Akiyama & H. Ohba
草本	长白棘豆	*Oxytropis anertii* Nakai ex Kitag.
草本	长白山风毛菊	*Saussurea tenerifolia* Kitag.
草本	长白山橐吾	*Ligularia jamesii* （Hemsl.）Kom.
草本	长白山羊茅	*Festuca subalpina* Chang et Skv. ex S. L. Lu
草本	掌叶铁线蕨	*Adiantum pedatum* L. Sp.
草本	种阜草	*Moehringia lateriflora* （L.）Fenzl
草本	酢浆草	*Oxalis corniculata* L.
草本	白山耧斗菜	*Aquilegia japonica* Nakai et Hara
草本	长白山罂粟	*Papaver radicatum* var. *pseudoradicatum* （Kitagawa）Kitagawa
草本	毛百合	*Lilium pensylvanicum* Ker Gawl.
草本	菟葵	*Eranthis stellata* Maxim.
草本	长白耧斗菜	*Aquilegia flabellata* var. *pumila* Kudo

表 3-17　动物名录

动物类别	动物名称	拉丁学名
鸟类	白背啄木鸟	*Picoides leucotos* （Bechstein）
鸟类	白眉鹀	*Emberiza tristrami* （Swinhoe）
鸟类	大山雀	*Parus major* （Linnaeus）
鸟类	大嘴乌鸦	*Corvus macrorhynchos* （Wagler）
鸟类	花尾榛鸡	*Tetrastes bonasia* （Linnaeus）
鸟类	黄喉鹀	*Emberiza elegans ticehursti* （Temminck）
鸟类	黄腰柳莺	*Phylloscopus proregulus* （Pallas）
鸟类	灰山椒鸟	*Pericrocotus divaricatus* （Raffles）
鸟类	雀鹰	*Accipiter nisus* （Linnaeus）

（续）

动物类别	动物名称	拉丁学名
鸟类	松鸦	*Carrulus glandarius*（Linnaeus）
鸟类	小斑啄木鸟	*Picoides minor*（Linnaeus）
鸟类	星头啄木鸟	*Picoides canicapillus*（Blyth）
哺乳动物	大林姬鼠	*Apodemus peninsulae*（Thomas）
哺乳动物	褐家鼠	*Rattus norvegicus*（Berkenhout）
哺乳动物	红背䶄	*Clethrionomys rutiluss*（Pallas）
哺乳动物	花鼠	*Eutamias sibiricus*（Laxmann）
哺乳动物	黄鼬	*Mustela sibirica*（Pallas）
哺乳动物	狍	*Capreolus pygargus*（Pallas）
哺乳动物	北松鼠	*Sciurus vulgaris*（Linnaeus）
哺乳动物	黑熊	*Ursus thibetanus*（G. Baron Cuvier）
哺乳动物	野猪	*Sus scrofa*（Linnaeus）
哺乳动物	棕背䶄	*Clethrionomys rufocanus*（Sundevall）

3.2 土壤长期观测数据

3.2.1 土壤交换量数据集

3.2.1.1 概述

本数据集包含长白山阔叶红松林观测场（海拔 784 m，中心坐标 128°05′44″E、42°24′11″N，面积 1 600 m²）和长白山次生白桦林辅助观测场永久采样地（海拔 777 m，中心坐标 128°05′57.5″E、42°24′7″N，面积为 1 600 m²）土壤交换量长期定位监测数据的相关信息，时间跨度为 2010—2015 年。数据产品频率：1 次/5 年。本数据集由 2 张数据表组成，它们分别为：

土壤交换量数据，包括调查年份、月份、样地代码、观测层次、交换性钙、交换性镁、交换性钾、交换性钠、交换性铝、交换性氢和阳离子交换量指标。

土壤交换量测试分析方法记录，记录各项土壤交换量监测指标的分析方法信息，可以通过分析项目名称字段与"土壤交换量数据"表关联，包括站代码、分析年份、分析项目名称、分析方法名称、分析方法引用标准。

3.2.1.2 数据采集及处理方法

本数据集的土壤交换量数据来自 2010—2015 年长白山综合观测场和辅助观测场的腐殖层和表层土壤交换性钙、交换性镁、交换性钾、交换性钠、交换性铝、交换性氢和阳离子交换量含量监测数据。长白山站土壤监测以样地为单位开展。为保证数据的空间代表性，各项指标在每次监测中都设置 4～6 个重复采样，每个重复采样又是来自 10 个采样点的混合土壤样品。取样时间为 2010 年和 2015 年 8 月生长季。各监测指标的测试分析方法按照林业部等标准进行分析（表 3-18）。分析人员及时、详细地记录每个样品的测试值，并将所有数据录入计算机。数据录入完成后，监测人员对数据进行核实，以保证电子版数据和纸质原始记录数据完全一致。数据处理方法为样地采样分区所对应的原始监测值的个数即为重复数，将每个样地全部采样分区的监测值取平均值后，作为本数据产品的结果数据，同时标明重复数及标准差。

表 3-18　土壤交换量测试分析方法记录

站代码	分析年份	分析项目名称	分析方法名称	分析方法引用标准
CBF	2010—2015	交换性钙	乙酸铵交换法	LY/T 1245—1999
CBF	2010—2015	交换性镁	乙酸铵交换法	LY/T 1245—1999
CBF	2010—2015	交换性钾	乙酸铵交换法	LY/T 1246—1999
CBF	2010—2015	交换性钠	乙酸铵交换法	LY/T 1246—1999
CBF	2010—2015	交换性铝	氯化钾交换—中和滴定法	LY/T 1240—1999
CBF	2010—2015	交换性氢	氯化钾交换—中和滴定法	LY/T 1240—1999
CBF	2010—2015	阳离子交换量	乙酸铵交换法	LY/T 1243—1999

3.2.1.3　数据质量控制和评估

原始数据质量控制方法为：测定时插入国家标准样品进行质控；分析时进行 3 次平行样品测定；利用校验软件检查每个监测数据是否超出相同土壤类型和采样深度的历史数据阈值范围、每个观测场监测项目均值是否超出该样地相同深度历史数据均值的 2 倍标准差、每个观测场监测项目标准差是否超出该样地相同深度历史数据的 2 倍标准差或者样地空间变异调查的 2 倍标准差等。对于超出范围的数据进行核实或再次测定。

3.2.1.4　数据

具体数据见表 3-19。

表 3-19　土壤交换量数据

年份	月份	样地代码	观测层次/cm	交换性钙/[mmol/kg (1/2Ca^{2+})]			交换性镁/[mmol/kg (1/2 Mg^{2+})]			交换性钾/[mmol/kg (K$^+$)]			交换性钠/[mol/kg (Na$^+$)]		
				平均值	重复数	标准差	平均值	重复数	标准差	平均值	重复数	标准差	平均值	重复数	标准差
2010	8	CBFZH01ABC_01	10	154.8	6	32.21	70.6	6	3	10.41	6	2.48	8.53	6	4.31
2010	8	CBFZH01ABC_01	0～20	27.72	6	5.85	30.6	6	1.73	2.51	6	0.37	2.28	6	1.14
2010	8	CBFFZ01ABC_01	5	208.5	4	40.23	69.5	4	5.18	9.47	4	0.68	9.4	4	3.16
2010	8	CBFFZ01ABC_01	0～20	45.86	4	31.17	6	4	0.93	2.16	4	0.27	11.85	4	2.78
2015	9	CBFZH01ABC_01	10	140.6	6	16.81	33.3	6	13.7	9.18	6	4	1.67	6	0.24
2015	9	CBFZH01ABC_01	0～20	158.2	6	20.36	18	6	6.16	11.09	6	3.39	2.34	6	0.35
2015	9	CBFFZ01ABC_01	5	179.7	6	6.22	39.7	6	11.2	7.2	6	4.04	2.77	6	1.02
2015	9	CBFFZ01ABC_01	0～20	183.9	6	15.95	21.6	6	10.66	5.78	6	3.74	1.78	6	0.73

年份	月份	样地代码	观测层次/cm	交换性铝/[mmol/kg (1/3 Al^{3+})]			交换性氢/[mmol/kg (H)]			阳离子交换量/(mmol/kg)		
				平均值	重复数	标准差	平均值	重复数	标准差	平均值	重复数	标准差
2010	8	CBFZH01ABC_01	10	13.17	6	2.11	13.67	6	9.2	398.9	6	35.27
2010	8	CBFZH01ABC_01	0～20	33.92	6	4.68	6.5	6	1.26	151	6	2.98
2010	8	CBFFZ01ABC_01	5	2	4	1.55	4.25	4	0.97	392	4	37.89
2010	8	CBFFZ01ABC_01	0～20	42.75	4	8.25	3.71	4	1.6	160.6	4	6.23
2015	9	CBFZH01ABC_01	10	20.76	6	4.59	20	6	5.19	225.5	6	24.9
2015	9	CBFZH01ABC_01	0～20	38.04	6	8.95	7.92	6	2.06	235.6	6	21.7
2015	9	CBFFZ01ABC_01	5	24.31	6	10.13	12.01	6	3.75	264.5	6	21.61
2015	9	CBFFZ01ABC_01	0～20	23.63	6	13.72	7.08	6	1.38	243.8	6	30.37

3.2.2　土壤养分数据集

3.2.2.1　概述

本数据集包含长白山阔叶红松林观测场（海拔 784 m，中心坐标 128°05′44″E、42°24′11″N，面积 1 600 m²）和长白山次生白桦林辅助观测场永久采样地（海拔 777 m，中心坐标 128°05′57.5″E、42°24′7″N，面积为 1 600 m²）土壤养分长期定位监测数据的相关信息，时间跨度为 2010—2015 年。数据产品频率：1 次/5 年。本数据集由 2 张数据表组成，它们分别为：

土壤养分数据，包括调查年份、月份、样地代码、观测层次、土壤有机质、全氮、全磷、全钾、有效磷、速效钾、缓效钾和 pH 指标。

土壤养分测试分析方法，包括站代码、分析年份、分析项目名称、分析方法名称、分析方法引用标准。

3.2.2.2　数据采集及处理方法

本数据集的土壤养分数据来自 2010—2015 年长白山综合观测场和辅助观测场腐殖层、表层和剖面土壤有机质、全氮、全磷、全钾、有效磷、速效钾、缓效钾和 pH 监测数据。长白山站土壤监测以样地为单位开展。为保证数据的空间代表性，各项指标在每次监测中都设置 3～6 个重复采样，每个重复采样又是来自 10 个采样点的混合土壤样品。取样时间为 2010 年 6 月、8 月、10 月和 2015 年 5 月、7 月、8 月、9 月生长季。各监测指标的测试分析方法按照林业部等标准进行分析（表 3－20）。分析人员及时、详细地记录每个样品的测试值，并将所有数据录入计算机。数据录入完成后，监测人员对数据进行核实，以保证电子版数据和纸质原始记录数据完全一致。数据处理方法为样地采样分区所对应的原始监测值的个数即为重复数，将每个样地全部采样分区的监测值取平均值后，作为本数据产品的结果数据，同时标明重复数及标准差。

表 3－20　土壤养分测试分析方法

站代码	分析年份	分析项目名称	分析方法名称	分析方法引用标准
CBF	2010—2015	有机质	重铬酸钾氧化法	GB 7857—87
CBF	2010—2015	全氮	半微量凯氏法	LY/T 1288—1999
CBF	2010—2015	全磷	氢氟酸—高氯酸消煮—钼锑抗比色法	LY/T 1232—1999
CBF	2010—2015	全钾	氢氟酸—高氯酸消煮—火焰光度法	LY/T 1234—1999
CBF	2010—2015	有效磷	盐酸—氟化铵浸提—钼锑抗比色法	LY/T 1233—1999
CBF	2010—2015	速效钾	乙酸铵浸提—火焰光度法	LY/T 1236—1999
CBF	2010—2015	缓效钾	硝酸浸提—火焰光度法	LY/T 1235—1999
CBF	2010—2015	pH	电位法	LY/T 1239—1999

3.2.2.3　数据质量控制和评估

原始数据质量控制方法为：测定时插入国家标准样品进行质控；分析时进行 3 次平行样品测定；利用校验软件检查每个监测数据是否超出相同土壤类型和采样深度的历史数据阈值范围、每个观测场监测项目均值是否超出该样地相同深度历史数据均值的 2 倍标准差、每个观测场监测项目标准差是否超出该样地相同深度历史数据的 2 倍标准差或者样地空间变异调查的 2 倍标准差等。对于超出范围的数据进行核实或再次测定。

3.2.2.4　数据

具体数据见表 3－21。

表 3 - 21　土壤养分数据

年份	月份	样地代码	观测层次/cm	有机质/(g/kg)			全氮/(g/kg)			全磷/(g/kg)			全钾/(g/kg)		
				平均值	重复数	标准差	平均值	重复数	标准差	平均值	重复数	标准差	平均值	重复数	标准差
2010	6	CBFZH01ABC_01	+10～0	—	—	—	—	—	—						
2010	6	CBFZH01ABC_01	0～20	—	—	—	—	—	—						
2010	6	CBFFZ01ABC_01	+5～0	—	—	—	—	—	—						
2010	6	CBFFZ01ABC_01	0～20	—	—	—	—	—	—						
2010	8	CBFZH01ABC_01	+10～0	162.8	6	18.9	6.71	6	1.03						
2010	8	CBFZH01ABC_01	0～20	9.4	6	1.7	0.90	6	0.29						
2010	8	CBFFZ01ABC_01	+5～0	196.8	4	11.6	7.16	4	0.15						
2010	8	CBFFZ01ABC_01	0～20	6.2	4	0.5	1.50	4	0.05						
2010	10	CBFZH01ABC_01	+10～0	—	—	—	—	—	—						
2010	10	CBFZH01ABC_01	0～20	—	—	—	—	—	—						
2010	10	CBFZH01ABC_01	+5～0	—	—	—	—	—	—						
2010	10	CBFZH01ABC_01	0～20	—	—	—	—	—	—						
2010	10	CBFZH01ABC_01	0～10	94.4	3	3.3	7.51	3	0.49	1.403	3	0.343	14.8	3	0.6
2010	10	CBFZH01ABC_01	10～20	4.0	3	0.5	0.57	3	0.16	0.390	3	0.033	15.3	3	0.6
2010	10	CBFZH01ABC_01	20～40	2.6	3	0.2	0.48	3	0.02	0.363	3	0.074	15.5	3	0.6
2010	10	CBFZH01ABC_01	40～60	3.0	3	0.7	0.41	3	0.06	0.440	3	0.029	11.7	3	0.3
2010	10	CBFZH01ABC_01	60～100	3.3	3	0.3	0.37	3	0.09	0.543	3	0.052	11.8	3	0.6
2010	10	CBFFZ01ABC_01	0～10	88.0	3	13.7	4.49	3	2.88	1.123	3	0.172	14.7	3	0.3
2010	10	CBFFZ01ABC_01	10～20	6.9	3	2.7	0.64	3	0.10	0.400	3	0.024	16.0	3	0.5
2010	10	CBFFZ01ABC_01	20～40	3.1	3	0.2	0.50	3	0.07	0.370	3	0.096	13.9	3	0.8
2010	10	CBFFZ01ABC_01	40～60	4.1	3	0.4	0.41	3	0.03	0.333	3	0.026	11.2	3	0.2
2010	10	CBFFZ01ABC_01	60～100	3.9	3	0.4	0.44	3	0.03	0.407	3	0.012	11.2	3	0.4
2015	5	CBFZH01ABC_01	+10～0	—	—	—	—	—	—	—	—	—	—	—	—
2015	5	CBFZH01ABC_01	0～20	—	—	—	—	—	—	—	—	—	—	—	—
2015	5	CBFFZ01ABC_01	+5～0	—	—	—	—	—	—	—	—	—	—	—	—
2015	5	CBFFZ01ABC_01	0～20	—	—	—	—	—	—	—	—	—	—	—	—
2015	7	CBFZH01ABC_01	+10～0	—	—	—	—	—	—	—	—	—	—	—	—
2015	7	CBFZH01ABC_01	0～20	—	—	—	—	—	—	—	—	—	—	—	—
2015	7	CBFFZ01ABC_01	+5～0	—	—	—	—	—	—	—	—	—	—	—	—
2015	7	CBFFZ01ABC_01	0～20	—	—	—	—	—	—	—	—	—	—	—	—
2015	8	CBFZH01ABC_01	+10～0	—	—	—	—	—	—	—	—	—	—	—	—
2015	8	CBFZH01ABC_01	0～20	—	—	—	—	—	—	—	—	—	—	—	—
2015	8	CBFFZ01ABC_01	+5～0	—	—	—	—	—	—	—	—	—	—	—	—
2015	8	CBFFZ01ABC_01	0～20	—	—	—	—	—	—	—	—	—	—	—	—
2015	9	CBFZH01ABC_01	+10～0	244.4	6	41.1	11.38	6	1.42	—	—	—	—	—	—
2015	9	CBFZH01ABC_01	0～20	128.5	6	84.4	6.43	6	3.68	—	—	—	—	—	—
2015	9	CBFZH01ABC_01	+5～0	200.8	6	64.0	8.50	6	2.34	—	—	—	—	—	—
2015	9	CBFZH01ABC_01	0～20	63.0	6	3.8	3.01	6	0.30	—	—	—	—	—	—

（续）

年份	月份	样地代码	观测层次/cm	有机质/（g/kg）			全氮/（g/kg）			全磷/（g/kg）			全钾/（g/kg）		
				平均值	重复数	标准差	平均值	重复数	标准差	平均值	重复数	标准差	平均值	重复数	标准差
2015	9	CBFZH01ABC_01	0～10	71.5	3	0.1	4.22	3	0.02	0.773	3	0.075	6.9	3	0.4
2015	9	CBFZH01ABC_01	10～20	53.8	3	7.3	2.66	3	0.33	0.442	3	0.240	6.8	3	0.7
2015	9	CBFZH01ABC_01	20～40	11.9	3	0.3	0.77	3	0.03	0.891	3	0.041	6.7	3	0.5
2015	9	CBFZH01ABC_01	40～60	7.3	3	0.1	0.63	3	0.01	0.848	3	0.087	7.4	3	0.7
2015	9	CBFZH01ABC_01	60～100	8.0	3	0.8	0.64	3	0.03	0.858	3	0.065	6.4	3	0.8
2015	9	CBFFZ01ABC_01	0～10	126.5	3	0.6	5.80	3	0.02	0.802	3	0.026	6.3	3	0.2
2015	9	CBFFZ01ABC_01	10～20	62.6	3	0.4	3.04	3	0.01	0.710	3	0.156	7.0	3	1.9
2015	9	CBFFZ01ABC_01	20～40	10.1	3	0.2	0.73	3	0.01	0.783	3	0.068	6.6	3	0.4
2015	9	CBFFZ01ABC_01	40～60	7.3	3	0.0	0.66	3	0.01	0.775	3	0.142	7.0	3	0.1
2015	9	CBFFZ01ABC_01	60～100	7.1	3	0.0	0.66	3	0.00	0.805	3	0.006	7.1	3	0.6

年份	月份	样地代码	观测层次/cm	有效磷/（mg/kg）			速效钾/（mg/kg）			缓效钾/（mg/kg）			pH		
				平均值	重复数	标准差	平均值	重复数	标准差	平均值	重复数	标准差	平均值	重复数	标准差
2010	6	CBFZH01ABC_01	+10～0	8.6	6	1.3	259.7	6	39.6	—	—	—	—	—	—
2010	6	CBFZH01ABC_01	0～20	2.3	6	0.7	116.4	6	119.1	—	—	—	—	—	—
2010	6	CBFFZ01ABC_01	+5～0	7.9	4	3.5	167.6	4	81.8	—	—	—	—	—	—
2010	6	CBFFZ01ABC_01	0～20	1.8	4	0.5	49.9	4	13.5	—	—	—	—	—	—
2010	8	CBFZH01ABC_01	+10～0	7.2	6	2.8	239.8	6	41.6	106	6	41	4.64	6	0.13
2010	8	CBFZH01ABC_01	0～20	2.7	6	0.4	50.1	6	14.0	86	6	68	4.73	6	0.04
2010	8	CBFFZ01ABC_01	+5～0	10.5	4	1.9	270.0	4	23.4	216	4	35	4.94	4	0.18
2010	8	CBFFZ01ABC_01	0～20	1.8	4	0.5	67.5	4	23.0	72	4	13	4.67	4	0.04
2010	10	CBFZH01ABC_01	+10～0	5.5	6	0.4	193.3	6	11.8	—	—	—	—	—	—
2010	10	CBFZH01ABC_01	0～20	1.6	6	0.1	44.7	6	9.2	—	—	—	—	—	—
2010	10	CBFZH01ABC_01	+5～0	3.8	4	0.2	207.1	4	21.2	—	—	—	—	—	—
2010	10	CBFZH01ABC_01	0～20	1.6	4	0.2	55.7	4	10.2	—	—	—	—	—	—
2010	10	CBFZH01ABC_01	0～10	—	—	—	—	—	—	—	—	—	—	—	—
2010	10	CBFZH01ABC_01	10～20	—	—	—	—	—	—	—	—	—	—	—	—
2010	10	CBFZH01ABC_01	20～40	—	—	—	—	—	—	—	—	—	—	—	—
2010	10	CBFZH01ABC_01	40～60	—	—	—	—	—	—	—	—	—	—	—	—
2010	10	CBFZH01ABC_01	60～100	—	—	—	—	—	—	—	—	—	—	—	—
2010	10	CBFFZ01ABC_01	0～10	—	—	—	—	—	—	—	—	—	—	—	—
2010	10	CBFFZ01ABC_01	10～20	—	—	—	—	—	—	—	—	—	—	—	—
2010	10	CBFFZ01ABC_01	20～40	—	—	—	—	—	—	—	—	—	—	—	—
2010	10	CBFFZ01ABC_01	40～60	—	—	—	—	—	—	—	—	—	—	—	—
2010	10	CBFFZ01ABC_01	60～100	—	—	—	—	—	—	—	—	—	—	—	—
2015	5	CBFZH01ABC_01	+10～0	22.6	6	1.6	713.6	6	357.7	—	—	—	—	—	—
2015	5	CBFZH01ABC_01	0～20	10.7	6	1.1	230.2	6	151.8	—	—	—	—	—	—
2015	5	CBFFZ01ABC_01	+5～0	21.4	6	4.1	212.6	6	86.4	—	—	—	—	—	—
2015	5	CBFFZ01ABC_01	0～20	5.2	6	1.2	327.5	6	91.1	—	—	—	—	—	—

（续）

年份	月份	样地代码	观测层次/cm	有效磷/（mg/kg）			速效钾/（mg/kg）			缓效钾/（mg/kg）			pH		
				平均值	重复数	标准差	平均值	重复数	标准差	平均值	重复数	标准差	平均值	重复数	标准差
2015	7	CBFZH01ABC_01	+10～0	23.1	6	3.8	228.9	6	98.6	—	—	—	—	—	—
2015	7	CBFZH01ABC_01	0～20	7.4	6	1.7	260.9	6	152.5	—	—	—	—	—	—
2015	7	CBFFZ01ABC_01	+5～0	14.4	6	2.4	420.8	6	39.4	—	—	—	—	—	—
2015	7	CBFFZ01ABC_01	0～20	4.6	6	1.7	296.0	6	123.0	—	—	—	—	—	—
2015	8	CBFZH01ABC_01	+10～0	23.6	6	3.4	378.2	6	270.6	—	—	—	—	—	—
2015	8	CBFZH01ABC_01	0～20	11.8	6	1.7	205.9	6	106.4	—	—	—	—	—	—
2015	8	CBFFZ01ABC_01	+5～0	14.4	6	2.4	420.8	6	39.4	—	—	—	—	—	—
2015	8	CBFFZ01ABC_01	0～20	7.2	6	1.3	325.5	6	166.8	—	—	—	—	—	—
2015	9	CBFZH01ABC_01	+10～0	23.4	6	2.2	522.4	6	319.1	184	6	50	—	—	—
2015	9	CBFZH01ABC_01	0～20	12.3	6	6.8	173.0	6	53.2	211	6	72	—	—	—
2015	9	CBFZH01ABC_01	+5～0	22.3	6	10.2	319.0	6	104.4	199	6	60	—	—	—
2015	9	CBFZH01ABC_01	0～20	5.6	6	1.4	349.5	6	98.8	149	6	91	—	—	—
2015	9	CBFZH01ABC_01	0～10	—	—	—	—	—	—	—	—	—	—	—	—
2015	9	CBFZH01ABC_01	10～20	—	—	—	—	—	—	—	—	—	—	—	—
2015	9	CBFZH01ABC_01	20～40	—	—	—	—	—	—	—	—	—	—	—	—
2015	9	CBFZH01ABC_01	40～60	—	—	—	—	—	—	—	—	—	—	—	—
2015	9	CBFZH01ABC_01	60～100	—	—	—	—	—	—	—	—	—	—	—	—
2015	9	CBFFZ01ABC_01	0～10	—	—	—	—	—	—	—	—	—	—	—	—
2015	9	CBFFZ01ABC_01	10～20	—	—	—	—	—	—	—	—	—	—	—	—
2015	9	CBFFZ01ABC_01	20～40	—	—	—	—	—	—	—	—	—	—	—	—
2015	9	CBFFZ01ABC_01	40～60	—	—	—	—	—	—	—	—	—	—	—	—
2015	9	CBFFZ01ABC_01	60～100	—	—	—	—	—	—	—	—	—	—	—	—

注："—"为该土层不需此项指标测定。

3.2.3　土壤速效微量元素数据集

3.2.3.1　概述

本数据集包含长白山阔叶红松林观测场（海拔 784 m，中心坐标 128°05′44″E、42°24′11″N，面积 1 600 m²）和长白山次生白桦林辅助观测场永久采样地（海拔 777 m，中心坐标 128°05′57.5″E、42°24′7″N，面积为 1 600 m²）土壤速效微量元素长期定位监测数据的相关信息，时间为 2015 年。数据产品频率：1 次/5 年。本数据集由 2 张数据表组成，它们分别为：

土壤速效微量元素数据，包括调查年份、月份、样地代码、观测层次、有效铜、有效硼、有效锰和有效硫。

土壤速效微量元素测试分析方法，包括站代码、分析年份、分析项目名称、分析方法名称、分析方法引用标准。

3.2.3.2　数据采集及处理方法

土壤速效微量元素数据来自 2015 年长白山综合观测场和辅助观测场腐殖层、表层和土壤有效铜、有效硼、有效锰和有效硫监测数据。长白山站土壤监测以样地为单位开展。为保证数据的空间代表性，各项指标在每次监测中都设置 6 个重复采样，每个重复采样又是来自 10 个采样点的混合土壤样品。取样时间为 2015 年 9 月生长季。各监测指标的测试分析方法按照林业部等标准进行分析（表 3-21）。分析人员及时、详细地记录每个样品的测试值，并将所有数据录入计算机。数据录入完成后，监测人员对数据进行核实，以保证电子版数据和纸质原始记录数据完全一致。数据处理方法为样地采样分区所对应的原始监测值的个数即为重复数，将每个样地全部采样分区的监测值取平均值后，作为本数据产品的结果数据，同时标明重复数及标准差。

表 3-21　土壤速效微量元素测试分析方法

站代码	分析年份	分析项目名称	分析方法名称	分析方法引用标准
CBF	2015	有效铜	HCL 浸提—原子吸收分光光度法	LY/T 1260—1999
CBF	2015	有效硼	沸水—姜黄素比色法	LY/T 1258—1999
CBF	2015	有效锰	乙酸铵—对苯二酚浸提—原子吸收分光光度法	GB 7877—87
CBF	2015	有效硫	磷酸盐浸提—比浊法	LY/T 1265—1999

3.2.3.3　数据质量控制和评估

原始数据质量控制方法为：测定时插入国家标准样品进行质控；分析时进行 3 次平行样品测定；利用校验软件检查每个监测数据是否超出相同土壤类型和采样深度的历史数据阈值范围、每个观测场监测项目均值是否超出该样地相同深度历史数据均值的 2 倍标准差、每个观测场监测项目标准差是否超出该样地相同深度历史数据的 2 倍标准差或者样地空间变异调查的 2 倍标准差等。对于超出范围的数据进行核实或再次测定。

3.2.3.4　数据

具体数据见表 3-22。

表 3-22　土壤速效微量元素数据

年份	月份	样地代码	观测层次/cm	有效铜/（mg/kg）			有效硼/（mg/kg）			有效锰/（mg/kg）			有效硫/（mg/kg）		
				平均值	重复数	标准差	平均值	重复数	标准差	平均值	重复数	标准差	平均值	重复数	标准差
2015	9	CBFZH01ABC_01	+10~0	4.19	6	0.41	0.760	6	0.541	373.78	6	53.21	28.28	6	3.81
2015	9	CBFZH01ABC_01	0~20	6.38	6	0.58	0.732	6	0.061	381.51	6	75.60	34.30	6	6.96
2015	9	CBFZH01ABC_01	+5~0	3.43	6	0.19	0.404	6	0.021	154.08	6	20.35	31.94	6	4.40
2015	9	CBFZH01ABC_01	0~20	4.97	6	0.09	0.417	6	0.037	355.53	6	64.15	27.03	6	7.74

3.2.4　剖面土壤机械组成数据集

3.2.4.1　概述

本数据集包含长白山阔叶红松林观测场（海拔 784 m，中心坐标 128°05′44″E、42°24′11″N，面积 1 600 m²）和长白山次生白桦林辅助观测场永久采样地（海拔 777 m，中心坐标 128°05′57.5″E、42°24′7″N，面积为 1 600 m²）剖面土壤机械组成长期定位监测数据的相关信息，时间为 2015 年。数据产品频率：1 次/10 年。本数据集由剖面土壤机械组成数据表组成，包括调查年份、月份、样地代码、观测层次、2~0.05、0.05~0.002 和<0.002。

3.2.4.2　数据采集及处理方法

剖面土壤机械组成数据来自 2015 年长白山综合观测场和辅助观测场剖面土壤机械组成监测数据。长白山站土壤监测以样地为单位开展。为保证数据的空间代表性，各项指标在每次监测中都设置 3 个重复采样，每个重复采样又是来自 10 个采样点的混合土壤样品。取样时间为 2015 年 9 月生长季。剖面土壤机械组成测定采用吸管法，参照国家标准 LY/T 1224—1999。分析人员及时、详细地记录每个样品的测试值，并将所有数据录入计算机。数据录入完成后，监测人员对数据进行核实，以保证电子版数据和纸质原始记录数据完全一致。

数据处理方法为样地采样分区所对应的原始监测值的个数即为重复数，将每个样地全部采样分区的监测值取平均值后，作为本数据产品的结果数据。

3.2.4.3 数据质量控制和评估

原始数据质量控制方法为：测定时插入国家标准样品进行质控；分析时进行 3 次平行样品测定；利用校验软件检查每个监测数据是否超出相同土壤类型和采样深度的历史数据阈值范围、每个观测场监测项目均值是否超出该样地相同深度历史数据均值的 2 倍标准差、每个观测场监测项目标准差是否超出该样地相同深度历史数据的 2 倍标准差或者样地空间变异调查的 2 倍标准差等。对于超出范围的数据进行核实或再次测定。

3.2.4.4 数据

具体数据见表 3 - 23。

表 3 - 23　剖面土壤机械组成数据

年份	月份	样地代码	观测层次/cm	2～0.05 mm	0.05～0.002 mm	<0.002 mm	重复数	土壤质地名称（按美国制三角坐标图）
2015	9	CBFZH01ABC _ 01	0～10	66.49	18.01	15.16	3	砂壤土
2015	9	CBFZH01ABC _ 01	10～20	80.15	10.77	7.54	3	砾质沙土
2015	9	CBFZH01ABC _ 01	20～40	82.38	2.46	14.54	3	砾质沙土
2015	9	CBFZH01ABC _ 01	40～60	87.39	3.98	7.76	3	砾质沙土
2015	9	CBFZH01ABC _ 01	60～100	85.41	4.18	8.56	3	砾质沙土
2015	9	CBFFZ01ABC _ 01	0～10	31.51	49.39	18.59	3	砾质沙壤土
2015	9	CBFFZ01ABC _ 01	10～20	35.66	46.67	17.16	3	砾质沙壤土
2015	9	CBFFZ01ABC _ 01	20～40	62.57	21.05	14.81	3	砾质沙土
2015	9	CBFFZ01ABC _ 01	40～60	67.03	22.75	10.07	3	砾质沙土
2015	9	CBFFZ01ABC _ 01	60～100	65.58	23.50	9.86	3	砾质沙土

3.2.5　剖面土壤容重数据集

3.2.5.1 概述

本数据集包含长白山阔叶红松林观测场（海拔 784 m，中心坐标 128°05′44″E、42°24′11″N，面积 1 600 m²）和长白山次生白桦林辅助观测场永久采样地（海拔 777 m，中心坐标 128°05′57.5″E、42°24′7″N，面积为 1 600 m²）剖面土壤容重长期定位监测数据的相关信息，时间为 2015 年。数据集包括调查年份、月份、样地代码、观测层次、容重、重复数和标准差。数据产品频率：1 次/10 年。

3.2.5.2 数据采集及处理方法

剖面土壤容重数据来自 2015 年长白山综合观测场和辅助观测场剖面土壤容重监测数据。长白山站土壤监测以样地为单位开展。为保证数据的空间代表性，剖面土壤容重每次监测中每块样地都设置 3 个采样点，每个采样点再进行 3 次重复采样。取样时间为 2015 年 9 月生长季。剖面土壤容重测定采用环刀法，参照国家标准 NY/T 1121.4—2006。分析人员及时、详细地记录每个样品的测试值，并将所有数据录入计算机。数据录入完成后，监测人员对数据进行核实，以保证电子版数据和纸质原始记录数据完全一致。

数据处理方法为样地采样分区所对应的原始监测值的个数即为重复数，将每个样地全部采样分区的监测值取平均值后，作为本数据产品的结果数据，同时标明重复数及标准差。

3.2.5.3　数据质量控制和评估

原始数据质量控制方法为：测定时插入国家标准样品进行质控；分析时进行 3 次平行样品测定；利用校验软件检查每个监测数据是否超出相同土壤类型和采样深度的历史数据阈值范围、每个观测场监测项目均值是否超出该样地相同深度历史数据均值的 2 倍标准差、每个观测场监测项目标准差是否超出该样地相同深度历史数据的 2 倍标准差或者样地空间变异调查的 2 倍标准差等。对于超出范围的数据进行核实或再次测定。

3.2.5.4　数据

具体数据见表 3-24。

表 3-24　剖面土壤容重数据

年份	月份	样地代码	观测层次/cm	容重/（g/cm³）	重复数	标准差
2015	9	CBFZH01ABC_01	0～10	1.28	3	0.13
2015	9	CBFZH01ABC_01	10～20	1.68	3	0.06
2015	9	CBFZH01ABC_01	20～40	1.63	3	0.04
2015	9	CBFZH01ABC_01	40～60	1.57	3	0.05
2015	9	CBFZH01ABC_01	60～100	1.53	3	0.05
2015	9	CBFFZ01ABC_01	0～10	0.92	3	0.06
2015	9	CBFFZ01ABC_01	10～20	1.49	3	0.07
2015	9	CBFFZ01ABC_01	20～40	1.61	3	0.03
2015	9	CBFFZ01ABC_01	40～60	1.61	3	0.03
2015	9	CBFFZ01ABC_01	60～100	1.53	3	0.05

3.2.6　剖面土壤重金属全量数据集

3.2.6.1　概述

本数据集包含长白山阔叶红松林观测场（海拔 784 m，中心坐标 128°05′44″E、42°24′11″N，面积 1 600 m²）和长白山次生白桦林辅助观测场永久采样地（海拔 777 m，中心坐标 128°05′57.5″E、42°24′7″N，面积为 1 600 m²）剖面土壤重金属全量长期定位监测数据的相关信息，时间 2015 年。数据产品频率：1 次/10 年。本数据集由 2 张数据表组成，它们分别为：

剖面土壤重金属全量数据，包括调查年份、月份、样地代码、观测层次、硒、镉、铅、铬、镍、汞和砷。

剖面土壤重金属全量分析方法，包括站代码、分析年份、分析项目名称、分析方法名称、分析方法引用标准。

3.2.6.2　数据采集及处理方法

剖面土壤重金属全量数据来自 2015 年长白山综合观测场和辅助观测场剖面土壤重金属全量监测数据。长白山站土壤监测以样地为单位开展。为保证数据的空间代表性，各项指标在每次监测中都设置 3 个重复采样，每个重复采样又是来自 10 个采样点的混合土壤样品。取样时间为 2015 年 9 月生长季。各监测指标的测试分析方法按照林业部等标准进行分析（表 3-25）。分析人员及时、详细地记录每个样品的测试值，并将所有数据录入计算机。数据录入完成后，监测人员对数据进行核实，以保证电子版数据和纸质原始记录数据完全一致。数据处理方法为样地采样分区所对应的原始监测值的个数即为重复数，将每个样地全部采样分区的监测值取平均值后，作为本数据产品的结果数据，同时标明重复数及标准差。

表 3－25　剖面土壤重金属全量分析方法

站代码	分析年份	分析项目名称	分析方法名称	分析方法引用标准
CBF	2015	硒	硝酸—高氯酸消煮—氢化物发生原子吸收分光光度法	NT/T 1104—2006
CBF	2015	镉	盐酸—硝酸—氢氟酸—高氯酸消煮—原子吸收分光光度法	GB/T 17141—1997
CBF	2015	铅	盐酸—硝酸—氢氟酸—高氯酸消煮—原子吸收分光光度法	GB/T 17141—1997
CBF	2015	铬	盐酸—硝酸—氢氟酸—高氯酸消煮—原子吸收分光光度法	GB/T 17141—1997
CBF	2015	镍	盐酸—硝酸—氢氟酸—高氯酸消煮—原子吸收分光光度法	GB/T 17141—1997
CBF	2015	汞	硫酸—硝酸—高锰酸钾消解—冷原子吸收分光光度法	GB/T 17136—1997
CBF	2015	砷	二乙基二硫代氨基甲酸银分光光度	GB/T 17134—1997

3.2.6.3　数据质量控制和评估

原始数据质量控制方法为：测定时插入国家标准样品进行质控；分析时进行 3 次平行样品测定；利用校验软件检查每个监测数据是否超出相同土壤类型和采样深度的历史数据阈值范围、每个观测场监测项目均值是否超出该样地相同深度历史数据均值的 2 倍标准差、每个观测场监测项目标准差是否超出该样地相同深度历史数据的 2 倍标准差或者样地空间变异调查的 2 倍标准差等。对于超出范围的数据进行核实或再次测定。

3.2.6.4　数据

具体数据见表 3－26。

表 3－26　剖面土壤重金属全量数据

年份	月份	样地代码	观测层次/cm	硒/（mg/kg）			镉/（mg/kg）			铅/（mg/kg）			铬/（mg/kg）		
				平均值	重复数	标准差	平均值	重复数	标准差	平均值	重复数	标准差	平均值	重复数	标准差
2015	9	CBFZH01ABC_01	0～10	0.054	3	0.003	0.171	3	0.009	7.02	3	0.66	13.3	3	1.0
2015	9	CBFZH01ABC_01	10～20	0.048	3	0.003	0.183	3	0.004	8.15	3	0.74	20.6	3	0.6
2015	9	CBFZH01ABC_01	20～40	0.064	3	0.005	0.205	3	0.024	23.47	3	2.81	51.5	3	0.7
2015	9	CBFZH01ABC_01	40～60	0.066	3	0.003	0.169	3	0.004	17.13	3	0.23	58.5	3	1.9
2015	9	CBFZH01ABC_01	60～100	0.090	3	0.003	0.162	3	0.015	18.01	3	1.13	62.0	3	1.4
2015	9	CBFFZ01ABC_01	0～10	0.094	3	0.005	0.111	3	0.005	14.18	3	0.19	46.2	3	0.6
2015	9	CBFFZ01ABC_01	10～20	0.052	3	0.011	0.134	3	0.007	39.27	3	1.70	32.9	3	2.1
2015	9	CBFFZ01ABC_01	20～40	0.053	3	0.005	0.092	3	0.002	11.75	3	0.67	51.2	3	1.0
2015	9	CBFFZ01ABC_01	40～60	0.073	3	0.002	0.128	3	0.004	32.02	3	0.57	61.6	3	2.1
2015	9	CBFFZ01ABC_01	60～100	0.113	3	0.004	0.149	3	0.008	18.22	3	0.49	55.4	3	2.9

年份	月份	样地代码	观测层次/cm	镍/（mg/kg）			汞/（mg/kg）			砷/（mg/kg）		
				平均值	重复数	标准差	平均值	重复数	标准差	平均值	重复数	标准差
2015	9	CBFZH01ABC_01	0～10	12.3	3	0.1	0.015	3	0.001	10.59	3	0.23
2015	9	CBFZH01ABC_01	10～20	14.0	3	0.2	0.076	3	0.003	13.68	3	0.32
2015	9	CBFZH01ABC_01	20～40	24.3	3	0.9	0.019	3	0.003	11.23	3	0.54
2015	9	CBFZH01ABC_01	40～60	22.7	3	1.5	0.040	3	0.001	11.79	3	0.42
2015	9	CBFZH01ABC_01	60～100	29.5	3	0.9	0.041	3	0.003	12.72	3	1.15
2015	9	CBFFZ01ABC_01	0～10	22.9	3	0.5	0.012	3	0.001	12.39	3	0.72

(续)

年份	月份	样地代码	观测层次/cm	镍/（mg/kg）			汞/（mg/kg）			砷/（mg/kg）		
				平均值	重复数	标准差	平均值	重复数	标准差	平均值	重复数	标准差
2015	9	CBFFZ01ABC_01	10～20	17.7	3	0.9	0.072	3	0.006	11.59	3	1.22
2015	9	CBFFZ01ABC_01	20～40	19.9	3	0.6	0.014	3	0.002	11.14	3	0.36
2015	9	CBFFZ01ABC_01	40～60	27.2	3	0.2	0.044	3	0.004	12.05	3	0.57
2015	9	CBFFZ01ABC_01	60～100	21.2	3	0.2	0.064	3	0.004	11.39	3	0.89

3.2.7　剖面土壤微量元素数据集

3.2.7.1　概述

本数据集包含长白山阔叶红松林观测场（海拔 784 m，中心坐标 128°05′44″E、42°24′11″N，面积 1 600 m²）和长白山次生白桦林辅助观测场永久采样地（海拔 777 m，中心坐标 128°05′57.5″E、42°24′7″N，面积为 1 600 m²）剖面土壤微量元素长期定位监测数据的相关信息，时间 2015 年。数据产品频率：1 次/10 年。本数据集由 2 张数据表组成，它们分别为：

剖面土壤微量元素数据，包括调查年份、月份、样地代码、观测层次、全硼、全钼、全锰、全锌、全铜和全铁。

剖面土壤微量元素分析方法，包括站代码、分析年份、分析项目名称、分析方法名称、分析方法引用标准。

3.2.7.2　数据采集及处理方法

剖面土壤微量元素数据来自 2015 年长白山综合观测场和辅助观测场剖面土壤微量元素监测数据。长白山站土壤监测以样地为单位开展。为保证数据的空间代表性，各项指标在每次监测中都设置 3 个重复采样，每个重复采样又是来自 10 个采样点的混合土壤样品。取样时间为 2015 年 9 月生长季。各监测指标的测试分析方法按照林业部等标准进行分析（表 3 - 27）。分析人员及时、详细地记录每个样品的测试值，并将所有数据录入计算机。数据录入完成后，监测人员对数据进行核实，以保证电子版数据和纸质原始记录数据完全一致。数据处理方法为样地采样分区所对应的原始监测值的个数即为重复数，将每个样地全部采样分区的监测值取平均值后，作为本数据产品的结果数据，同时标明重复数及标准差。

表 3 - 27　剖面土壤微量元素分析方法

站代码	分析年份	分析项目名称	分析方法名称	分析方法引用标准
CBF	2015	全硼	碳酸钠熔融—姜黄素比色法	《土壤理化分析与剖面描述》
CBF	2015	全钼	盐酸—硝酸—氢氟酸—高氯酸消煮—原子吸收分光光度法	《土壤理化分析与剖面描述》
CBF	2015	全锰	氢氟酸—高氯酸—硝酸消煮—原子吸收分光光度法	《土壤农业化学分析方法》
CBF	2015	全锌	盐酸—硝酸—氢氟酸—高氯酸消煮—原子吸收分光光度法	GB/T 17138—1997
CBF	2015	全铜	盐酸—硝酸—氢氟酸—高氯酸消煮—原子吸收分光光度法	GB/T 17138—1997
CBF	2015	全铁	硝酸—氢氟酸—高氯酸消煮—原子吸收分光光度法	《土壤理化分析与剖面描述》

3.2.7.3　数据质量控制和评估

原始数据质量控制方法为：测定时插入国家标准样品进行质控；分析时进行 3 次平行样品测定；利用校验软件检查每个监测数据是否超出相同土壤类型和采样深度的历史数据阈值范围、每个观测场监测项目均值是否超出该样地相同深度历史数据均值的 2 倍标准差、每个观测场监测项目标准差是否超出该样地相同深度历史数据的 2 倍标准差或者样地空间变异调查的 2 倍标准差等。对于超出范围的数据进行核实或再次测定。

3.2.7.4　数据

具体数据见表 3-28。

表 3-28　剖面土壤微量元素数据

年份	月份	样地代码	观测层次/cm	全硼/（mg/kg）			全钼/（mg/kg）			全锰/（mg/kg）		
				平均值	重复数	标准差	平均值	重复数	标准差	平均值	重复数	标准差
2015	9	CBFZH01ABC_01	0~10	38.47	3	0.30	0.19	3	0.00	338.12	3	30.71
2015	9	CBFZH01ABC_01	10~20	58.03	3	0.33	0.25	3	0.02	476.09	3	6.79
2015	9	CBFZH01ABC_01	20~40	44.08	3	0.94	0.50	3	0.01	374.45	3	10.91
2015	9	CBFZH01ABC_01	40~60	52.81	3	0.70	0.52	3	0.02	561.31	3	11.65
2015	9	CBFZH01ABC_01	60~100	56.50	3	0.53	0.60	3	0.01	464.98	3	12.65
2015	9	CBFFZ01ABC_01	0~10	41.60	3	0.26	0.48	3	0.02	362.51	3	19.91
2015	9	CBFFZ01ABC_01	10~20	56.44	3	0.34	0.39	3	0.01	371.45	3	7.56
2015	9	CBFFZ01ABC_01	20~40	55.96	3	0.36	0.43	3	0.02	495.90	3	9.49
2015	9	CBFFZ01ABC_01	40~60	55.84	3	0.13	0.54	3	0.02	483.12	3	11.77
2015	9	CBFFZ01ABC_01	60~100	56.81	3	0.16	0.54	3	0.01	532.09	3	8.80

年份	月份	样地代码	观测层次/cm	全锌/（mg/kg）			全铜/（mg/kg）			全铁/（mg/kg）		
				平均值	重复数	标准差	平均值	重复数	标准差	平均值	重复数	标准差
2015	9	CBFZH01ABC_01	0~10	70.80	3	4.61	35.58	3	1.05	3 442.36	3	149.12
2015	9	CBFZH01ABC_01	10~20	56.18	3	3.53	40.92	3	0.63	3 200.12	3	92.86
2015	9	CBFZH01ABC_01	20~40	58.95	3	5.57	11.02	3	0.69	3 983.02	3	54.32
2015	9	CBFZH01ABC_01	40~60	81.37	3	9.95	27.57	3	0.10	4 420.07	3	17.78
2015	9	CBFZH01ABC_01	60~100	56.69	3	4.23	23.38	3	1.15	4 765.04	3	79.53
2015	9	CBFFZ01ABC_01	0~10	125.47	3	5.14	25.80	3	0.56	4 282.41	3	105.69
2015	9	CBFFZ01ABC_01	10~20	55.11	3	3.04	13.70	3	1.17	3 649.26	3	145.95
2015	9	CBFFZ01ABC_01	20~40	98.17	3	0.97	31.10	3	2.67	4 039.53	3	106.08
2015	9	CBFFZ01ABC_01	40~60	75.10	3	0.12	31.31	3	2.81	4 675.15	3	14.47
2015	9	CBFFZ01ABC_01	60~100	64.19	3	2.54	14.10	3	0.72	4 217.50	3	88.84

3.2.8　剖面土壤矿质全量数据集

3.2.8.1　概述

本数据集包含长白山阔叶红松林观测场（海拔 784 m，中心坐标 128°05′44″E、42°24′11″N，面积 1 600 m²）和长白山次生白桦林辅助观测场永久采样地（海拔 777 m，中心坐标 128°05′57.5″E、42°24′7″N，面积为 1 600 m²）剖面土壤矿质全量长期定位监测数据的相关信息，时间 2015 年。数据产品频率：1 次/10 年。本数据集由 2 张数据表组成，它们分别为：

剖面土壤矿质全量数据，包括调查年份、月份、样地代码、观测层次、SiO_2、Fe_2O_3、MnO、TiO_2、Al_2O_3、CaO、MgO、K_2O、Na_2O、P_2O_5、LOI 和 S。

剖面土壤矿质全量分析方法，包括站代码、分析年份、分析项目名称、分析方法名称、分析方法引用标准。

3.2.8.2 数据采集及处理方法

剖面土壤矿质全量数据来自 2015 年长白山综合观测场和辅助观测场剖面土壤微量元素监测数据。长白山站土壤监测以样地为单位开展。为保证数据的空间代表性，各项指标在每次监测中都设置 3 个重复采样，每个重复采样又是来自 10 个采样点的混合土壤样品。取样时间为 2015 年 9 月生长季。各监测指标的测试分析方法按照林业部等标准进行分析（表 3 - 29）。分析人员及时、详细地记录每个样品的测试值，并将所有数据录入计算机。数据录入完成后，监测人员对数据进行核实，以保证电子版数据和纸质原始记录数据完全一致。数据处理方法为样地采样分区所对应的原始监测值的个数即为重复数，将每个样地全部采样分区的监测值取平均值后，作为本数据产品的结果数据，同时标明重复数及标准差。

表 3 - 29 剖面土壤矿质全量分析方法记录

站代码	分析年份	分析项目名称	分析方法名称	分析方法引用标准
CBF	2015	SiO_2	碳酸钠熔融—系统分析法	LY/T 1253—1999
CBF	2015	Fe_2O_3	碳酸钠熔融—系统分析法	LY/T 1253—1999
CBF	2015	MnO	碳酸钠熔融—系统分析法	LY/T 1253—1999
CBF	2015	TiO_2	碳酸钠熔融—系统分析法	LY/T 1253—1999
CBF	2015	Al_2O_3	碳酸钠熔融—系统分析法	LY/T 1253—1999
CBF	2015	CaO	碳酸钠熔融—系统分析法	LY/T 1253—1999
CBF	2015	MgO	碳酸钠熔融—系统分析法	LY/T 1253—1999
CBF	2015	K_2O	氢氟酸—高氯酸消煮原子吸收分光光度法	LY/T 1254—1999
CBF	2015	Na_2O	氢氟酸—高氯酸消煮原子吸收分光光度法	LY/T 1254—1999
CBF	2015	P_2O_5	碳酸钠熔融—系统分析法	LY/T 1253—1999
CBF	2015	LOI	减量法	GB 7876—1987
CBF	2015	S	EDTA -间接滴定法	LY/T 1255—1999

3.2.8.3 数据质量控制和评估

原始数据质量控制方法为：测定时插入国家标准样品进行质控；分析时进行 3 次平行样品测定；利用校验软件检查每个监测数据是否超出相同土壤类型和采样深度的历史数据阈值范围、每个观测场监测项目均值是否超出该样地相同深度历史数据均值的 2 倍标准差、每个观测场监测项目标准差是否超出该样地相同深度历史数据的 2 倍标准差或者样地空间变异调查的 2 倍标准差等。对于超出范围的数据进行核实或再次测定。

3.2.8.4 数据

具体数据见表 3 - 30。

表 3 - 30 剖面土壤矿质全量数据

年份	月份	样地代码	观测层次/cm	SiO_2/%			Fe_2O_3/%			MnO/%			TiO_2/%		
				平均值	重复数	标准差	平均值	重复数	标准差	平均值	重复数	标准差	平均值	重复数	标准差
2015	9	CBFZH01ABC _ 01	0~10	39.47	3	0.18	2.37	3	0.17	0.204	3	0.021	0.212	3	0.001
2015	9	CBFZH01ABC _ 01	10~20	75.11	3	0.51	2.93	3	0.69	0.207	3	0.012	0.069	3	0.004
2015	9	CBFZH01ABC _ 01	20~40	86.94	3	0.88	1.91	3	0.17	0.096	3	0.009	0.420	3	0.018
2015	9	CBFZH01ABC _ 01	40~60	60.21	3	0.76	1.97	3	0.02	0.189	3	0.023	0.259	3	0.003
2015	9	CBFZH01ABC _ 01	60~100	79.21	3	0.64	1.13	3	0.37	0.142	3	0.029	0.173	3	0.001

（续）

年份	月份	样地代码	观测层次/cm	SiO₂/%			Fe₂O₃/%			MnO/%			TiO₂/%		
				平均值	重复数	标准差	平均值	重复数	标准差	平均值	重复数	标准差	平均值	重复数	标准差
2015	9	CBFFZ01ABC_01	0~10	59.25	3	1.51	2.95	3	0.68	0.143	3	0.004	0.151	3	0.004
2015	9	CBFFZ01ABC_01	10~20	87.69	3	1.63	3.43	3	0.81	0.191	3	0.026	0.233	3	0.004
2015	9	CBFFZ01ABC_01	20~40	77.67	3	0.62	2.80	3	0.48	0.202	3	0.009	0.245	3	0.002
2015	9	CBFFZ01ABC_01	40~60	57.01	3	1.71	1.83	3	0.47	0.111	3	0.007	0.253	3	0.008
2015	9	CBFFZ01ABC_01	60~100	66.68	3	1.04	1.35	3	0.40	0.129	3	0.005	0.198	3	0.013

年份	月份	样地代码	观测层次/cm	Al₂O₃/%			CaO/%			MgO/%			K₂O/%		
				平均值	重复数	标准差	平均值	重复数	标准差	平均值	重复数	标准差	平均值	重复数	标准差
2015	9	CBFZH01ABC_01	0~10	12.654	3	0.387	7.441	3	1.046	2.404	3	0.042 2	4.042 1	3	0.082
2015	9	CBFZH01ABC_01	10~20	9.821	3	0.546	8.369	3	0.581	2.271	3	0.149 7	2.074 3	3	0.029
2015	9	CBFZH01ABC_01	20~40	10.979	3	1.242	8.832	3	0.659	2.218	3	0.121 8	3.364 3	3	0.062
2015	9	CBFZH01ABC_01	40~60	7.370	3	0.256	5.271	3	0.464	2.071	3	0.211 6	3.972 4	3	0.093
2015	9	CBFZH01ABC_01	60~100	8.600	3	0.270	3.103	3	0.732	1.195	3	0.058 7	2.310 0	3	0.069
2015	9	CBFFZ01ABC_01	0~10	13.678	3	0.024	12.693	3	0.332	2.548	3	0.073 1	3.955 1	3	0.076
2015	9	CBFFZ01ABC_01	10~20	11.580	3	0.817	11.869	3	0.361	2.073	3	0.027 7	3.377 1	3	0.355
2015	9	CBFFZ01ABC_01	20~40	10.828	3	0.480	8.004	3	0.908	2.150	3	0.027 5	2.609 2	3	0.086
2015	9	CBFFZ01ABC_01	40~60	8.556	3	0.197	4.616	3	0.592	2.310	3	0.033 8	3.082 2	3	0.249
2015	9	CBFFZ01ABC_01	60~100	9.593	3	0.229	3.103	3	0.686	2.181	3	0.037 4	2.526 2	3	0.470

年份	月份	样地代码	观测层次/cm	Na₂O/%			P₂O₅/%			LOI/%			S/（g/kg）		
				平均值	重复数	标准差	平均值	重复数	标准差	平均值	重复数	标准差	平均值	重复数	标准差
2015	9	CBFZH01ABC_01	0~10	1.740	3	0.050	1.787	3	0.008	30.10	3	3.17	0.04	3	0.00
2015	9	CBFZH01ABC_01	10~20	3.104	3	0.158	0.217	3	0.013	7.14	3	0.39	0.05	3	0.00
2015	9	CBFZH01ABC_01	20~40	6.286	3	0.201	0.274	3	0.012	8.03	3	0.72	0.09	3	0.00
2015	9	CBFZH01ABC_01	40~60	5.943	3	0.352	1.344	3	0.017	8.26	3	1.03	0.09	3	0.00
2015	9	CBFZH01ABC_01	60~100	2.491	3	0.103	1.485	3	0.012	9.84	3	0.69	0.26	3	0.00
2015	9	CBFFZ01ABC_01	0~10	2.345	3	0.183	1.567	3	0.040	24.78	3	2.63	0.18	3	0.00
2015	9	CBFFZ01ABC_01	10~20	2.021	3	0.028	0.110	3	0.002	5.80	3	0.11	0.15	3	0.00
2015	9	CBFFZ01ABC_01	20~40	2.431	3	0.097	1.739	3	0.014	5.88	3	1.66	0.13	3	0.00
2015	9	CBFFZ01ABC_01	40~60	2.873	3	0.055	0.033	3	0.001	9.80	3	0.72	0.05	3	0.00
2015	9	CBFFZ01ABC_01	60~100	2.002	3	0.148	0.002	3	0.000	10.73	3	0.04	0.13	3	0.01

3.3　水分长期观测数据

3.3.1　土壤含水量数据集

3.3.1.1　土壤体积含水量

（1）概述

本数据集包含长白山阔叶红松林观测场（海拔 784 m，中心坐标 128°05′44″E、42°24′11″N，面积 1 600 m²）、长白山气象观测场（海拔 740 m，中心点地理坐标为 128°06′25.05″E、42°23′56.8″N，面积为 1 600 m²）和长白山次生白桦林辅助观测场海拔 777 m，中心坐标 128°05′57.5″E、42°24′7″N，面积为 1 600 m²）土壤体积含水量长期定位监测数据的相关信息，时间跨度为 2009—2018 年。数据产品频率：1 次/月。本数据集由 3 张数据表组成，它们分别为：

长白山阔叶红松林观测场土壤体积含水量数据，包括调查年份、月份、样地代码、探测深度、体积含水量、重复数和标准差。

长白山气象观测场土壤体积含水量数据，包括调查年份、月份、样地代码、探测深度、体积含水量、重复数和标准差。

长白山次生白桦林辅助观测场土壤体积含水量数据，包括调查年份、月份、样地代码、探测深度、体积含水量、重复数和标准差。

（2）数据采集及处理方法

本数据集的土壤含水量数据来自 2009—2018 年长白山阔叶红松林观测场、长白山气象观测场和长白山次生白桦林辅助观测场土壤体积含水量长期定位监测数据。

2009—2013 年长白山阔叶红松林观测场和长白山气象观测场以"△"形布设方式随机放置 3 个中子管仪器设施（图 2-2、图 2-5），采用中子仪法人工测量土壤体积含水量，观测深度包括 10 cm、20 cm、30 cm、40 cm、60 cm 和 100 cm 共 6 个层次，频率为 1 次/5 d。观测时间为 5—10 月，当年 10—11 月入冬地面封冻后暂停观测，次年 5—6 月恢复观测，因此期间数据缺失，数据出现周期性中断。2014—2018 年，由人工观测更新为自动监测，监测设备型号为 Campbell-CR1000，观测深度包括 5 cm、10 cm、20 cm、30 cm、40 cm、50 cm、60 cm、80 cm、100 cm 和 120 cm 共 10 个层次，观测场也由原来的 2 个增加到 3 个，为长白山阔叶红松林观测场、长白山气象观测场和长白山次生白桦林辅助观测场，频率为 1 次/5 d。观测时间 1—12 月，但由于 2016 年 7 月至 2017 年 4 月仪器出现故障致使该时间段数据缺失。

数据处理方法为将质控后的每个样地各层次观测数据取平均值后即获得月平均数据。数据单位%，保留 1 位小数，同时标明重复数及标准差。

（3）数据质量控制和评估

为确保数据质量，长白山站土壤体积含水量监测参考《陆地生态系统水环境观测质量保证与质量控制》相关规定进行。依照 CERN 的统一规划和指导意见，开展生态指标长期观测工作，其中数据管理和质量控制则由专业水分分中心和综合中心负责。

（4）数据

具体数据见表 3-31 至表 3-33。

表 3-31　长白山阔叶红松林观测场土壤体积含水量数据

年份	月份	样地代码	探测深度/cm	体积含水量/%	重复数	标准差
2009	5	CBFZH10CTS_01	10	25.5	31	1.8
2009	5	CBFZH10CTS_01	20	29.0	31	0.7
2009	5	CBFZH10CTS_01	30	27.4	31	0.6
2009	5	CBFZH10CTS_01	40	30.3	31	0.3
2009	5	CBFZH10CTS_01	60	28.2	31	0.1
2009	5	CBFZH10CTS_01	100	32.9	31	0.2
2009	6	CBFZH10CTS_01	10	30.9	30	5.3
2009	6	CBFZH10CTS_01	20	31.5	30	1.8
2009	6	CBFZH10CTS_01	30	30.7	30	2.8
2009	6	CBFZH10CTS_01	40	33.4	30	2.4

（续）

年份	月份	样地代码	探测深度/cm	体积含水量/%	重复数	标准差
2009	6	CBFZH10CTS_01	60	32.0	30	3.3
2009	6	CBFZH10CTS_01	100	36.5	30	2.9
2009	7	CBFZH10CTS_01	10	38.0	31	3.2
2009	7	CBFZH10CTS_01	20	33.5	31	0.5
2009	7	CBFZH10CTS_01	30	33.8	31	0.3
2009	7	CBFZH10CTS_01	40	36.7	31	0.3
2009	7	CBFZH10CTS_01	60	36.1	31	0.3
2009	7	CBFZH10CTS_01	100	40.8	31	0.4
2009	8	CBFZH10CTS_01	10	36.9	31	0.6
2009	8	CBFZH10CTS_01	20	32.3	31	0.7
2009	8	CBFZH10CTS_01	30	32.4	31	0.7
2009	8	CBFZH10CTS_01	40	36.2	31	0.6
2009	8	CBFZH10CTS_01	60	35.7	31	1.0
2009	8	CBFZH10CTS_01	100	41.6	31	0.1
2009	9	CBFZH10CTS_01	10	20.1	30	3.8
2009	9	CBFZH10CTS_01	20	30.3	30	0.7
2009	9	CBFZH10CTS_01	30	30.2	30	0.8
2009	9	CBFZH10CTS_01	40	33.9	30	0.7
2009	9	CBFZH10CTS_01	60	34.1	30	0.9
2009	9	CBFZH10CTS_01	100	40.6	30	0.9
2010	6	CBFZH10CTS_01	10	23.8	30	2.3
2010	6	CBFZH10CTS_01	20	28.2	30	0.7
2010	6	CBFZH10CTS_01	30	29.5	30	0.4
2010	6	CBFZH10CTS_01	40	32.1	30	0.5
2010	6	CBFZH10CTS_01	60	33.7	30	0.5
2010	6	CBFZH10CTS_01	100	39.7	30	0.3
2010	7	CBFZH10CTS_01	10	33.2	31	6.9
2010	7	CBFZH10CTS_01	20	30.8	31	2.3
2010	7	CBFZH10CTS_01	30	31.6	31	1.5
2010	7	CBFZH10CTS_01	40	34.7	31	1.8
2010	7	CBFZH10CTS_01	60	36.6	31	1.7
2010	7	CBFZH10CTS_01	100	40.2	31	0.6
2010	8	CBFZH10CTS_01	10	34.1	31	3.4
2010	8	CBFZH10CTS_01	20	31.1	31	1.4
2010	8	CBFZH10CTS_01	30	31.9	31	0.4
2010	8	CBFZH10CTS_01	40	28.7	31	3.2
2010	8	CBFZH10CTS_01	60	35.4	31	4.0
2010	8	CBFZH10CTS_01	100	40.5	31	0.2

（续）

年份	月份	样地代码	探测深度/cm	体积含水量/%	重复数	标准差
2010	9	CBFZH10CTS_01	10	39.1	30	2.8
2010	9	CBFZH10CTS_01	20	32.7	30	1.2
2010	9	CBFZH10CTS_01	30	33.6	30	0.4
2010	9	CBFZH10CTS_01	40	36.5	30	3.5
2010	9	CBFZH10CTS_01	60	34.2	30	0.0
2010	9	CBFZH10CTS_01	100	41.4	30	0.0
2011	6	CBFZH10CTS_01	10	35.5	30	1.7
2011	6	CBFZH10CTS_01	20	34.0	30	0.1
2011	6	CBFZH10CTS_01	30	31.2	30	2.2
2011	6	CBFZH10CTS_01	40	31.6	30	3.3
2011	6	CBFZH10CTS_01	60	39.1	30	0.5
2011	6	CBFZH10CTS_01	100	40.1	30	0.3
2011	7	CBFZH10CTS_01	10	32.3	31	5.1
2011	7	CBFZH10CTS_01	20	33.8	31	0.0
2011	7	CBFZH10CTS_01	30	27.4	31	0.9
2011	7	CBFZH10CTS_01	40	36.2	31	3.9
2011	7	CBFZH10CTS_01	60	39.5	31	0.7
2011	7	CBFZH10CTS_01	100	40.8	31	0.2
2011	8	CBFZH10CTS_01	10	40.8	31	3.6
2011	8	CBFZH10CTS_01	20	33.2	31	0.7
2011	8	CBFZH10CTS_01	30	33.2	31	3.3
2011	8	CBFZH10CTS_01	40	38.4	31	0.4
2011	8	CBFZH10CTS_01	60	40.5	31	0.7
2011	8	CBFZH10CTS_01	100	41.7	31	0.3
2011	9	CBFZH10CTS_01	10	34.8	30	5.0
2011	9	CBFZH10CTS_01	20	32.1	30	0.2
2011	9	CBFZH10CTS_01	30	26.7	30	0.5
2011	9	CBFZH10CTS_01	40	38.5	30	0.2
2011	9	CBFZH10CTS_01	60	39.7	30	1.4
2011	9	CBFZH10CTS_01	100	44.6	30	0.8
2012	5	CBFZH10CTS_01	10	43.7	31	3.6
2012	5	CBFZH10CTS_01	20	31.0	31	3.4
2012	5	CBFZH10CTS_01	30	31.9	31	3.4
2012	5	CBFZH10CTS_01	40	35.1	31	3.1
2012	5	CBFZH10CTS_01	60	32.0	31	2.5
2012	5	CBFZH10CTS_01	100	35.3	31	0.4
2012	6	CBFZH10CTS_01	10	42.8	30	5.3
2012	6	CBFZH10CTS_01	20	32.1	30	2.6

（续）

年份	月份	样地代码	探测深度/cm	体积含水量/%	重复数	标准差
2012	6	CBFZH10CTS_01	30	31.3	30	0.6
2012	6	CBFZH10CTS_01	40	35.8	30	2.5
2012	6	CBFZH10CTS_01	60	33.7	30	1.5
2012	6	CBFZH10CTS_01	100	36.3	30	0.0
2012	7	CBFZH10CTS_01	10	40.4	31	7.7
2012	7	CBFZH10CTS_01	20	32.7	31	4.1
2012	7	CBFZH10CTS_01	30	34.8	31	5.6
2012	7	CBFZH10CTS_01	40	36.7	31	2.5
2012	7	CBFZH10CTS_01	60	35.0	31	2.4
2012	7	CBFZH10CTS_01	100	36.7	31	0.5
2012	8	CBFZH10CTS_01	10	38.8	31	2.8
2012	8	CBFZH10CTS_01	20	43.3	31	0.6
2012	8	CBFZH10CTS_01	30	40.9	31	0.3
2012	8	CBFZH10CTS_01	40	40.3	31	2.1
2012	8	CBFZH10CTS_01	60	32.1	31	1.4
2012	8	CBFZH10CTS_01	100	38.6	31	3.5
2012	9	CBFZH10CTS_01	10	37.5	30	3.8
2012	9	CBFZH10CTS_01	20	38.3	30	3.6
2012	9	CBFZH10CTS_01	30	39.4	30	1.3
2012	9	CBFZH10CTS_01	40	35.6	30	3.9
2012	9	CBFZH10CTS_01	60	30.7	30	1.9
2012	9	CBFZH10CTS_01	100	37.3	30	1.7
2013	5	CBFZH10CTS_01	10	36.4	31	0.5
2013	5	CBFZH10CTS_01	20	30.3	31	0.7
2013	5	CBFZH10CTS_01	30	29.7	31	0.2
2013	5	CBFZH10CTS_01	40	35.4	31	0.6
2013	5	CBFZH10CTS_01	60	37.0	31	0.9
2013	5	CBFZH10CTS_01	100	43.1	31	0.1
2013	6	CBFZH10CTS_01	10	37.7	30	0.5
2013	6	CBFZH10CTS_01	20	31.0	30	0.7
2013	6	CBFZH10CTS_01	30	30.3	30	0.2
2013	6	CBFZH10CTS_01	40	34.5	30	1.7
2013	6	CBFZH10CTS_01	60	37.5	30	0.9
2013	6	CBFZH10CTS_01	100	42.5	30	0.2
2013	7	CBFZH10CTS_01	10	39.7	31	0.4
2013	7	CBFZH10CTS_01	20	35.1	31	2.5
2013	7	CBFZH10CTS_01	30	32.9	31	0.1
2013	7	CBFZH10CTS_01	40	34.9	31	0.8

（续）

年份	月份	样地代码	探测深度/cm	体积含水量/%	重复数	标准差
2013	7	CBFZH10CTS_01	60	37.2	31	0.7
2013	7	CBFZH10CTS_01	100	43.1	31	0.2
2013	8	CBFZH10CTS_01	10	38.9	31	1.3
2013	8	CBFZH10CTS_01	20	31.8	31	0.9
2013	8	CBFZH10CTS_01	30	32.1	31	1.1
2013	8	CBFZH10CTS_01	40	34.0	31	3.6
2013	8	CBFZH10CTS_01	60	37.3	31	3.1
2013	8	CBFZH10CTS_01	100	43.3	31	1.4
2013	9	CBFZH10CTS_01	10	33.5	30	1.0
2013	9	CBFZH10CTS_01	20	28.0	30	0.2
2013	9	CBFZH10CTS_01	30	27.7	30	0.3
2013	9	CBFZH10CTS_01	40	35.6	30	0.0
2013	9	CBFZH10CTS_01	60	36.6	30	0.4
2013	9	CBFZH10CTS_01	100	42.7	30	0.1
2014	7	CBFZH10CTS_01	5	29.5	31	9.8
2014	7	CBFZH10CTS_01	10	28.7	31	6.1
2014	7	CBFZH10CTS_01	20	25.4	31	5.9
2014	7	CBFZH10CTS_01	30	28.5	31	3.5
2014	7	CBFZH10CTS_01	40	39.9	31	4.3
2014	7	CBFZH10CTS_01	50	26.1	31	5.7
2014	7	CBFZH10CTS_01	60	39.7	31	4.6
2014	7	CBFZH10CTS_01	80	31.5	31	4.8
2014	7	CBFZH10CTS_01	100	39.9	31	3.8
2014	7	CBFZH10CTS_01	120	34.4	31	3.1
2014	8	CBFZH10CTS_01	5	19.9	31	9.0
2014	8	CBFZH10CTS_01	10	24.3	31	5.5
2014	8	CBFZH10CTS_01	20	22.2	31	3.7
2014	8	CBFZH10CTS_01	30	27.4	31	2.5
2014	8	CBFZH10CTS_01	40	38.2	31	2.0
2014	8	CBFZH10CTS_01	50	24.7	31	3.7
2014	8	CBFZH10CTS_01	60	36.9	31	3.8
2014	8	CBFZH10CTS_01	80	33.1	31	3.2
2014	8	CBFZH10CTS_01	100	64.1	31	0.2
2014	8	CBFZH10CTS_01	120	54.1	31	0.7
2014	9	CBFZH10CTS_01	5	17.3	30	7.2
2014	9	CBFZH10CTS_01	10	22.2	30	3.9
2014	9	CBFZH10CTS_01	20	21.4	30	2.6
2014	9	CBFZH10CTS_01	30	26.8	30	2.3

（续）

年份	月份	样地代码	探测深度/cm	体积含水量/%	重复数	标准差
2014	9	CBFZH10CTS_01	40	36.6	30	2.0
2014	9	CBFZH10CTS_01	50	22.4	30	1.1
2014	9	CBFZH10CTS_01	60	33.9	30	0.5
2014	9	CBFZH10CTS_01	80	28.2	30	0.6
2014	9	CBFZH10CTS_01	100	63.5	30	1.0
2014	9	CBFZH10CTS_01	120	53.7	30	1.7
2014	10	CBFZH10CTS_01	5	23.6	31	6.3
2014	10	CBFZH10CTS_01	10	26.1	31	4.3
2014	10	CBFZH10CTS_01	20	23.4	31	2.3
2014	10	CBFZH10CTS_01	30	25.4	31	0.6
2014	10	CBFZH10CTS_01	40	34.3	31	0.3
2014	10	CBFZH10CTS_01	50	20.8	31	0.1
2014	10	CBFZH10CTS_01	60	32.4	31	0.2
2014	10	CBFZH10CTS_01	80	26.8	31	0.2
2014	10	CBFZH10CTS_01	100	40.2	31	6.0
2014	10	CBFZH10CTS_01	120	44.7	31	7.6
2014	11	CBFZH10CTS_01	5	22.7	30	0.8
2014	11	CBFZH10CTS_01	10	23.5	30	0.2
2014	11	CBFZH10CTS_01	20	22.4	30	0.2
2014	11	CBFZH10CTS_01	30	25.4	30	0.1
2014	11	CBFZH10CTS_01	40	33.6	30	0.3
2014	11	CBFZH10CTS_01	50	20.7	30	0.2
2014	11	CBFZH10CTS_01	60	31.6	30	0.3
2014	11	CBFZH10CTS_01	80	26.4	30	0.1
2014	11	CBFZH10CTS_01	100	34.1	30	0.6
2014	11	CBFZH10CTS_01	120	35.0	30	0.7
2014	12	CBFZH10CTS_01	5	10.7	31	3.6
2014	12	CBFZH10CTS_01	10	16.7	31	3.8
2014	12	CBFZH10CTS_01	20	19.7	31	2.1
2014	12	CBFZH10CTS_01	30	24.0	31	1.1
2014	12	CBFZH10CTS_01	40	32.5	31	0.6
2014	12	CBFZH10CTS_01	50	20.3	31	0.3
2014	12	CBFZH10CTS_01	60	30.8	31	0.3
2014	12	CBFZH10CTS_01	80	26.1	31	0.1
2014	12	CBFZH10CTS_01	100	32.6	31	0.4
2014	12	CBFZH10CTS_01	120	33.2	31	0.4
2015	1	CBFZH10CTS_01	5	8.9	31	0.2
2015	1	CBFZH10CTS_01	10	13.1	31	0.4

（续）

年份	月份	样地代码	探测深度/cm	体积含水量/%	重复数	标准差
2015	1	CBFZH10CTS_01	20	10.9	31	1.6
2015	1	CBFZH10CTS_01	30	17.0	31	3.7
2015	1	CBFZH10CTS_01	40	29.6	31	1.8
2015	1	CBFZH10CTS_01	50	19.0	31	1.0
2015	1	CBFZH10CTS_01	60	30.1	31	0.2
2015	1	CBFZH10CTS_01	80	25.8	31	0.1
2015	1	CBFZH10CTS_01	100	31.5	31	0.3
2015	1	CBFZH10CTS_01	120	32.2	31	0.3
2015	2	CBFZH10CTS_01	5	8.6	28	0.3
2015	2	CBFZH10CTS_01	10	12.2	28	0.2
2015	2	CBFZH10CTS_01	20	8.8	28	0.2
2015	2	CBFZH10CTS_01	30	12.4	28	0.3
2015	2	CBFZH10CTS_01	40	24.6	28	0.6
2015	2	CBFZH10CTS_01	50	14.9	28	0.6
2015	2	CBFZH10CTS_01	60	28.4	28	0.5
2015	2	CBFZH10CTS_01	80	24.4	28	1.1
2015	2	CBFZH10CTS_01	100	30.8	28	0.2
2015	2	CBFZH10CTS_01	120	31.6	28	0.2
2015	3	CBFZH10CTS_01	5	12.9	31	9.4
2015	3	CBFZH10CTS_01	10	14.0	31	3.9
2015	3	CBFZH10CTS_01	20	10.5	31	3.4
2015	3	CBFZH10CTS_01	30	12.9	31	0.7
2015	3	CBFZH10CTS_01	40	24.7	31	0.6
2015	3	CBFZH10CTS_01	50	14.7	31	0.3
2015	3	CBFZH10CTS_01	60	28.4	31	0.2
2015	3	CBFZH10CTS_01	80	23.0	31	0.2
2015	3	CBFZH10CTS_01	100	30.0	31	0.2
2015	3	CBFZH10CTS_01	120	31.1	31	0.2
2015	4	CBFZH10CTS_01	5	39.3	30	6.7
2015	4	CBFZH10CTS_01	10	34.0	30	8.8
2015	4	CBFZH10CTS_01	20	20.5	30	4.1
2015	4	CBFZH10CTS_01	30	19.5	30	4.5
2015	4	CBFZH10CTS_01	40	28.5	30	2.1
2015	4	CBFZH10CTS_01	50	18.1	30	2.3
2015	4	CBFZH10CTS_01	60	29.7	30	5.3
2015	4	CBFZH10CTS_01	80	23.4	30	0.3
2015	4	CBFZH10CTS_01	100	29.8	30	0.1
2015	4	CBFZH10CTS_01	120	30.6	30	0.2

（续）

年份	月份	样地代码	探测深度/cm	体积含水量/%	重复数	标准差
2015	5	CBFZH10CTS_01	5	28.2	31	6.7
2015	5	CBFZH10CTS_01	10	33.2	31	4.3
2015	5	CBFZH10CTS_01	20	29.8	31	2.9
2015	5	CBFZH10CTS_01	30	30.6	31	1.3
2015	5	CBFZH10CTS_01	40	37.3	31	0.6
2015	5	CBFZH10CTS_01	50	29.5	31	1.7
2015	5	CBFZH10CTS_01	60	37.5	31	4.1
2015	5	CBFZH10CTS_01	80	28.0	31	4.8
2015	5	CBFZH10CTS_01	100	30.4	31	0.4
2015	5	CBFZH10CTS_01	120	30.8	31	0.3
2015	6	CBFZH10CTS_01	5	18.0	30	7.4
2015	6	CBFZH10CTS_01	10	26.4	30	4.9
2015	6	CBFZH10CTS_01	20	23.0	30	1.1
2015	6	CBFZH10CTS_01	30	27.9	30	1.1
2015	6	CBFZH10CTS_01	40	36.3	30	0.8
2015	6	CBFZH10CTS_01	50	24.4	30	0.8
2015	6	CBFZH10CTS_01	60	33.3	30	0.4
2015	6	CBFZH10CTS_01	80	28.4	30	1.0
2015	6	CBFZH10CTS_01	100	31.4	30	0.2
2015	6	CBFZH10CTS_01	120	31.5	30	0.1
2015	7	CBFZH10CTS_01	5	32.8	31	9.8
2015	7	CBFZH10CTS_01	10	38.7	31	7.6
2015	7	CBFZH10CTS_01	20	34.4	31	8.1
2015	7	CBFZH10CTS_01	30	36.5	31	6.3
2015	7	CBFZH10CTS_01	40	45.8	31	6.9
2015	7	CBFZH10CTS_01	50	42.5	31	6.1
2015	7	CBFZH10CTS_01	60	52.4	31	8.8
2015	7	CBFZH10CTS_01	80	54.8	31	9.2
2015	7	CBFZH10CTS_01	100	57.4	31	6.0
2015	7	CBFZH10CTS_01	120	59.4	31	9.4
2015	8	CBFZH10CTS_01	5	37.4	31	5.6
2015	8	CBFZH10CTS_01	10	40.1	31	8.7
2015	8	CBFZH10CTS_01	20	36.2	31	7.9
2015	8	CBFZH10CTS_01	30	37.5	31	6.9
2015	8	CBFZH10CTS_01	40	45.5	31	6.6
2015	8	CBFZH10CTS_01	50	42.8	31	5.6
2015	8	CBFZH10CTS_01	60	51.1	31	8.8
2015	8	CBFZH10CTS_01	80	55.3	31	3.6

（续）

年份	月份	样地代码	探测深度/cm	体积含水量/%	重复数	标准差
2015	8	CBFZH10CTS_01	100	64.8	31	0.1
2015	8	CBFZH10CTS_01	120	58.0	31	3.4
2015	9	CBFZH10CTS_01	5	28.8	30	9.8
2015	9	CBFZH10CTS_01	10	33.7	30	8.0
2015	9	CBFZH10CTS_01	20	31.5	30	6.9
2015	9	CBFZH10CTS_01	30	33.4	30	6.1
2015	9	CBFZH10CTS_01	40	41.8	30	6.1
2015	9	CBFZH10CTS_01	50	37.8	30	6.5
2015	9	CBFZH10CTS_01	60	48.4	30	9.0
2015	9	CBFZH10CTS_01	80	55.7	30	3.5
2015	9	CBFZH10CTS_01	100	64.8	30	0.1
2015	9	CBFZH10CTS_01	120	63.9	30	0.2
2015	10	CBFZH10CTS_01	5	21.7	31	4.5
2015	10	CBFZH10CTS_01	10	24.5	31	1.1
2015	10	CBFZH10CTS_01	20	24.6	31	0.4
2015	10	CBFZH10CTS_01	30	26.9	31	0.4
2015	10	CBFZH10CTS_01	40	35.1	31	0.5
2015	10	CBFZH10CTS_01	50	27.3	31	0.4
2015	10	CBFZH10CTS_01	60	35.8	31	0.9
2015	10	CBFZH10CTS_01	80	39.9	31	2.5
2015	10	CBFZH10CTS_01	100	62.1	31	4.6
2015	10	CBFZH10CTS_01	120	62.8	31	0.2
2015	11	CBFZH10CTS_01	5	24.6	30	4.4
2015	11	CBFZH10CTS_01	10	26.3	30	2.7
2015	11	CBFZH10CTS_01	20	24.8	30	0.6
2015	11	CBFZH10CTS_01	30	27.5	30	1.0
2015	11	CBFZH10CTS_01	40	34.7	30	0.6
2015	11	CBFZH10CTS_01	50	26.4	30	0.4
2015	11	CBFZH10CTS_01	60	33.8	30	0.2
2015	11	CBFZH10CTS_01	80	35.5	30	0.8
2015	11	CBFZH10CTS_01	100	42.4	30	3.7
2015	11	CBFZH10CTS_01	120	62.6	30	0.1
2015	12	CBFZH10CTS_01	5	28.7	31	1.0
2015	12	CBFZH10CTS_01	10	30.4	31	0.2
2015	12	CBFZH10CTS_01	20	26.2	31	0.2
2015	12	CBFZH10CTS_01	30	29.6	31	0.2
2015	12	CBFZH10CTS_01	40	35.8	31	0.1
2015	12	CBFZH10CTS_01	50	27.5	31	0.2

（续）

年份	月份	样地代码	探测深度/cm	体积含水量/%	重复数	标准差
2015	12	CBFZH10CTS_01	60	33.7	31	0.1
2015	12	CBFZH10CTS_01	80	34.2	31	0.1
2015	12	CBFZH10CTS_01	100	36.9	31	0.7
2015	12	CBFZH10CTS_01	120	62.3	31	0.2
2016	1	CBFZH10CTS_01	5	16.4	31	8.2
2016	1	CBFZH10CTS_01	10	25.7	31	4.1
2016	1	CBFZH10CTS_01	20	24.3	31	2.2
2016	1	CBFZH10CTS_01	30	28.4	31	1.3
2016	1	CBFZH10CTS_01	40	35.1	31	0.7
2016	1	CBFZH10CTS_01	50	26.8	31	0.9
2016	1	CBFZH10CTS_01	60	33.4	31	0.4
2016	1	CBFZH10CTS_01	80	32.9	31	1.8
2016	1	CBFZH10CTS_01	100	35.6	31	0.4
2016	1	CBFZH10CTS_01	120	49.2	31	9.5
2016	2	CBFZH10CTS_01	5	9.7	29	0.8
2016	2	CBFZH10CTS_01	10	17.5	29	0.9
2016	2	CBFZH10CTS_01	20	16.6	29	0.8
2016	2	CBFZH10CTS_01	30	24.7	29	0.5
2016	2	CBFZH10CTS_01	40	32.8	29	0.3
2016	2	CBFZH10CTS_01	50	23.2	29	0.6
2016	2	CBFZH10CTS_01	60	31.7	29	0.3
2016	2	CBFZH10CTS_01	80	27.7	29	0.6
2016	2	CBFZH10CTS_01	100	34.7	29	0.2
2016	2	CBFZH10CTS_01	120	36.7	29	0.8
2016	3	CBFZH10CTS_01	5	17.0	31	9.6
2016	3	CBFZH10CTS_01	10	21.2	31	6.0
2016	3	CBFZH10CTS_01	20	19.4	31	6.1
2016	3	CBFZH10CTS_01	30	26.6	31	4.7
2016	3	CBFZH10CTS_01	40	34.5	31	4.7
2016	3	CBFZH10CTS_01	50	25.6	31	8.8
2016	3	CBFZH10CTS_01	60	32.7	31	5.8
2016	3	CBFZH10CTS_01	80	27.9	31	5.9
2016	3	CBFZH10CTS_01	100	35.5	31	5.7
2016	3	CBFZH10CTS_01	120	36.3	31	5.5
2016	4	CBFZH10CTS_01	5	44.0	30	3.4
2016	4	CBFZH10CTS_01	10	50.9	30	4.1
2016	4	CBFZH10CTS_01	20	48.2	30	4.9
2016	4	CBFZH10CTS_01	30	45.7	30	3.2

（续）

年份	月份	样地代码	探测深度/cm	体积含水量/%	重复数	标准差
2016	4	CBFZH10CTS_01	40	53.0	30	0.4
2016	4	CBFZH10CTS_01	50	58.4	30	0.2
2016	4	CBFZH10CTS_01	60	58.0	30	0.5
2016	4	CBFZH10CTS_01	80	59.4	30	0.2
2016	4	CBFZH10CTS_01	100	64.4	30	0.1
2016	4	CBFZH10CTS_01	120	64.5	30	0.1
2016	5	CBFZH10CTS_01	5	40.0	31	3.1
2016	5	CBFZH10CTS_01	10	43.9	31	3.8
2016	5	CBFZH10CTS_01	20	39.4	31	5.6
2016	5	CBFZH10CTS_01	30	40.5	31	5.1
2016	5	CBFZH10CTS_01	40	49.5	31	5.0
2016	5	CBFZH10CTS_01	50	55.2	31	6.4
2016	5	CBFZH10CTS_01	60	57.0	31	1.1
2016	5	CBFZH10CTS_01	80	58.9	31	0.2
2016	5	CBFZH10CTS_01	100	64.5	31	0.1
2016	5	CBFZH10CTS_01	120	64.4	31	0.1
2016	6	CBFZH10CTS_01	5	29.7	30	7.7
2016	6	CBFZH10CTS_01	10	35.2	30	6.0
2016	6	CBFZH10CTS_01	20	32.3	30	8.7
2016	6	CBFZH10CTS_01	30	34.2	30	7.2
2016	6	CBFZH10CTS_01	40	42.3	30	6.7
2016	6	CBFZH10CTS_01	50	35.6	30	5.6
2016	6	CBFZH10CTS_01	60	47.1	30	9.3
2016	6	CBFZH10CTS_01	80	56.0	30	3.0
2016	6	CBFZH10CTS_01	100	64.4	30	0.2
2016	6	CBFZH10CTS_01	120	58.5	30	3.6
2016	7	CBFZH10CTS_01	5	47.6	31	9.8
2016	7	CBFZH10CTS_01	10	41.2	31	8.7
2016	7	CBFZH10CTS_01	20	36.7	31	7.9
2016	7	CBFZH10CTS_01	30	38.2	31	6.7
2016	7	CBFZH10CTS_01	40	47.1	31	7.0
2016	7	CBFZH10CTS_01	50	45.5	31	6.8
2016	7	CBFZH10CTS_01	60	56.0	31	5.6
2016	7	CBFZH10CTS_01	80	59.0	31	0.4
2016	7	CBFZH10CTS_01	100	64.6	31	0.4
2016	7	CBFZH10CTS_01	120	58.7	31	4.6
2016	8	CBFZH10CTS_01	5	50.1	30	6.0
2016	8	CBFZH10CTS_01	10	42.3	30	5.2

（续）

年份	月份	样地代码	探测深度/cm	体积含水量/%	重复数	标准差
2016	8	CBFZH10CTS_01	20	37.7	30	6.3
2016	8	CBFZH10CTS_01	30	39.0	30	5.4
2016	8	CBFZH10CTS_01	40	47.9	30	5.6
2016	8	CBFZH10CTS_01	50	47.4	30	8.8
2016	8	CBFZH10CTS_01	60	58.1	30	3.6
2016	8	CBFZH10CTS_01	80	58.3	30	0.2
2016	8	CBFZH10CTS_01	100	64.4	30	0.3
2016	8	CBFZH10CTS_01	120	64.4	30	0.1
2016	9	CBFZH10CTS_01	5	59.0	31	3.3
2016	9	CBFZH10CTS_01	10	49.6	31	5.0
2016	9	CBFZH10CTS_01	20	44.7	31	6.5
2016	9	CBFZH10CTS_01	30	45.0	31	4.7
2016	9	CBFZH10CTS_01	40	51.9	31	4.4
2016	9	CBFZH10CTS_01	50	53.6	31	2.9
2016	9	CBFZH10CTS_01	60	59.7	31	0.2
2016	9	CBFZH10CTS_01	80	58.2	31	0.2
2016	9	CBFZH10CTS_01	100	65.2	31	0.1
2016	9	CBFZH10CTS_01	120	64.4	31	0.1
2016	10	CBFZH10CTS_01	5	51.3	30	1.0
2016	10	CBFZH10CTS_01	10	39.7	30	0.8
2016	10	CBFZH10CTS_01	20	33.5	30	0.4
2016	10	CBFZH10CTS_01	30	35.0	30	0.8
2016	10	CBFZH10CTS_01	40	41.6	30	0.4
2016	10	CBFZH10CTS_01	50	43.0	30	1.6
2016	10	CBFZH10CTS_01	60	55.1	30	4.1
2016	10	CBFZH10CTS_01	80	57.7	30	0.0
2016	10	CBFZH10CTS_01	100	65.2	30	0.0
2016	10	CBFZH10CTS_01	120	64.5	30	0.0
2017	5	CBFZH10CTS_01	5	49.3	31	0.5
2017	5	CBFZH10CTS_01	10	51.2	31	1.9
2017	5	CBFZH10CTS_01	20	33.0	31	1.1
2017	5	CBFZH10CTS_01	30	27.8	31	0.8
2017	5	CBFZH10CTS_01	40	42.4	31	0.1
2017	5	CBFZH10CTS_01	50	44.8	31	0.1
2017	5	CBFZH10CTS_01	60	32.5	31	0.1
2017	5	CBFZH10CTS_01	80	42.8	31	0.3
2017	5	CBFZH10CTS_01	100	46.1	31	0.8
2017	5	CBFZH10CTS_01	120	48.4	31	1.4

（续）

年份	月份	样地代码	探测深度/cm	体积含水量/%	重复数	标准差
2017	6	CBFZH10CTS_01	5	44.4	30	7.3
2017	6	CBFZH10CTS_01	10	45.3	30	7.7
2017	6	CBFZH10CTS_01	20	29.0	30	3.6
2017	6	CBFZH10CTS_01	30	26.7	30	2.1
2017	6	CBFZH10CTS_01	40	42.3	30	1.7
2017	6	CBFZH10CTS_01	50	46.3	30	0.7
2017	6	CBFZH10CTS_01	60	33.8	30	0.8
2017	6	CBFZH10CTS_01	80	53.2	30	6.1
2017	6	CBFZH10CTS_01	100	50.8	30	1.9
2017	6	CBFZH10CTS_01	120	45.6	30	0.6
2017	7	CBFZH10CTS_01	5	0.0	31	0.0
2017	7	CBFZH10CTS_01	10	50.6	31	5.4
2017	7	CBFZH10CTS_01	20	36.5	31	8.8
2017	7	CBFZH10CTS_01	30	32.0	31	7.4
2017	7	CBFZH10CTS_01	40	54.2	31	3.8
2017	7	CBFZH10CTS_01	50	56.2	31	1.2
2017	7	CBFZH10CTS_01	60	54.7	31	3.3
2017	7	CBFZH10CTS_01	80	56.7	31	0.8
2017	7	CBFZH10CTS_01	100	52.4	31	0.4
2017	7	CBFZH10CTS_01	120	49.2	31	0.3
2017	8	CBFZH10CTS_01	5	0.0	31	0.0
2017	8	CBFZH10CTS_01	10	51.7	31	3.7
2017	8	CBFZH10CTS_01	20	37.0	31	8.4
2017	8	CBFZH10CTS_01	30	38.5	31	6.6
2017	8	CBFZH10CTS_01	40	54.2	31	1.4
2017	8	CBFZH10CTS_01	50	56.6	31	0.4
2017	8	CBFZH10CTS_01	60	55.3	31	0.5
2017	8	CBFZH10CTS_01	80	57.7	31	0.7
2017	8	CBFZH10CTS_01	100	53.1	31	0.4
2017	8	CBFZH10CTS_01	120	49.7	31	0.3
2017	9	CBFZH10CTS_01	5	0.0	30	0.0
2017	9	CBFZH10CTS_01	10	30.5	30	8.3
2017	9	CBFZH10CTS_01	20	23.9	30	3.9
2017	9	CBFZH10CTS_01	30	24.6	30	3.2
2017	9	CBFZH10CTS_01	40	45.5	30	3.7
2017	9	CBFZH10CTS_01	50	50.8	30	0.3
2017	9	CBFZH10CTS_01	60	39.3	30	7.1
2017	9	CBFZH10CTS_01	80	53.3	30	5.0

（续）

年份	月份	样地代码	探测深度/cm	体积含水量/%	重复数	标准差
2017	9	CBFZH10CTS_01	100	52.9	30	0.9
2017	9	CBFZH10CTS_01	120	49.8	30	0.2
2017	10	CBFZH10CTS_01	5	0.0	31	0.0
2017	10	CBFZH10CTS_01	10	27.9	31	5.9
2017	10	CBFZH10CTS_01	20	21.7	31	2.5
2017	10	CBFZH10CTS_01	30	22.5	31	2.2
2017	10	CBFZH10CTS_01	40	41.8	31	2.4
2017	10	CBFZH10CTS_01	50	49.4	31	0.6
2017	10	CBFZH10CTS_01	60	35.1	31	0.2
2017	10	CBFZH10CTS_01	80	47.4	31	1.2
2017	10	CBFZH10CTS_01	100	53.7	31	4.5
2017	10	CBFZH10CTS_01	120	50.0	31	0.2
2017	11	CBFZH10CTS_01	5	0.0	30	0.0
2017	11	CBFZH10CTS_01	10	26.9	30	4.1
2017	11	CBFZH10CTS_01	20	21.9	30	0.5
2017	11	CBFZH10CTS_01	30	23.5	30	0.4
2017	11	CBFZH10CTS_01	40	41.8	30	0.5
2017	11	CBFZH10CTS_01	50	49.0	30	0.4
2017	11	CBFZH10CTS_01	60	34.4	30	0.3
2017	11	CBFZH10CTS_01	80	46.1	30	0.7
2017	11	CBFZH10CTS_01	100	52.7	30	4.8
2017	11	CBFZH10CTS_01	120	49.8	30	0.2
2017	12	CBFZH10CTS_01	5	0.0	31	0.0
2017	12	CBFZH10CTS_01	10	9.4	31	0.4
2017	12	CBFZH10CTS_01	20	14.1	31	3.9
2017	12	CBFZH10CTS_01	30	17.1	31	3.4
2017	12	CBFZH10CTS_01	40	35.9	31	1.7
2017	12	CBFZH10CTS_01	50	45.9	31	1.4
2017	12	CBFZH10CTS_01	60	33.4	31	0.5
2017	12	CBFZH10CTS_01	80	43.7	31	0.7
2017	12	CBFZH10CTS_01	100	45.5	31	0.7
2017	12	CBFZH10CTS_01	120	49.3	31	0.5
2018	1	CBFZH10CTS_01	5	0.0	31	0.0
2018	1	CBFZH10CTS_01	10	8.1	31	0.7
2018	1	CBFZH10CTS_01	20	8.1	31	0.8
2018	1	CBFZH10CTS_01	30	8.5	31	0.7
2018	1	CBFZH10CTS_01	40	28.6	31	3.1
2018	1	CBFZH10CTS_01	50	40.7	31	3.7

（续）

年份	月份	样地代码	探测深度/cm	体积含水量/%	重复数	标准差
2018	1	CBFZH10CTS_01	60	31.3	31	1.5
2018	1	CBFZH10CTS_01	80	42.1	31	0.5
2018	1	CBFZH10CTS_01	100	43.5	31	0.5
2018	1	CBFZH10CTS_01	120	47.5	31	0.5
2018	2	CBFZH10CTS_01	5	0.0	28	0.0
2018	2	CBFZH10CTS_01	10	7.2	28	0.2
2018	2	CBFZH10CTS_01	20	6.8	28	0.2
2018	2	CBFZH10CTS_01	30	7.3	28	0.2
2018	2	CBFZH10CTS_01	40	23.7	28	0.3
2018	2	CBFZH10CTS_01	50	30.4	28	0.8
2018	2	CBFZH10CTS_01	60	24.1	28	0.9
2018	2	CBFZH10CTS_01	80	33.9	28	5.5
2018	2	CBFZH10CTS_01	100	40.9	28	1.4
2018	2	CBFZH10CTS_01	120	45.8	28	0.6
2018	3	CBFZH10CTS_01	5	0.0	31	0.0
2018	3	CBFZH10CTS_01	10	17.7	31	7.7
2018	3	CBFZH10CTS_01	20	23.0	31	7.4
2018	3	CBFZH10CTS_01	30	11.3	31	3.5
2018	3	CBFZH10CTS_01	40	26.9	31	2.5
2018	3	CBFZH10CTS_01	50	32.8	31	2.7
2018	3	CBFZH10CTS_01	60	25.5	31	1.9
2018	3	CBFZH10CTS_01	80	34.6	31	7.1
2018	3	CBFZH10CTS_01	100	42.2	31	5.8
2018	3	CBFZH10CTS_01	120	48.0	31	3.8
2018	4	CBFZH10CTS_01	5	0.0	30	0.0
2018	4	CBFZH10CTS_01	10	46.9	30	6.7
2018	4	CBFZH10CTS_01	20	49.7	30	8.4
2018	4	CBFZH10CTS_01	30	30.4	30	6.7
2018	4	CBFZH10CTS_01	40	39.6	30	9.4
2018	4	CBFZH10CTS_01	50	40.9	30	7.4
2018	4	CBFZH10CTS_01	60	33.7	30	8.0
2018	4	CBFZH10CTS_01	80	45.7	30	4.0
2018	4	CBFZH10CTS_01	100	46.5	30	2.6
2018	4	CBFZH10CTS_01	120	52.3	30	0.3
2018	5	CBFZH10CTS_01	5	0.0	31	0.0
2018	5	CBFZH10CTS_01	10	46.2	31	8.2
2018	5	CBFZH10CTS_01	20	43.2	31	8.1
2018	5	CBFZH10CTS_01	30	36.4	31	3.7

（续）

年份	月份	样地代码	探测深度/cm	体积含水量/%	重复数	标准差
2018	5	CBFZH10CTS_01	40	52.7	31	1.6
2018	5	CBFZH10CTS_01	50	55.0	31	1.7
2018	5	CBFZH10CTS_01	60	56.0	31	2.2
2018	5	CBFZH10CTS_01	80	55.9	31	0.9
2018	5	CBFZH10CTS_01	100	54.1	31	1.0
2018	5	CBFZH10CTS_01	120	53.5	31	0.4
2018	6	CBFZH10CTS_01	5	54.1	30	1.2
2018	6	CBFZH10CTS_01	10	43.9	30	2.6
2018	6	CBFZH10CTS_01	20	38.0	30	2.6
2018	6	CBFZH10CTS_01	30	32.9	30	1.3
2018	6	CBFZH10CTS_01	40	53.3	30	2.0
2018	6	CBFZH10CTS_01	50	57.1	30	1.8
2018	6	CBFZH10CTS_01	60	57.1	30	5.8
2018	6	CBFZH10CTS_01	80	57.8	30	0.4
2018	6	CBFZH10CTS_01	100	56.4	30	0.6
2018	6	CBFZH10CTS_01	120	54.5	30	0.3
2018	7	CBFZH10CTS_01	5	48.7	31	8.1
2018	7	CBFZH10CTS_01	10	44.2	31	2.5
2018	7	CBFZH10CTS_01	20	40.9	31	1.1
2018	7	CBFZH10CTS_01	30	31.6	31	2.2
2018	7	CBFZH10CTS_01	40	52.1	31	2.8
2018	7	CBFZH10CTS_01	50	55.1	31	1.2
2018	7	CBFZH10CTS_01	60	52.3	31	9.8
2018	7	CBFZH10CTS_01	80	58.6	31	1.6
2018	7	CBFZH10CTS_01	100	58.1	31	0.4
2018	7	CBFZH10CTS_01	120	55.3	31	0.4
2018	8	CBFZH10CTS_01	5	41.3	31	7.1
2018	8	CBFZH10CTS_01	10	42.6	31	5.0
2018	8	CBFZH10CTS_01	20	39.8	31	2.4
2018	8	CBFZH10CTS_01	30	31.6	31	4.5
2018	8	CBFZH10CTS_01	40	51.8	31	4.8
2018	8	CBFZH10CTS_01	50	56.6	31	3.9
2018	8	CBFZH10CTS_01	60	47.6	31	7.0
2018	8	CBFZH10CTS_01	80	56.5	31	3.3
2018	8	CBFZH10CTS_01	100	55.7	31	1.8
2018	8	CBFZH10CTS_01	120	56.0	31	0.3
2018	9	CBFZH10CTS_01	5	46.8	30	4.0
2018	9	CBFZH10CTS_01	10	42.5	30	1.6

（续）

年份	月份	样地代码	探测深度/cm	体积含水量/%	重复数	标准差
2018	9	CBFZH10CTS_01	20	39.7	30	0.6
2018	9	CBFZH10CTS_01	30	30.2	30	1.9
2018	9	CBFZH10CTS_01	40	50.8	30	2.7
2018	9	CBFZH10CTS_01	50	56.8	30	2.5
2018	9	CBFZH10CTS_01	60	47.7	30	6.4
2018	9	CBFZH10CTS_01	80	58.5	30	0.1
2018	9	CBFZH10CTS_01	100	55.5	30	0.1
2018	9	CBFZH10CTS_01	120	56.0	30	0.2
2018	10	CBFZH10CTS_01	5	48.0	31	2.0
2018	10	CBFZH10CTS_01	10	43.2	31	1.5
2018	10	CBFZH10CTS_01	20	40.0	31	0.9
2018	10	CBFZH10CTS_01	30	31.0	31	1.6
2018	10	CBFZH10CTS_01	40	51.7	31	2.4
2018	10	CBFZH10CTS_01	50	56.8	31	2.1
2018	10	CBFZH10CTS_01	60	50.0	31	0.7
2018	10	CBFZH10CTS_01	80	57.9	31	0.4
2018	10	CBFZH10CTS_01	100	55.8	31	0.5
2018	10	CBFZH10CTS_01	120	55.5	31	0.3
2018	11	CBFZH10CTS_01	5	46.4	30	2.9
2018	11	CBFZH10CTS_01	10	42.2	30	0.5
2018	11	CBFZH10CTS_01	20	39.2	30	0.3
2018	11	CBFZH10CTS_01	30	30.0	30	0.9
2018	11	CBFZH10CTS_01	40	49.6	30	2.0
2018	11	CBFZH10CTS_01	50	54.0	30	1.8
2018	11	CBFZH10CTS_01	60	50.6	30	0.2
2018	11	CBFZH10CTS_01	80	56.9	30	0.5
2018	11	CBFZH10CTS_01	100	54.9	30	0.4
2018	11	CBFZH10CTS_01	120	54.9	30	0.3
2018	12	CBFZH10CTS_01	5	14.7	31	6.5
2018	12	CBFZH10CTS_01	10	19.5	31	8.8
2018	12	CBFZH10CTS_01	20	33.4	31	6.5
2018	12	CBFZH10CTS_01	30	23.4	31	5.5
2018	12	CBFZH10CTS_01	40	42.3	31	3.3
2018	12	CBFZH10CTS_01	50	49.0	31	1.8
2018	12	CBFZH10CTS_01	60	35.5	31	4.2
2018	12	CBFZH10CTS_01	80	52.9	31	3.6
2018	12	CBFZH10CTS_01	100	53.6	31	1.1
2018	12	CBFZH10CTS_01	120	54.3	31	0.1

表 3 - 32　长白山气象观测场土壤体积含水量数据

年份	月份	样地代码	探测深度/cm	体积含水量/%	重复数	标准差
2009	5	CBFQX01CTS_01	10	26.2	31	1.1
2009	5	CBFQX01CTS_01	20	30.2	31	0.9
2009	5	CBFQX01CTS_01	30	32.1	31	1.4
2009	5	CBFQX01CTS_01	40	25.7	31	1.0
2009	5	CBFQX01CTS_01	60	21.6	31	9.5
2009	5	CBFQX01CTS_01	100	34.3	31	6.3
2009	6	CBFQX01CTS_01	10	27.6	30	1.6
2009	6	CBFQX01CTS_01	20	32.6	30	1.7
2009	6	CBFQX01CTS_01	30	36.3	30	1.9
2009	6	CBFQX01CTS_01	40	34.8	30	7.7
2009	6	CBFQX01CTS_01	60	34.3	30	3.1
2009	6	CBFQX01CTS_01	100	37.7	30	0.4
2009	7	CBFQX01CTS_01	10	28.5	31	1.3
2009	7	CBFQX01CTS_01	20	32.4	31	0.8
2009	7	CBFQX01CTS_01	30	37.5	31	0.7
2009	7	CBFQX01CTS_01	40	35.7	31	3.0
2009	7	CBFQX01CTS_01	60	41.2	31	0.6
2009	7	CBFQX01CTS_01	100	38.7	31	0.2
2009	8	CBFQX01CTS_01	10	27.1	31	2.2
2009	8	CBFQX01CTS_01	20	30.7	31	1.5
2009	8	CBFQX01CTS_01	30	35.3	31	2.3
2009	8	CBFQX01CTS_01	40	35.0	31	4.1
2009	8	CBFQX01CTS_01	60	29.0	31	2.3
2009	8	CBFQX01CTS_01	100	39.1	31	0.1
2009	9	CBFQX01CTS_01	10	22.4	30	1.0
2009	9	CBFQX01CTS_01	20	26.6	30	0.4
2009	9	CBFQX01CTS_01	30	30.2	30	0.6
2009	9	CBFQX01CTS_01	40	26.5	30	1.9
2009	9	CBFQX01CTS_01	60	25.9	30	0.3
2009	9	CBFQX01CTS_01	100	39.1	30	0.0
2010	6	CBFQX01CTS_01	10	17.7	30	1.8
2010	6	CBFQX01CTS_01	20	21.1	30	1.1
2010	6	CBFQX01CTS_01	30	26.7	30	0.3
2010	6	CBFQX01CTS_01	40	16.3	30	2.2
2010	6	CBFQX01CTS_01	60	25.3	30	0.6
2010	6	CBFQX01CTS_01	100	35.3	30	0.2
2010	7	CBFQX01CTS_01	10	25.0	31	2.6
2010	7	CBFQX01CTS_01	20	27.6	31	3.2

（续）

年份	月份	样地代码	探测深度/cm	体积含水量/%	重复数	标准差
2010	7	CBFQX01CTS_01	30	31.2	31	3.8
2010	7	CBFQX01CTS_01	40	30.8	31	5.5
2010	7	CBFQX01CTS_01	60	32.5	31	6.5
2010	7	CBFQX01CTS_01	100	36.1	31	1.1
2010	8	CBFQX01CTS_01	10	25.2	31	1.4
2010	8	CBFQX01CTS_01	20	29.6	31	0.7
2010	8	CBFQX01CTS_01	30	32.5	31	1.8
2010	8	CBFQX01CTS_01	40	34.7	31	5.3
2010	8	CBFQX01CTS_01	60	36.4	31	3.9
2010	8	CBFQX01CTS_01	100	37.5	31	0.2
2010	9	CBFQX01CTS_01	10	26.3	30	1.6
2010	9	CBFQX01CTS_01	20	30.5	30	1.6
2010	9	CBFQX01CTS_01	30	33.8	30	3.0
2010	9	CBFQX01CTS_01	40	35.5	30	3.7
2010	9	CBFQX01CTS_01	60	37.3	30	2.6
2010	9	CBFQX01CTS_01	100	37.6	30	0.7
2011	6	CBFQX01CTS_01	10	25.7	30	1.0
2011	6	CBFQX01CTS_01	20	29.6	30	0.4
2011	6	CBFQX01CTS_01	30	30.8	30	0.7
2011	6	CBFQX01CTS_01	40	33.2	30	3.6
2011	6	CBFQX01CTS_01	60	33.7	30	0.9
2011	6	CBFQX01CTS_01	100	35.6	30	0.6
2011	7	CBFQX01CTS_01	10	25.1	31	1.4
2011	7	CBFQX01CTS_01	20	31.9	31	3.2
2011	7	CBFQX01CTS_01	30	30.9	31	1.1
2011	7	CBFQX01CTS_01	40	31.3	31	3.3
2011	7	CBFQX01CTS_01	60	32.7	31	2.8
2011	7	CBFQX01CTS_01	100	36.4	31	0.3
2011	8	CBFQX01CTS_01	10	26.7	31	2.5
2011	8	CBFQX01CTS_01	20	30.5	31	1.4
2011	8	CBFQX01CTS_01	30	35.9	31	4.3
2011	8	CBFQX01CTS_01	40	36.0	31	3.9
2011	8	CBFQX01CTS_01	60	35.8	31	1.9
2011	8	CBFQX01CTS_01	100	37.8	31	0.2
2011	9	CBFQX01CTS_01	10	32.4	30	8.2
2011	9	CBFQX01CTS_01	20	31.5	30	2.6
2011	9	CBFQX01CTS_01	30	37.0	30	5.0
2011	9	CBFQX01CTS_01	40	35.5	30	4.0

（续）

年份	月份	样地代码	探测深度/cm	体积含水量/%	重复数	标准差
2011	9	CBFQX01CTS_01	60	35.7	30	2.2
2011	9	CBFQX01CTS_01	100	38.0	30	0.2
2012	5	CBFQX01CTS_01	10	26.7	31	4.2
2012	5	CBFQX01CTS_01	20	29.8	31	2.8
2012	5	CBFQX01CTS_01	30	31.7	31	3.4
2012	5	CBFQX01CTS_01	40	28.7	31	3.2
2012	5	CBFQX01CTS_01	60	32.5	31	1.8
2012	5	CBFQX01CTS_01	100	37.6	31	0.4
2012	6	CBFQX01CTS_01	10	27.3	30	0.9
2012	6	CBFQX01CTS_01	20	29.1	30	0.5
2012	6	CBFQX01CTS_01	30	33.7	30	2.2
2012	6	CBFQX01CTS_01	40	36.8	30	0.7
2012	6	CBFQX01CTS_01	60	33.8	30	0.2
2012	6	CBFQX01CTS_01	100	36.6	30	0.3
2012	7	CBFQX01CTS_01	10	27.0	31	3.1
2012	7	CBFQX01CTS_01	20	28.8	31	4.1
2012	7	CBFQX01CTS_01	30	33.5	31	3.9
2012	7	CBFQX01CTS_01	40	34.7	31	5.8
2012	7	CBFQX01CTS_01	60	33.6	31	0.3
2012	7	CBFQX01CTS_01	100	37.0	31	0.4
2012	8	CBFQX01CTS_01	10	27.6	31	0.5
2012	8	CBFQX01CTS_01	20	30.6	31	0.7
2012	8	CBFQX01CTS_01	30	34.0	31	0.5
2012	8	CBFQX01CTS_01	40	37.0	31	3.2
2012	8	CBFQX01CTS_01	60	32.1	31	1.9
2012	8	CBFQX01CTS_01	100	37.0	31	1.0
2012	9	CBFQX01CTS_01	10	25.9	30	1.4
2012	9	CBFQX01CTS_01	20	27.5	30	2.5
2012	9	CBFQX01CTS_01	30	31.9	30	1.8
2012	9	CBFQX01CTS_01	40	33.2	30	4.8
2012	9	CBFQX01CTS_01	60	32.7	30	1.7
2012	9	CBFQX01CTS_01	100	36.5	30	0.7
2013	5	CBFQX01CTS_01	10	24.9	31	0.7
2013	5	CBFQX01CTS_01	20	28.8	31	3.8
2013	5	CBFQX01CTS_01	30	32.5	31	5.3
2013	5	CBFQX01CTS_01	40	34.9	31	4.2
2013	5	CBFQX01CTS_01	60	31.9	31	6.6
2013	5	CBFQX01CTS_01	100	36.3	31	1.2

（续）

年份	月份	样地代码	探测深度/cm	体积含水量/%	重复数	标准差
2013	6	CBFQX01CTS_01	10	24.6	30	2.0
2013	6	CBFQX01CTS_01	20	24.5	30	0.6
2013	6	CBFQX01CTS_01	30	27.0	30	1.6
2013	6	CBFQX01CTS_01	40	23.3	30	1.2
2013	6	CBFQX01CTS_01	60	25.6	30	1.4
2013	6	CBFQX01CTS_01	100	34.9	30	0.1
2013	7	CBFQX01CTS_01	10	28.2	31	3.1
2013	7	CBFQX01CTS_01	20	27.5	31	2.5
2013	7	CBFQX01CTS_01	30	29.2	31	4.2
2013	7	CBFQX01CTS_01	40	29.4	31	2.4
2013	7	CBFQX01CTS_01	60	29.3	31	4.2
2013	7	CBFQX01CTS_01	100	36.1	31	1.7
2013	8	CBFQX01CTS_01	10	29.1	31	5.3
2013	8	CBFQX01CTS_01	20	28.6	31	1.9
2013	8	CBFQX01CTS_01	30	31.7	31	1.6
2013	8	CBFQX01CTS_01	40	33.8	31	5.4
2013	8	CBFQX01CTS_01	60	35.9	31	4.3
2013	8	CBFQX01CTS_01	100	37.5	31	0.2
2013	9	CBFQX01CTS_01	10	25.2	30	0.8
2013	9	CBFQX01CTS_01	20	29.8	30	0.1
2013	9	CBFQX01CTS_01	30	33.0	30	1.8
2013	9	CBFQX01CTS_01	40	35.1	30	3.3
2013	9	CBFQX01CTS_01	60	36.8	30	2.8
2013	9	CBFQX01CTS_01	100	37.7	30	0.1
2014	7	CBFQX10CTS_01	5	40.8	31	2.9
2014	7	CBFQX10CTS_01	10	43.7	31	1.8
2014	7	CBFQX10CTS_01	20	44.1	31	1.7
2014	7	CBFQX10CTS_01	30	49.7	31	6.2
2014	7	CBFQX10CTS_01	40	47.7	31	4.8
2014	7	CBFQX10CTS_01	50	47.8	31	4.5
2014	7	CBFQX10CTS_01	60	45.0	31	6.3
2014	7	CBFQX10CTS_01	80	47.2	31	6.4
2014	7	CBFQX10CTS_01	100	46.6	31	5.9
2014	7	CBFQX10CTS_01	120	45.5	31	5.3
2014	8	CBFQX10CTS_01	5	29.6	31	6.3
2014	8	CBFQX10CTS_01	10	39.1	31	3.7
2014	8	CBFQX10CTS_01	20	41.6	31	2.4
2014	8	CBFQX10CTS_01	30	44.1	31	4.4

（续）

年份	月份	样地代码	探测深度/cm	体积含水量/%	重复数	标准差
2014	8	CBFQX10CTS_01	40	46.9	31	2.5
2014	8	CBFQX10CTS_01	50	46.5	31	3.4
2014	8	CBFQX10CTS_01	60	50.1	31	5.6
2014	8	CBFQX10CTS_01	80	57.4	31	0.1
2014	8	CBFQX10CTS_01	100	54.2	31	0.2
2014	8	CBFQX10CTS_01	120	51.3	31	3.3
2014	9	CBFQX10CTS_01	5	29.9	30	6.4
2014	9	CBFQX10CTS_01	10	39.2	30	4.7
2014	9	CBFQX10CTS_01	20	41.7	30	2.2
2014	9	CBFQX10CTS_01	30	43.1	30	2.5
2014	9	CBFQX10CTS_01	40	47.1	30	1.4
2014	9	CBFQX10CTS_01	50	46.3	30	2.7
2014	9	CBFQX10CTS_01	60	43.3	30	0.2
2014	9	CBFQX10CTS_01	80	57.0	30	0.2
2014	9	CBFQX10CTS_01	100	53.6	30	0.4
2014	9	CBFQX10CTS_01	120	46.9	30	0.5
2014	10	CBFQX10CTS_01	5	31.0	31	7.0
2014	10	CBFQX10CTS_01	10	39.3	31	4.0
2014	10	CBFQX10CTS_01	20	39.3	31	1.2
2014	10	CBFQX10CTS_01	30	38.3	31	0.3
2014	10	CBFQX10CTS_01	40	45.0	31	0.1
2014	10	CBFQX10CTS_01	50	43.0	31	0.2
2014	10	CBFQX10CTS_01	60	42.7	31	0.2
2014	10	CBFQX10CTS_01	80	56.7	31	0.1
2014	10	CBFQX10CTS_01	100	53.1	31	0.1
2014	10	CBFQX10CTS_01	120	46.2	31	0.3
2015	4	CBFQX10CTS_01	5	39.2	30	0.4
2015	4	CBFQX10CTS_01	10	40.6	30	0.1
2015	4	CBFQX10CTS_01	20	36.0	30	0.3
2015	4	CBFQX10CTS_01	30	50.4	30	5.4
2015	4	CBFQX10CTS_01	40	56.6	30	0.1
2015	4	CBFQX10CTS_01	50	53.5	30	0.0
2015	4	CBFQX10CTS_01	60	58.1	30	0.2
2015	4	CBFQX10CTS_01	80	57.1	30	0.2
2015	4	CBFQX10CTS_01	100	56.1	30	0.1
2015	4	CBFQX10CTS_01	120	53.6	30	0.1
2015	5	CBFQX10CTS_01	5	34.9	31	3.6
2015	5	CBFQX10CTS_01	10	40.6	31	1.3

（续）

年份	月份	样地代码	探测深度/cm	体积含水量/%	重复数	标准差
2015	5	CBFQX10CTS_01	20	35.7	31	0.6
2015	5	CBFQX10CTS_01	30	38.5	31	4.2
2015	5	CBFQX10CTS_01	40	46.8	31	3.2
2015	5	CBFQX10CTS_01	50	50.8	31	5.6
2015	5	CBFQX10CTS_01	60	58.5	31	0.2
2015	5	CBFQX10CTS_01	80	57.7	31	0.2
2015	5	CBFQX10CTS_01	100	56.3	31	0.1
2015	5	CBFQX10CTS_01	120	54.4	31	0.3
2015	6	CBFQX10CTS_01	5	31.5	30	5.6
2015	6	CBFQX10CTS_01	10	39.3	30	2.6
2015	6	CBFQX10CTS_01	20	35.4	30	1.7
2015	6	CBFQX10CTS_01	30	39.4	30	7.0
2015	6	CBFQX10CTS_01	40	46.9	30	3.5
2015	6	CBFQX10CTS_01	50	44.4	30	8.0
2015	6	CBFQX10CTS_01	60	52.1	30	8.3
2015	6	CBFQX10CTS_01	80	58.2	30	0.2
2015	6	CBFQX10CTS_01	100	56.6	30	0.1
2015	6	CBFQX10CTS_01	120	55.2	30	0.3
2015	7	CBFQX10CTS_01	5	34.0	31	5.0
2015	7	CBFQX10CTS_01	10	41.2	31	2.5
2015	7	CBFQX10CTS_01	20	38.0	31	3.9
2015	7	CBFQX10CTS_01	30	43.8	31	7.8
2015	7	CBFQX10CTS_01	40	51.0	31	3.7
2015	7	CBFQX10CTS_01	50	50.9	31	5.8
2015	7	CBFQX10CTS_01	60	58.8	31	0.1
2015	7	CBFQX10CTS_01	80	58.8	31	0.2
2015	7	CBFQX10CTS_01	100	56.8	31	0.0
2015	7	CBFQX10CTS_01	120	55.7	31	0.1
2015	8	CBFQX10CTS_01	5	40.1	31	2.2
2015	8	CBFQX10CTS_01	10	43.8	31	1.5
2015	8	CBFQX10CTS_01	20	39.3	31	3.6
2015	8	CBFQX10CTS_01	30	45.8	31	7.7
2015	8	CBFQX10CTS_01	40	52.7	31	3.0
2015	8	CBFQX10CTS_01	50	51.1	31	5.3
2015	8	CBFQX10CTS_01	60	59.0	31	0.2
2015	8	CBFQX10CTS_01	80	59.2	31	0.2
2015	8	CBFQX10CTS_01	100	56.9	31	0.1
2015	8	CBFQX10CTS_01	120	56.0	31	0.2

（续）

年份	月份	样地代码	探测深度/cm	体积含水量/%	重复数	标准差
2015	9	CBFQX10CTS_01	5	30.7	30	6.2
2015	9	CBFQX10CTS_01	10	39.0	30	3.6
2015	9	CBFQX10CTS_01	20	36.0	30	1.9
2015	9	CBFQX10CTS_01	30	38.5	30	2.9
2015	9	CBFQX10CTS_01	40	49.8	30	0.9
2015	9	CBFQX10CTS_01	50	46.1	30	5.5
2015	9	CBFQX10CTS_01	60	55.7	30	5.6
2015	9	CBFQX10CTS_01	80	59.1	30	0.1
2015	9	CBFQX10CTS_01	100	56.8	30	0.1
2015	9	CBFQX10CTS_01	120	56.0	30	0.1
2015	10	CBFQX10CTS_01	5	28.8	31	2.1
2015	10	CBFQX10CTS_01	10	36.9	31	1.0
2015	10	CBFQX10CTS_01	20	32.5	31	0.2
2015	10	CBFQX10CTS_01	30	33.0	31	0.3
2015	10	CBFQX10CTS_01	40	46.9	31	0.5
2015	10	CBFQX10CTS_01	50	39.5	31	0.7
2015	10	CBFQX10CTS_01	60	41.8	31	1.1
2015	10	CBFQX10CTS_01	80	47.1	31	4.2
2015	10	CBFQX10CTS_01	100	52.6	31	5.8
2015	10	CBFQX10CTS_01	120	49.2	31	4.7
2015	11	CBFQX10CTS_01	5	34.2	30	2.6
2015	11	CBFQX10CTS_01	10	38.2	30	1.2
2015	11	CBFQX10CTS_01	20	33.3	30	1.2
2015	11	CBFQX10CTS_01	30	42.3	30	9.8
2015	11	CBFQX10CTS_01	40	46.3	30	0.4
2015	11	CBFQX10CTS_01	50	38.4	30	0.5
2015	11	CBFQX10CTS_01	60	40.1	30	0.2
2015	11	CBFQX10CTS_01	80	42.9	30	0.2
2015	11	CBFQX10CTS_01	100	44.6	30	7.1
2015	11	CBFQX10CTS_01	120	49.1	30	5.3
2015	12	CBFQX10CTS_01	5	35.8	31	0.6
2015	12	CBFQX10CTS_01	10	39.5	31	0.2
2015	12	CBFQX10CTS_01	20	34.9	31	0.2
2015	12	CBFQX10CTS_01	30	40.0	31	2.6
2015	12	CBFQX10CTS_01	40	46.8	31	0.1
2015	12	CBFQX10CTS_01	50	46.1	31	5.0
2015	12	CBFQX10CTS_01	60	39.8	31	0.1
2015	12	CBFQX10CTS_01	80	42.5	31	0.1

（续）

年份	月份	样地代码	探测深度/cm	体积含水量/%	重复数	标准差
2015	12	CBFQX10CTS_01	100	56.9	31	0.1
2015	12	CBFQX10CTS_01	120	54.8	31	0.1
2016	1	CBFQX10CTS_01	5	26.4	31	7.9
2016	1	CBFQX10CTS_01	10	35.9	31	3.5
2016	1	CBFQX10CTS_01	20	33.8	31	1.1
2016	1	CBFQX10CTS_01	30	37.1	31	1.3
2016	1	CBFQX10CTS_01	40	45.9	31	1.1
2016	1	CBFQX10CTS_01	50	43.7	31	4.8
2016	1	CBFQX10CTS_01	60	39.7	31	0.1
2016	1	CBFQX10CTS_01	80	42.3	31	0.2
2016	1	CBFQX10CTS_01	100	56.9	31	0.1
2016	1	CBFQX10CTS_01	120	54.4	31	0.2
2016	2	CBFQX10CTS_01	5	15.0	29	1.0
2016	2	CBFQX10CTS_01	10	25.2	29	2.8
2016	2	CBFQX10CTS_01	20	27.5	29	1.1
2016	2	CBFQX10CTS_01	30	29.6	29	1.2
2016	2	CBFQX10CTS_01	40	39.7	29	1.2
2016	2	CBFQX10CTS_01	50	39.2	29	0.6
2016	2	CBFQX10CTS_01	60	39.5	29	0.2
2016	2	CBFQX10CTS_01	80	42.2	29	0.1
2016	2	CBFQX10CTS_01	100	56.9	29	0.1
2016	2	CBFQX10CTS_01	120	53.9	29	2.5
2016	3	CBFQX10CTS_01	5	23.7	31	8.6
2016	3	CBFQX10CTS_01	10	31.9	31	5.3
2016	3	CBFQX10CTS_01	20	34.0	31	8.2
2016	3	CBFQX10CTS_01	30	41.0	31	4.3
2016	3	CBFQX10CTS_01	40	45.7	31	8.0
2016	3	CBFQX10CTS_01	50	45.0	31	7.7
2016	3	CBFQX10CTS_01	60	47.4	31	9.6
2016	3	CBFQX10CTS_01	80	48.7	31	7.6
2016	3	CBFQX10CTS_01	100	57.0	31	0.1
2016	3	CBFQX10CTS_01	120	50.2	31	4.4
2016	4	CBFQX10CTS_01	5	36.0	30	1.3
2016	4	CBFQX10CTS_01	10	38.5	30	0.7
2016	4	CBFQX10CTS_01	20	37.7	30	3.3
2016	4	CBFQX10CTS_01	30	51.2	30	6.7
2016	4	CBFQX10CTS_01	40	53.5	30	2.3
2016	4	CBFQX10CTS_01	50	54.1	30	0.1

（续）

年份	月份	样地代码	探测深度/cm	体积含水量/%	重复数	标准差
2016	4	CBFQX10CTS_01	60	58.5	30	0.1
2016	4	CBFQX10CTS_01	80	57.6	30	0.2
2016	4	CBFQX10CTS_01	100	57.1	30	0.1
2016	4	CBFQX10CTS_01	120	55.1	30	0.2
2016	5	CBFQX10CTS_01	5	34.8	31	3.1
2016	5	CBFQX10CTS_01	10	38.8	31	1.2
2016	5	CBFQX10CTS_01	20	37.0	31	1.9
2016	5	CBFQX10CTS_01	30	47.0	31	6.8
2016	5	CBFQX10CTS_01	40	51.5	31	2.5
2016	5	CBFQX10CTS_01	50	53.6	31	2.4
2016	5	CBFQX10CTS_01	60	59.0	31	0.2
2016	5	CBFQX10CTS_01	80	58.3	31	0.3
2016	5	CBFQX10CTS_01	100	57.6	31	0.1
2016	5	CBFQX10CTS_01	120	55.7	31	0.2
2016	6	CBFQX10CTS_01	5	32.0	30	6.3
2016	6	CBFQX10CTS_01	10	39.9	30	4.6
2016	6	CBFQX10CTS_01	20	36.9	30	3.0
2016	6	CBFQX10CTS_01	30	47.5	30	8.3
2016	6	CBFQX10CTS_01	40	52.0	30	2.9
2016	6	CBFQX10CTS_01	50	52.0	30	5.0
2016	6	CBFQX10CTS_01	60	59.5	30	0.2
2016	6	CBFQX10CTS_01	80	59.2	30	0.5
2016	6	CBFQX10CTS_01	100	58.4	30	0.4
2016	6	CBFQX10CTS_01	120	57.1	30	0.7
2017	5	CBFQX10CTS_01	5	16.1	31	0.5
2017	5	CBFQX10CTS_01	10	30.5	31	0.8
2017	5	CBFQX10CTS_01	20	29.0	31	1.5
2017	5	CBFQX10CTS_01	30	28.8	31	1.4
2017	5	CBFQX10CTS_01	40	28.3	31	0.2
2017	5	CBFQX10CTS_01	50	35.3	31	0.2
2017	5	CBFQX10CTS_01	60	34.5	31	0.5
2017	5	CBFQX10CTS_01	80	30.9	31	0.8
2017	5	CBFQX10CTS_01	100	32.5	31	0.6
2017	5	CBFQX10CTS_01	120	34.8	31	0.5
2017	6	CBFQX10CTS_01	5	14.5	30	3.3
2017	6	CBFQX10CTS_01	10	30.3	30	1.2
2017	6	CBFQX10CTS_01	20	27.9	30	0.4
2017	6	CBFQX10CTS_01	30	27.4	30	0.5

（续）

年份	月份	样地代码	探测深度/cm	体积含水量/%	重复数	标准差
2017	6	CBFQX10CTS_01	40	26.8	30	1.4
2017	6	CBFQX10CTS_01	50	35.3	30	0.3
2017	6	CBFQX10CTS_01	60	34.9	30	0.6
2017	6	CBFQX10CTS_01	80	31.0	30	0.4
2017	6	CBFQX10CTS_01	100	33.1	30	0.4
2017	6	CBFQX10CTS_01	120	36.1	30	0.5
2017	7	CBFQX10CTS_01	5	16.2	31	3.7
2017	7	CBFQX10CTS_01	10	32.7	31	2.1
2017	7	CBFQX10CTS_01	20	44.1	31	4.0
2017	7	CBFQX10CTS_01	30	53.1	31	3.7
2017	7	CBFQX10CTS_01	40	42.3	31	9.3
2017	7	CBFQX10CTS_01	50	53.4	31	0.6
2017	7	CBFQX10CTS_01	60	55.4	31	0.3
2017	7	CBFQX10CTS_01	80	53.3	31	0.7
2017	7	CBFQX10CTS_01	100	47.4	31	0.6
2017	7	CBFQX10CTS_01	120	47.3	31	0.5
2017	8	CBFQX10CTS_01	5	20.2	31	2.4
2017	8	CBFQX10CTS_01	10	33.6	31	1.3
2017	8	CBFQX10CTS_01	20	43.5	31	0.8
2017	8	CBFQX10CTS_01	30	54.5	31	2.7
2017	8	CBFQX10CTS_01	40	48.7	31	5.4
2017	8	CBFQX10CTS_01	50	53.4	31	0.3
2017	8	CBFQX10CTS_01	60	55.6	31	0.2
2017	8	CBFQX10CTS_01	80	53.1	31	0.3
2017	8	CBFQX10CTS_01	100	47.7	31	0.1
2017	8	CBFQX10CTS_01	120	48.2	31	0.2
2017	9	CBFQX10CTS_01	5	8.0	30	1.9
2017	9	CBFQX10CTS_01	10	24.8	30	2.8
2017	9	CBFQX10CTS_01	20	25.8	30	6.7
2017	9	CBFQX10CTS_01	30	44.3	30	4.7
2017	9	CBFQX10CTS_01	40	25.1	30	6.4
2017	9	CBFQX10CTS_01	50	49.4	30	2.7
2017	9	CBFQX10CTS_01	60	54.3	30	1.4
2017	9	CBFQX10CTS_01	80	51.0	30	2.4
2017	9	CBFQX10CTS_01	100	47.3	30	0.3
2017	9	CBFQX10CTS_01	120	48.0	30	0.0
2017	10	CBFQX10CTS_01	5	12.3	31	4.0
2017	10	CBFQX10CTS_01	10	26.4	31	3.5

（续）

年份	月份	样地代码	探测深度/cm	体积含水量/%	重复数	标准差
2017	10	CBFQX10CTS_01	20	21.7	31	2.7
2017	10	CBFQX10CTS_01	30	37.0	31	0.2
2017	10	CBFQX10CTS_01	40	15.3	31	0.2
2017	10	CBFQX10CTS_01	50	44.2	31	0.7
2017	10	CBFQX10CTS_01	60	50.4	31	2.5
2017	10	CBFQX10CTS_01	80	44.4	31	0.6
2017	10	CBFQX10CTS_01	100	46.6	31	0.2
2017	10	CBFQX10CTS_01	120	47.6	31	0.4
2017	11	CBFQX10CTS_01	5	10.2	30	4.7
2017	11	CBFQX10CTS_01	10	24.4	30	5.9
2017	11	CBFQX10CTS_01	20	25.2	30	2.6
2017	11	CBFQX10CTS_01	30	40.8	30	2.7
2017	11	CBFQX10CTS_01	40	30.3	30	5.4
2017	11	CBFQX10CTS_01	50	44.4	30	0.6
2017	11	CBFQX10CTS_01	60	49.7	30	2.0
2017	11	CBFQX10CTS_01	80	43.2	30	0.4
2017	11	CBFQX10CTS_01	100	45.7	30	0.3
2017	11	CBFQX10CTS_01	120	46.9	30	0.3
2017	12	CBFQX10CTS_01	5	4.3	31	0.2
2017	12	CBFQX10CTS_01	10	12.2	31	0.3
2017	12	CBFQX10CTS_01	20	11.1	31	1.4
2017	12	CBFQX10CTS_01	30	31.5	31	6.3
2017	12	CBFQX10CTS_01	40	17.7	31	6.1
2017	12	CBFQX10CTS_01	50	42.4	31	2.3
2017	12	CBFQX10CTS_01	60	46.8	31	1.0
2017	12	CBFQX10CTS_01	80	42.2	31	0.3
2017	12	CBFQX10CTS_01	100	45.1	31	0.2
2017	12	CBFQX10CTS_01	120	46.3	31	0.2
2018	1	CBFQX10CTS_01	5	4.2	31	0.3
2018	1	CBFQX10CTS_01	10	11.7	31	0.5
2018	1	CBFQX10CTS_01	20	8.3	31	1.0
2018	1	CBFQX10CTS_01	30	20.7	31	1.5
2018	1	CBFQX10CTS_01	40	7.0	31	0.9
2018	1	CBFQX10CTS_01	50	34.1	31	3.1
2018	1	CBFQX10CTS_01	60	42.7	31	2.5
2018	1	CBFQX10CTS_01	80	41.5	31	0.3
2018	1	CBFQX10CTS_01	100	44.5	31	0.1
2018	1	CBFQX10CTS_01	120	46.0	31	0.1

（续）

年份	月份	样地代码	探测深度/cm	体积含水量/%	重复数	标准差
2018	2	CBFQX10CTS_01	5	4.2	28	0.2
2018	2	CBFQX10CTS_01	10	11.3	28	0.2
2018	2	CBFQX10CTS_01	20	6.7	28	0.1
2018	2	CBFQX10CTS_01	30	17.8	28	0.2
2018	2	CBFQX10CTS_01	40	6.0	28	0.2
2018	2	CBFQX10CTS_01	50	26.9	28	0.3
2018	2	CBFQX10CTS_01	60	30.1	28	1.4
2018	2	CBFQX10CTS_01	80	39.1	28	1.4
2018	2	CBFQX10CTS_01	100	43.6	28	0.5
2018	2	CBFQX10CTS_01	120	45.8	28	0.0
2018	3	CBFQX10CTS_01	5	23.9	31	8.6
2018	3	CBFQX10CTS_01	10	23.5	31	8.9
2018	3	CBFQX10CTS_01	20	17.9	31	7.3
2018	3	CBFQX10CTS_01	30	23.7	31	2.4
2018	3	CBFQX10CTS_01	40	12.6	31	2.3
2018	3	CBFQX10CTS_01	50	29.2	31	1.0
2018	3	CBFQX10CTS_01	60	30.2	31	0.6
2018	3	CBFQX10CTS_01	80	34.6	31	0.6
2018	3	CBFQX10CTS_01	100	41.9	31	0.1
2018	3	CBFQX10CTS_01	120	42.4	31	1.2
2018	4	CBFQX10CTS_01	5	27.2	30	5.2
2018	4	CBFQX10CTS_01	10	36.7	30	8.3
2018	4	CBFQX10CTS_01	20	49.9	30	8.4
2018	4	CBFQX10CTS_01	30	50.8	30	6.0
2018	4	CBFQX10CTS_01	40	34.2	30	8.0
2018	4	CBFQX10CTS_01	50	35.6	30	8.5
2018	4	CBFQX10CTS_01	60	36.9	30	8.2
2018	4	CBFQX10CTS_01	80	38.6	30	9.0
2018	4	CBFQX10CTS_01	100	40.8	30	7.5
2018	4	CBFQX10CTS_01	120	40.8	30	7.4
2018	5	CBFQX10CTS_01	5	18.3	31	3.9
2018	5	CBFQX10CTS_01	10	29.7	31	2.0
2018	5	CBFQX10CTS_01	20	35.1	31	6.1
2018	5	CBFQX10CTS_01	30	48.8	31	3.5
2018	5	CBFQX10CTS_01	40	40.6	31	7.5
2018	5	CBFQX10CTS_01	50	45.0	31	0.5
2018	5	CBFQX10CTS_01	60	51.5	31	3.5
2018	5	CBFQX10CTS_01	80	48.7	31	1.2

（续）

年份	月份	样地代码	探测深度/cm	体积含水量/%	重复数	标准差
2018	5	CBFQX10CTS_01	100	43.3	31	0.3
2018	5	CBFQX10CTS_01	120	43.7	31	0.2
2018	6	CBFQX10CTS_01	5	21.9	30	7.4
2018	6	CBFQX10CTS_01	10	39.0	30	7.3
2018	6	CBFQX10CTS_01	20	47.2	30	8.4
2018	6	CBFQX10CTS_01	30	51.1	30	7.2
2018	6	CBFQX10CTS_01	40	43.1	30	8.8
2018	6	CBFQX10CTS_01	50	40.1	30	8.6
2018	6	CBFQX10CTS_01	60	39.8	30	9.9
2018	6	CBFQX10CTS_01	80	41.6	30	6.0
2018	6	CBFQX10CTS_01	100	42.2	30	7.0
2018	6	CBFQX10CTS_01	120	39.0	30	9.2
2018	7	CBFQX10CTS_01	5	22.8	31	9.6
2018	7	CBFQX10CTS_01	10	37.8	31	7.4
2018	7	CBFQX10CTS_01	20	48.1	31	8.0
2018	7	CBFQX10CTS_01	30	53.6	31	7.9
2018	7	CBFQX10CTS_01	40	44.3	31	7.2
2018	7	CBFQX10CTS_01	50	42.9	31	6.4
2018	7	CBFQX10CTS_01	60	48.3	31	7.3
2018	7	CBFQX10CTS_01	80	47.7	31	7.0
2018	7	CBFQX10CTS_01	100	45.8	31	6.3
2018	7	CBFQX10CTS_01	120	43.5	31	6.4
2018	8	CBFQX10CTS_01	5	22.2	31	8.7
2018	8	CBFQX10CTS_01	10	36.5	31	6.9
2018	8	CBFQX10CTS_01	20	46.6	31	5.8
2018	8	CBFQX10CTS_01	30	51.5	31	4.4
2018	8	CBFQX10CTS_01	40	42.6	31	6.6
2018	8	CBFQX10CTS_01	50	44.9	31	1.4
2018	8	CBFQX10CTS_01	60	50.4	31	2.5
2018	8	CBFQX10CTS_01	80	48.6	31	0.6
2018	8	CBFQX10CTS_01	100	47.2	31	0.4
2018	8	CBFQX10CTS_01	120	42.9	31	1.7
2018	9	CBFQX10CTS_01	5	21.8	30	4.5
2018	9	CBFQX10CTS_01	10	36.1	30	5.7
2018	9	CBFQX10CTS_01	20	45.5	30	7.4
2018	9	CBFQX10CTS_01	30	51.6	30	8.8
2018	9	CBFQX10CTS_01	40	43.9	30	7.1
2018	9	CBFQX10CTS_01	50	43.7	30	7.9

（续）

年份	月份	样地代码	探测深度/cm	体积含水量/%	重复数	标准差
2018	9	CBFQX10CTS_01	60	45.4	30	8.2
2018	9	CBFQX10CTS_01	80	45.9	30	8.4
2018	9	CBFQX10CTS_01	100	44.9	30	8.3
2018	9	CBFQX10CTS_01	120	39.9	30	7.1
2018	10	CBFQX10CTS_01	5	23.2	31	4.3
2018	10	CBFQX10CTS_01	10	35.3	31	5.7
2018	10	CBFQX10CTS_01	20	44.4	31	7.0
2018	10	CBFQX10CTS_01	30	51.2	31	7.9
2018	10	CBFQX10CTS_01	40	44.3	31	7.3
2018	10	CBFQX10CTS_01	50	42.8	31	6.5
2018	10	CBFQX10CTS_01	60	43.6	31	6.6
2018	10	CBFQX10CTS_01	80	45.5	31	6.9
2018	10	CBFQX10CTS_01	100	44.5	31	6.7
2018	10	CBFQX10CTS_01	120	39.7	31	6.1
2018	11	CBFQX10CTS_01	5	14.2	30	8.8
2018	11	CBFQX10CTS_01	10	25.4	30	9.7
2018	11	CBFQX10CTS_01	20	42.0	30	7.4
2018	11	CBFQX10CTS_01	30	49.7	30	7.8
2018	11	CBFQX10CTS_01	40	42.3	30	6.7
2018	11	CBFQX10CTS_01	50	42.5	30	6.7
2018	11	CBFQX10CTS_01	60	43.0	30	6.8
2018	11	CBFQX10CTS_01	80	45.5	30	7.2
2018	11	CBFQX10CTS_01	100	43.9	30	6.9
2018	11	CBFQX10CTS_01	120	39.3	30	6.2
2018	12	CBFQX10CTS_01	5	6.1	31	1.6
2018	12	CBFQX10CTS_01	10	13.2	31	1.6
2018	12	CBFQX10CTS_01	20	18.5	31	3.6
2018	12	CBFQX10CTS_01	30	28.8	31	8.7
2018	12	CBFQX10CTS_01	40	25.1	31	7.1
2018	12	CBFQX10CTS_01	50	36.4	31	6.8
2018	12	CBFQX10CTS_01	60	40.8	31	5.2
2018	12	CBFQX10CTS_01	80	45.5	31	1.4
2018	12	CBFQX10CTS_01	100	44.5	31	0.3
2018	12	CBFQX10CTS_01	120	40.7	31	1.8

表 3－33　长白山次生白桦林辅助观测场土壤体积含水量数据

年份	月份	样地代码	探测深度/cm	体积含水量/%	重复数	标准差
2014	7	CBFFZ10CTS_01	5	14.2	31	1.8
2014	7	CBFFZ10CTS_01	10	20.0	31	2.8
2014	7	CBFFZ10CTS_01	20	28.0	31	4.5
2014	7	CBFFZ10CTS_01	30	37.3	31	6.9
2014	7	CBFFZ10CTS_01	40	45.4	31	5.8
2014	7	CBFFZ10CTS_01	50	42.9	31	6.1
2014	7	CBFFZ10CTS_01	60	41.0	31	0.4
2014	7	CBFFZ10CTS_01	80	41.7	31	4.0
2014	7	CBFFZ10CTS_01	100	38.3	31	2.7
2014	7	CBFFZ10CTS_01	120	45.0	31	7.4
2014	8	CBFFZ10CTS_01	5	12.3	31	0.9
2014	8	CBFFZ10CTS_01	10	17.3	31	2.3
2014	8	CBFFZ10CTS_01	20	25.5	31	3.2
2014	8	CBFFZ10CTS_01	30	37.5	31	3.8
2014	8	CBFFZ10CTS_01	40	43.7	31	1.2
2014	8	CBFFZ10CTS_01	50	45.2	31	2.5
2014	8	CBFFZ10CTS_01	60	41.1	31	1.9
2014	8	CBFFZ10CTS_01	80	45.2	31	1.4
2014	8	CBFFZ10CTS_01	100	49.4	31	1.2
2014	8	CBFFZ10CTS_01	120	58.2	31	0.3
2014	9	CBFFZ10CTS_01	5	11.7	30	0.7
2014	9	CBFFZ10CTS_01	10	16.6	30	2.3
2014	9	CBFFZ10CTS_01	20	23.9	30	3.2
2014	9	CBFFZ10CTS_01	30	34.7	30	4.3
2014	9	CBFFZ10CTS_01	40	42.6	30	1.0
2014	9	CBFFZ10CTS_01	50	42.7	30	2.3
2014	9	CBFFZ10CTS_01	60	40.0	30	1.8
2014	9	CBFFZ10CTS_01	80	44.2	30	0.6
2014	9	CBFFZ10CTS_01	100	50.6	30	1.8
2014	9	CBFFZ10CTS_01	120	58.0	30	0.4
2014	10	CBFFZ10CTS_01	5	15.8	31	1.8
2014	10	CBFFZ10CTS_01	10	17.1	31	1.2
2014	10	CBFFZ10CTS_01	20	24.4	31	1.1
2014	10	CBFFZ10CTS_01	30	34.3	31	2.8
2014	10	CBFFZ10CTS_01	40	40.1	31	0.3
2014	10	CBFFZ10CTS_01	50	39.3	31	0.1
2014	10	CBFFZ10CTS_01	60	38.2	31	0.2
2014	10	CBFFZ10CTS_01	80	42.5	31	0.3

（续）

年份	月份	样地代码	探测深度/cm	体积含水量/%	重复数	标准差
2014	10	CBFFZ10CTS_01	100	45.3	31	0.7
2014	10	CBFFZ10CTS_01	120	55.2	31	2.9
2014	11	CBFFZ10CTS_01	5	15.8	30	0.4
2014	11	CBFFZ10CTS_01	10	18.6	30	0.4
2014	11	CBFFZ10CTS_01	20	24.5	30	0.2
2014	11	CBFFZ10CTS_01	30	33.1	30	0.8
2014	11	CBFFZ10CTS_01	40	39.2	30	0.4
2014	11	CBFFZ10CTS_01	50	38.6	30	0.3
2014	11	CBFFZ10CTS_01	60	37.5	30	0.3
2014	11	CBFFZ10CTS_01	80	41.4	30	0.3
2014	11	CBFFZ10CTS_01	100	43.6	30	0.4
2014	11	CBFFZ10CTS_01	120	47.2	30	1.4
2014	12	CBFFZ10CTS_01	5	11.5	31	2.2
2014	12	CBFFZ10CTS_01	10	16.8	31	2.3
2014	12	CBFFZ10CTS_01	20	22.8	31	1.4
2014	12	CBFFZ10CTS_01	30	31.1	31	1.1
2014	12	CBFFZ10CTS_01	40	38.2	31	0.3
2014	12	CBFFZ10CTS_01	50	37.9	31	0.2
2014	12	CBFFZ10CTS_01	60	36.7	31	0.2
2014	12	CBFFZ10CTS_01	80	40.5	31	0.2
2014	12	CBFFZ10CTS_01	100	42.3	31	0.3
2014	12	CBFFZ10CTS_01	120	44.6	31	0.5
2015	1	CBFFZ10CTS_01	5	9.6	31	0.2
2015	1	CBFFZ10CTS_01	10	11.1	31	0.8
2015	1	CBFFZ10CTS_01	20	18.3	31	1.6
2015	1	CBFFZ10CTS_01	30	28.5	31	0.6
2015	1	CBFFZ10CTS_01	40	37.3	31	0.4
2015	1	CBFFZ10CTS_01	50	37.2	31	0.3
2015	1	CBFFZ10CTS_01	60	36.1	31	0.1
2015	1	CBFFZ10CTS_01	80	39.9	31	0.2
2015	1	CBFFZ10CTS_01	100	41.7	31	0.2
2015	1	CBFFZ10CTS_01	120	43.5	31	0.2
2015	2	CBFFZ10CTS_01	5	9.2	28	0.2
2015	2	CBFFZ10CTS_01	10	10.0	28	0.2
2015	2	CBFFZ10CTS_01	20	15.4	28	0.4
2015	2	CBFFZ10CTS_01	30	25.0	28	0.9
2015	2	CBFFZ10CTS_01	40	35.2	28	1.2
2015	2	CBFFZ10CTS_01	50	35.3	28	1.1

（续）

年份	月份	样地代码	探测深度/cm	体积含水量/%	重复数	标准差
2015	2	CBFFZ10CTS_01	60	35.8	28	0.2
2015	2	CBFFZ10CTS_01	80	39.4	28	0.2
2015	2	CBFFZ10CTS_01	100	41.0	28	0.2
2015	2	CBFFZ10CTS_01	120	43.0	28	0.2
2015	3	CBFFZ10CTS_01	5	16.0	31	6.4
2015	3	CBFFZ10CTS_01	10	11.7	31	2.5
2015	3	CBFFZ10CTS_01	20	18.4	31	3.9
2015	3	CBFFZ10CTS_01	30	27.3	31	3.4
2015	3	CBFFZ10CTS_01	40	34.0	31	0.1
2015	3	CBFFZ10CTS_01	50	35.0	31	0.7
2015	3	CBFFZ10CTS_01	60	35.8	31	0.1
2015	3	CBFFZ10CTS_01	80	40.6	31	3.7
2015	3	CBFFZ10CTS_01	100	40.7	31	0.1
2015	3	CBFFZ10CTS_01	120	42.6	31	0.1
2015	4	CBFFZ10CTS_01	5	36.6	30	4.5
2015	4	CBFFZ10CTS_01	10	41.2	30	2.1
2015	4	CBFFZ10CTS_01	20	31.9	30	3.4
2015	4	CBFFZ10CTS_01	30	38.8	30	5.2
2015	4	CBFFZ10CTS_01	40	40.0	30	6.0
2015	4	CBFFZ10CTS_01	50	43.9	30	7.6
2015	4	CBFFZ10CTS_01	60	44.8	30	5.3
2015	4	CBFFZ10CTS_01	80	53.0	30	0.9
2015	4	CBFFZ10CTS_01	100	40.8	30	0.0
2015	4	CBFFZ10CTS_01	120	47.0	30	6.2
2015	5	CBFFZ10CTS_01	5	26.2	31	4.9
2015	5	CBFFZ10CTS_01	10	33.4	31	4.6
2015	5	CBFFZ10CTS_01	20	30.4	31	2.8
2015	5	CBFFZ10CTS_01	30	39.5	31	2.7
2015	5	CBFFZ10CTS_01	40	44.5	31	1.3
2015	5	CBFFZ10CTS_01	50	48.4	31	2.5
2015	5	CBFFZ10CTS_01	60	51.1	31	3.7
2015	5	CBFFZ10CTS_01	80	53.2	31	1.4
2015	5	CBFFZ10CTS_01	100	0.0	31	0.0
2015	5	CBFFZ10CTS_01	120	56.6	31	0.2
2015	6	CBFFZ10CTS_01	5	17.8	30	3.1
2015	6	CBFFZ10CTS_01	10	21.9	30	1.6
2015	6	CBFFZ10CTS_01	20	24.6	30	2.0
2015	6	CBFFZ10CTS_01	30	35.0	30	3.3

（续）

年份	月份	样地代码	探测深度/cm	体积含水量/%	重复数	标准差
2015	6	CBFFZ10CTS_01	40	42.3	30	0.4
2015	6	CBFFZ10CTS_01	50	40.3	30	0.9
2015	6	CBFFZ10CTS_01	60	40.5	30	1.0
2015	6	CBFFZ10CTS_01	80	43.9	30	1.3
2015	6	CBFFZ10CTS_01	100	55.1	30	0.8
2015	6	CBFFZ10CTS_01	120	57.2	30	0.2
2015	7	CBFFZ10CTS_01	5	24.5	31	6.1
2015	7	CBFFZ10CTS_01	10	30.3	31	6.8
2015	7	CBFFZ10CTS_01	20	33.3	31	7.4
2015	7	CBFFZ10CTS_01	30	43.7	31	5.5
2015	7	CBFFZ10CTS_01	40	50.0	31	5.5
2015	7	CBFFZ10CTS_01	50	47.7	31	4.9
2015	7	CBFFZ10CTS_01	60	50.1	31	5.8
2015	7	CBFFZ10CTS_01	80	49.0	31	5.4
2015	7	CBFFZ10CTS_01	100	54.9	31	0.7
2015	7	CBFFZ10CTS_01	120	57.7	31	0.3
2015	8	CBFFZ10CTS_01	5	25.9	31	8.4
2015	8	CBFFZ10CTS_01	10	32.0	31	7.5
2015	8	CBFFZ10CTS_01	20	34.5	31	8.6
2015	8	CBFFZ10CTS_01	30	44.8	31	5.7
2015	8	CBFFZ10CTS_01	40	50.0	31	5.5
2015	8	CBFFZ10CTS_01	50	48.9	31	3.7
2015	8	CBFFZ10CTS_01	60	50.6	31	4.6
2015	8	CBFFZ10CTS_01	80	51.6	31	2.6
2015	8	CBFFZ10CTS_01	100	55.0	31	0.2
2015	8	CBFFZ10CTS_01	120	58.2	31	0.1
2015	9	CBFFZ10CTS_01	5	20.5	30	4.7
2015	9	CBFFZ10CTS_01	10	27.0	30	4.5
2015	9	CBFFZ10CTS_01	20	29.4	30	5.7
2015	9	CBFFZ10CTS_01	30	40.2	30	6.1
2015	9	CBFFZ10CTS_01	40	46.8	30	4.8
2015	9	CBFFZ10CTS_01	50	46.6	30	4.9
2015	9	CBFFZ10CTS_01	60	49.6	30	5.3
2015	9	CBFFZ10CTS_01	80	51.0	30	3.9
2015	9	CBFFZ10CTS_01	100	52.7	30	3.1
2015	9	CBFFZ10CTS_01	120	57.9	30	0.1
2015	10	CBFFZ10CTS_01	5	17.4	31	1.1
2015	10	CBFFZ10CTS_01	10	23.6	31	0.9

（续）

年份	月份	样地代码	探测深度/cm	体积含水量/%	重复数	标准差
2015	10	CBFFZ10CTS_01	20	24.7	31	0.7
2015	10	CBFFZ10CTS_01	30	37.4	31	3.2
2015	10	CBFFZ10CTS_01	40	40.7	31	0.4
2015	10	CBFFZ10CTS_01	50	40.6	31	0.2
2015	10	CBFFZ10CTS_01	60	42.8	31	1.7
2015	10	CBFFZ10CTS_01	80	44.5	31	0.2
2015	10	CBFFZ10CTS_01	100	45.4	31	0.3
2015	10	CBFFZ10CTS_01	120	57.4	31	0.3
2015	11	CBFFZ10CTS_01	5	21.4	30	2.5
2015	11	CBFFZ10CTS_01	10	28.3	30	2.7
2015	11	CBFFZ10CTS_01	20	28.4	30	2.5
2015	11	CBFFZ10CTS_01	30	39.3	30	3.5
2015	11	CBFFZ10CTS_01	40	40.0	30	0.4
2015	11	CBFFZ10CTS_01	50	40.4	30	0.1
2015	11	CBFFZ10CTS_01	60	47.0	30	4.2
2015	11	CBFFZ10CTS_01	80	43.8	30	0.1
2015	11	CBFFZ10CTS_01	100	44.7	30	0.0
2015	11	CBFFZ10CTS_01	120	51.7	30	2.7
2015	12	CBFFZ10CTS_01	5	25.7	31	0.3
2015	12	CBFFZ10CTS_01	10	32.5	31	0.2
2015	12	CBFFZ10CTS_01	20	32.2	31	0.3
2015	12	CBFFZ10CTS_01	30	43.5	31	3.1
2015	12	CBFFZ10CTS_01	40	42.5	31	1.0
2015	12	CBFFZ10CTS_01	50	41.8	31	0.9
2015	12	CBFFZ10CTS_01	60	46.2	31	0.2
2015	12	CBFFZ10CTS_01	80	43.4	31	0.1
2015	12	CBFFZ10CTS_01	100	0.0	31	0.0
2015	12	CBFFZ10CTS_01	120	46.8	31	0.7
2016	1	CBFFZ10CTS_01	5	19.9	31	2.8
2016	1	CBFFZ10CTS_01	10	30.1	31	2.1
2016	1	CBFFZ10CTS_01	20	29.2	31	2.4
2016	1	CBFFZ10CTS_01	30	39.0	31	1.9
2016	1	CBFFZ10CTS_01	40	42.8	31	0.6
2016	1	CBFFZ10CTS_01	50	42.6	31	0.6
2016	1	CBFFZ10CTS_01	60	44.8	31	1.5
2016	1	CBFFZ10CTS_01	80	43.2	31	0.1
2016	1	CBFFZ10CTS_01	100	44.4	31	0.3
2016	1	CBFFZ10CTS_01	120	45.7	31	0.4

（续）

年份	月份	样地代码	探测深度/cm	体积含水量/%	重复数	标准差
2016	2	CBFFZ10CTS_01	5	14.3	29	1.7
2016	2	CBFFZ10CTS_01	10	24.6	29	1.0
2016	2	CBFFZ10CTS_01	20	24.0	29	0.5
2016	2	CBFFZ10CTS_01	30	34.9	29	0.4
2016	2	CBFFZ10CTS_01	40	39.3	29	1.0
2016	2	CBFFZ10CTS_01	50	39.0	29	1.0
2016	2	CBFFZ10CTS_01	60	37.8	29	1.4
2016	2	CBFFZ10CTS_01	80	43.1	29	0.0
2016	2	CBFFZ10CTS_01	100	0.0	29	0.0
2016	2	CBFFZ10CTS_01	120	43.8	29	0.4
2016	3	CBFFZ10CTS_01	5	24.2	31	8.1
2016	3	CBFFZ10CTS_01	10	32.2	31	9.4
2016	3	CBFFZ10CTS_01	20	33.7	31	7.9
2016	3	CBFFZ10CTS_01	30	41.5	31	7.8
2016	3	CBFFZ10CTS_01	40	45.5	31	7.9
2016	3	CBFFZ10CTS_01	50	43.4	31	6.7
2016	3	CBFFZ10CTS_01	60	44.3	31	9.1
2016	3	CBFFZ10CTS_01	80	47.7	31	5.4
2016	3	CBFFZ10CTS_01	100	0.0	31	0.0
2016	3	CBFFZ10CTS_01	120	50.1	31	7.8
2016	4	CBFFZ10CTS_01	5	39.0	30	2.4
2016	4	CBFFZ10CTS_01	10	45.9	30	0.3
2016	4	CBFFZ10CTS_01	20	47.3	30	2.6
2016	4	CBFFZ10CTS_01	30	50.3	30	0.3
2016	4	CBFFZ10CTS_01	40	55.8	30	0.5
2016	4	CBFFZ10CTS_01	50	52.4	30	0.2
2016	4	CBFFZ10CTS_01	60	55.2	30	0.2
2016	4	CBFFZ10CTS_01	80	54.4	30	0.2
2016	4	CBFFZ10CTS_01	100	0.0	30	0.0
2016	4	CBFFZ10CTS_01	120	59.1	30	0.1
2016	5	CBFFZ10CTS_01	5	33.8	31	5.3
2016	5	CBFFZ10CTS_01	10	41.1	31	5.4
2016	5	CBFFZ10CTS_01	20	41.2	31	6.7
2016	5	CBFFZ10CTS_01	30	49.3	31	3.0
2016	5	CBFFZ10CTS_01	40	54.4	31	4.4
2016	5	CBFFZ10CTS_01	50	51.4	31	2.4
2016	5	CBFFZ10CTS_01	60	55.9	31	0.4
2016	5	CBFFZ10CTS_01	80	55.0	31	0.1

（续）

年份	月份	样地代码	探测深度/cm	体积含水量/%	重复数	标准差
2016	5	CBFFZ10CTS_01	100	0.0	31	0.0
2016	5	CBFFZ10CTS_01	120	59.6	31	0.2
2016	6	CBFFZ10CTS_01	5	22.9	30	7.2
2016	6	CBFFZ10CTS_01	10	29.3	30	7.1
2016	6	CBFFZ10CTS_01	20	31.1	30	8.6
2016	6	CBFFZ10CTS_01	30	43.1	30	6.0
2016	6	CBFFZ10CTS_01	40	46.3	30	5.7
2016	6	CBFFZ10CTS_01	50	45.8	30	5.7
2016	6	CBFFZ10CTS_01	60	44.7	30	5.9
2016	6	CBFFZ10CTS_01	80	49.7	30	4.4
2016	6	CBFFZ10CTS_01	100	0.0	30	0.0
2016	6	CBFFZ10CTS_01	120	60.0	30	0.2
2016	7	CBFFZ10CTS_01	5	26.6	31	6.4
2016	7	CBFFZ10CTS_01	10	33.6	31	6.0
2016	7	CBFFZ10CTS_01	20	36.0	31	7.3
2016	7	CBFFZ10CTS_01	30	46.8	31	4.3
2016	7	CBFFZ10CTS_01	40	51.1	31	5.7
2016	7	CBFFZ10CTS_01	50	50.7	31	4.0
2016	7	CBFFZ10CTS_01	60	50.1	31	3.7
2016	7	CBFFZ10CTS_01	80	52.2	31	3.3
2016	7	CBFFZ10CTS_01	100	0.0	31	0.0
2016	7	CBFFZ10CTS_01	120	60.5	31	0.2
2016	8	CBFFZ10CTS_01	5	23.6	31	4.3
2016	8	CBFFZ10CTS_01	10	31.1	31	4.4
2016	8	CBFFZ10CTS_01	20	34.3	31	5.3
2016	8	CBFFZ10CTS_01	30	47.2	31	4.1
2016	8	CBFFZ10CTS_01	40	50.8	31	5.0
2016	8	CBFFZ10CTS_01	50	51.9	31	2.6
2016	8	CBFFZ10CTS_01	60	51.7	31	4.0
2016	8	CBFFZ10CTS_01	80	52.5	31	3.4
2016	8	CBFFZ10CTS_01	100	0.0	31	0.0
2016	8	CBFFZ10CTS_01	120	60.9	31	0.2
2016	9	CBFFZ10CTS_01	5	35.4	30	6.3
2016	9	CBFFZ10CTS_01	10	40.9	30	4.5
2016	9	CBFFZ10CTS_01	20	43.4	30	7.0
2016	9	CBFFZ10CTS_01	30	50.6	30	3.5
2016	9	CBFFZ10CTS_01	40	55.9	30	3.2
2016	9	CBFFZ10CTS_01	50	53.2	30	0.8

（续）

年份	月份	样地代码	探测深度/cm	体积含水量/%	重复数	标准差
2016	9	CBFFZ10CTS_01	60	55.5	30	0.1
2016	9	CBFFZ10CTS_01	80	55.0	30	0.1
2016	9	CBFFZ10CTS_01	100	0.0	30	0.0
2016	9	CBFFZ10CTS_01	120	60.8	30	0.2
2016	10	CBFFZ10CTS_01	5	25.4	31	0.4
2016	10	CBFFZ10CTS_01	10	31.2	31	0.5
2016	10	CBFFZ10CTS_01	20	31.7	31	0.5
2016	10	CBFFZ10CTS_01	30	41.9	31	0.7
2016	10	CBFFZ10CTS_01	40	47.6	31	0.3
2016	10	CBFFZ10CTS_01	50	49.4	31	0.6
2016	10	CBFFZ10CTS_01	60	50.4	31	0.9
2016	10	CBFFZ10CTS_01	80	54.9	31	0.0
2016	10	CBFFZ10CTS_01	100	0.0	31	0.0
2016	10	CBFFZ10CTS_01	120	60.4	31	0.0
2017	5	CBFFZ10CTS_01	5	29.8	31	0.2
2017	5	CBFFZ10CTS_01	10	26.7	31	1.0
2017	5	CBFFZ10CTS_01	20	26.8	31	0.4
2017	5	CBFFZ10CTS_01	30	30.0	31	0.1
2017	5	CBFFZ10CTS_01	40	38.3	31	0.3
2017	5	CBFFZ10CTS_01	50	42.9	31	0.0
2017	5	CBFFZ10CTS_01	60	45.0	31	0.4
2017	5	CBFFZ10CTS_01	80	45.1	31	0.2
2017	5	CBFFZ10CTS_01	100	36.8	31	0.5
2017	5	CBFFZ10CTS_01	120	35.2	31	0.7
2017	6	CBFFZ10CTS_01	5	27.0	30	6.1
2017	6	CBFFZ10CTS_01	10	20.9	30	5.4
2017	6	CBFFZ10CTS_01	20	23.0	30	3.4
2017	6	CBFFZ10CTS_01	30	26.2	30	3.8
2017	6	CBFFZ10CTS_01	40	37.5	30	0.8
2017	6	CBFFZ10CTS_01	50	42.8	30	0.8
2017	6	CBFFZ10CTS_01	60	46.5	30	0.9
2017	6	CBFFZ10CTS_01	80	46.0	30	0.6
2017	6	CBFFZ10CTS_01	100	37.5	30	0.5
2017	6	CBFFZ10CTS_01	120	36.9	30	0.8
2017	7	CBFFZ10CTS_01	5	31.2	31	4.3
2017	7	CBFFZ10CTS_01	10	32.7	31	5.5
2017	7	CBFFZ10CTS_01	20	40.0	31	4.5
2017	7	CBFFZ10CTS_01	30	41.7	31	4.0

（续）

年份	月份	样地代码	探测深度/cm	体积含水量/%	重复数	标准差
2017	7	CBFFZ10CTS_01	40	54.9	31	4.6
2017	7	CBFFZ10CTS_01	50	47.2	31	1.3
2017	7	CBFFZ10CTS_01	60	57.3	31	1.9
2017	7	CBFFZ10CTS_01	80	50.8	31	1.0
2017	7	CBFFZ10CTS_01	100	62.4	31	4.6
2017	7	CBFFZ10CTS_01	120	58.5	31	1.0
2017	8	CBFFZ10CTS_01	5	33.1	31	7.1
2017	8	CBFFZ10CTS_01	10	40.7	31	3.7
2017	8	CBFFZ10CTS_01	20	39.1	31	3.1
2017	8	CBFFZ10CTS_01	30	40.3	31	1.2
2017	8	CBFFZ10CTS_01	40	56.1	31	2.6
2017	8	CBFFZ10CTS_01	50	45.9	31	4.2
2017	8	CBFFZ10CTS_01	60	57.3	31	0.6
2017	8	CBFFZ10CTS_01	80	51.8	31	0.3
2017	8	CBFFZ10CTS_01	100	63.5	31	0.4
2017	8	CBFFZ10CTS_01	120	59.6	31	0.4
2017	9	CBFFZ10CTS_01	5	14.3	30	3.3
2017	9	CBFFZ10CTS_01	10	23.6	30	5.9
2017	9	CBFFZ10CTS_01	20	25.9	30	3.9
2017	9	CBFFZ10CTS_01	30	29.1	30	3.8
2017	9	CBFFZ10CTS_01	40	40.9	30	2.4
2017	9	CBFFZ10CTS_01	50	42.1	30	0.4
2017	9	CBFFZ10CTS_01	60	54.0	30	2.2
2017	9	CBFFZ10CTS_01	80	51.0	30	0.7
2017	9	CBFFZ10CTS_01	100	63.5	30	0.1
2017	9	CBFFZ10CTS_01	120	59.4	30	0.4
2017	10	CBFFZ10CTS_01	5	14.1	31	1.4
2017	10	CBFFZ10CTS_01	10	24.4	31	3.3
2017	10	CBFFZ10CTS_01	20	25.1	31	1.6
2017	10	CBFFZ10CTS_01	30	29.1	31	2.1
2017	10	CBFFZ10CTS_01	40	38.0	31	0.2
2017	10	CBFFZ10CTS_01	50	41.8	31	0.2
2017	10	CBFFZ10CTS_01	60	51.9	31	0.4
2017	10	CBFFZ10CTS_01	80	49.7	31	0.7
2017	10	CBFFZ10CTS_01	100	63.1	31	0.2
2017	10	CBFFZ10CTS_01	120	58.7	31	0.2
2017	11	CBFFZ10CTS_01	5	14.4	30	2.4
2017	11	CBFFZ10CTS_01	10	26.4	30	1.7

（续）

年份	月份	样地代码	探测深度/cm	体积含水量/%	重复数	标准差
2017	11	CBFFZ10CTS_01	20	26.6	30	0.5
2017	11	CBFFZ10CTS_01	30	31.2	30	0.5
2017	11	CBFFZ10CTS_01	40	37.6	30	0.3
2017	11	CBFFZ10CTS_01	50	41.0	30	0.4
2017	11	CBFFZ10CTS_01	60	50.9	30	0.4
2017	11	CBFFZ10CTS_01	80	48.2	30	0.5
2017	11	CBFFZ10CTS_01	100	61.5	30	4.2
2017	11	CBFFZ10CTS_01	120	57.8	30	0.4
2017	12	CBFFZ10CTS_01	5	7.6	31	0.4
2017	12	CBFFZ10CTS_01	10	9.5	31	1.8
2017	12	CBFFZ10CTS_01	20	16.7	31	6.3
2017	12	CBFFZ10CTS_01	30	24.1	31	4.6
2017	12	CBFFZ10CTS_01	40	35.6	31	1.1
2017	12	CBFFZ10CTS_01	50	39.1	31	0.9
2017	12	CBFFZ10CTS_01	60	49.4	31	0.5
2017	12	CBFFZ10CTS_01	80	46.8	31	0.4
2017	12	CBFFZ10CTS_01	100	42.0	31	1.8
2017	12	CBFFZ10CTS_01	120	57.1	31	0.2
2018	1	CBFFZ10CTS_01	5	6.7	31	0.5
2018	1	CBFFZ10CTS_01	10	7.4	31	0.4
2018	1	CBFFZ10CTS_01	20	8.5	31	0.5
2018	1	CBFFZ10CTS_01	30	13.1	31	0.9
2018	1	CBFFZ10CTS_01	40	30.7	31	1.9
2018	1	CBFFZ10CTS_01	50	35.2	31	2.0
2018	1	CBFFZ10CTS_01	60	47.9	31	0.8
2018	1	CBFFZ10CTS_01	80	45.7	31	0.3
2018	1	CBFFZ10CTS_01	100	39.2	31	0.4
2018	1	CBFFZ10CTS_01	120	56.4	31	0.9
2018	2	CBFFZ10CTS_01	5	5.8	28	0.2
2018	2	CBFFZ10CTS_01	10	6.7	28	0.1
2018	2	CBFFZ10CTS_01	20	7.6	28	0.1
2018	2	CBFFZ10CTS_01	30	11.6	28	0.1
2018	2	CBFFZ10CTS_01	40	26.6	28	0.3
2018	2	CBFFZ10CTS_01	50	27.9	28	0.8
2018	2	CBFFZ10CTS_01	60	36.9	28	2.7
2018	2	CBFFZ10CTS_01	80	44.1	28	1.1
2018	2	CBFFZ10CTS_01	100	38.1	28	0.3
2018	2	CBFFZ10CTS_01	120	42.9	28	2.0

（续）

年份	月份	样地代码	探测深度/cm	体积含水量/%	重复数	标准差
2018	3	CBFFZ10CTS_01	5	31.2	31	7.9
2018	3	CBFFZ10CTS_01	10	19.5	31	6.9
2018	3	CBFFZ10CTS_01	20	13.9	31	5.0
2018	3	CBFFZ10CTS_01	30	15.7	31	3.1
2018	3	CBFFZ10CTS_01	40	30.1	31	2.7
2018	3	CBFFZ10CTS_01	50	31.0	31	3.2
2018	3	CBFFZ10CTS_01	60	36.8	31	1.7
2018	3	CBFFZ10CTS_01	80	42.2	31	1.7
2018	3	CBFFZ10CTS_01	100	37.8	31	0.3
2018	3	CBFFZ10CTS_01	120	50.3	31	8.8
2018	4	CBFFZ10CTS_01	5	36.0	30	5.9
2018	4	CBFFZ10CTS_01	10	41.2	30	6.2
2018	4	CBFFZ10CTS_01	20	36.7	30	7.7
2018	4	CBFFZ10CTS_01	30	35.3	30	7.7
2018	4	CBFFZ10CTS_01	40	43.6	30	5.0
2018	4	CBFFZ10CTS_01	50	47.7	30	7.8
2018	4	CBFFZ10CTS_01	60	50.5	30	8.3
2018	4	CBFFZ10CTS_01	80	47.8	30	2.4
2018	4	CBFFZ10CTS_01	100	51.6	30	7.3
2018	4	CBFFZ10CTS_01	120	57.7	30	0.2
2018	5	CBFFZ10CTS_01	5	32.6	31	4.8
2018	5	CBFFZ10CTS_01	10	40.3	31	5.7
2018	5	CBFFZ10CTS_01	20	40.6	31	4.6
2018	5	CBFFZ10CTS_01	30	40.5	31	1.3
2018	5	CBFFZ10CTS_01	40	54.8	31	2.2
2018	5	CBFFZ10CTS_01	50	64.2	31	0.2
2018	5	CBFFZ10CTS_01	60	60.4	31	0.5
2018	5	CBFFZ10CTS_01	80	51.8	31	0.5
2018	5	CBFFZ10CTS_01	100	63.7	31	0.3
2018	5	CBFFZ10CTS_01	120	58.9	31	0.4
2018	6	CBFFZ10CTS_01	5	20.0	30	3.3
2018	6	CBFFZ10CTS_01	10	33.2	30	3.7
2018	6	CBFFZ10CTS_01	20	35.9	30	3.9
2018	6	CBFFZ10CTS_01	30	37.3	30	3.6
2018	6	CBFFZ10CTS_01	40	50.3	30	4.6
2018	6	CBFFZ10CTS_01	50	57.5	30	9.0
2018	6	CBFFZ10CTS_01	60	60.5	30	0.7
2018	6	CBFFZ10CTS_01	80	52.8	30	0.4

（续）

年份	月份	样地代码	探测深度/cm	体积含水量/%	重复数	标准差
2018	6	CBFFZ10CTS_01	100	64.4	30	0.3
2018	6	CBFFZ10CTS_01	120	59.8	30	0.2
2018	7	CBFFZ10CTS_01	5	12.5	31	2.2
2018	7	CBFFZ10CTS_01	10	22.4	31	5.5
2018	7	CBFFZ10CTS_01	20	31.4	31	4.4
2018	7	CBFFZ10CTS_01	30	31.4	31	3.7
2018	7	CBFFZ10CTS_01	40	46.0	31	1.9
2018	7	CBFFZ10CTS_01	50	50.6	31	7.0
2018	7	CBFFZ10CTS_01	60	59.7	31	2.6
2018	7	CBFFZ10CTS_01	80	53.4	31	0.8
2018	7	CBFFZ10CTS_01	100	64.8	31	0.2
2018	7	CBFFZ10CTS_01	120	60.3	31	0.1
2018	8	CBFFZ10CTS_01	5	23.3	31	8.6
2018	8	CBFFZ10CTS_01	10	32.4	31	7.7
2018	8	CBFFZ10CTS_01	20	35.0	31	8.5
2018	8	CBFFZ10CTS_01	30	36.9	31	9.1
2018	8	CBFFZ10CTS_01	40	51.1	31	6.7
2018	8	CBFFZ10CTS_01	50	57.3	31	8.9
2018	8	CBFFZ10CTS_01	60	59.4	31	2.6
2018	8	CBFFZ10CTS_01	80	57.2	31	3.4
2018	8	CBFFZ10CTS_01	100	65.1	31	1.2
2018	8	CBFFZ10CTS_01	120	60.8	31	0.3
2018	9	CBFFZ10CTS_01	5	17.4	30	4.6
2018	9	CBFFZ10CTS_01	10	27.6	30	5.3
2018	9	CBFFZ10CTS_01	20	34.0	30	3.6
2018	9	CBFFZ10CTS_01	30	33.7	30	2.8
2018	9	CBFFZ10CTS_01	40	49.4	30	3.3
2018	9	CBFFZ10CTS_01	50	55.9	30	6.2
2018	9	CBFFZ10CTS_01	60	59.0	30	1.9
2018	9	CBFFZ10CTS_01	80	58.8	30	0.3
2018	9	CBFFZ10CTS_01	100	64.9	30	0.2
2018	9	CBFFZ10CTS_01	120	60.5	30	0.1
2018	10	CBFFZ10CTS_01	5	26.0	31	0.9
2018	10	CBFFZ10CTS_01	10	35.7	31	2.0
2018	10	CBFFZ10CTS_01	20	40.1	31	1.2
2018	10	CBFFZ10CTS_01	30	40.3	31	2.4
2018	10	CBFFZ10CTS_01	40	51.1	31	0.4
2018	10	CBFFZ10CTS_01	50	60.2	31	0.3

（续）

年份	月份	样地代码	探测深度/cm	体积含水量/%	重复数	标准差
2018	10	CBFFZ10CTS_01	60	58.9	31	0.3
2018	10	CBFFZ10CTS_01	80	58.3	31	0.5
2018	10	CBFFZ10CTS_01	100	64.4	31	0.3
2018	10	CBFFZ10CTS_01	120	60.2	31	0.1
2018	11	CBFFZ10CTS_01	5	27.9	30	3.3
2018	11	CBFFZ10CTS_01	10	35.4	30	0.9
2018	11	CBFFZ10CTS_01	20	40.8	30	1.0
2018	11	CBFFZ10CTS_01	30	40.4	30	2.5
2018	11	CBFFZ10CTS_01	40	51.4	30	0.5
2018	11	CBFFZ10CTS_01	50	59.6	30	0.3
2018	11	CBFFZ10CTS_01	60	58.0	30	0.4
2018	11	CBFFZ10CTS_01	80	57.3	30	0.4
2018	11	CBFFZ10CTS_01	100	63.9	30	0.3
2018	11	CBFFZ10CTS_01	120	59.7	30	0.3
2018	12	CBFFZ10CTS_01	5	9.2	31	3.1
2018	12	CBFFZ10CTS_01	10	15.4	31	6.7
2018	12	CBFFZ10CTS_01	20	31.7	31	9.1
2018	12	CBFFZ10CTS_01	30	31.1	31	7.1
2018	12	CBFFZ10CTS_01	40	46.6	31	3.4
2018	12	CBFFZ10CTS_01	50	50.7	31	6.1
2018	12	CBFFZ10CTS_01	60	55.1	31	2.4
2018	12	CBFFZ10CTS_01	80	55.8	31	1.5
2018	12	CBFFZ10CTS_01	100	63.1	31	1.7
2018	12	CBFFZ10CTS_01	120	58.6	31	1.6

3.3.1.2　土壤质量含水量

（1）概述

本数据集包含长白山阔叶红松林观测场（海拔 784 m，中心坐标 128°05′44″E、42°24′11″N，面积 1 600 m²）、长白山气象观测场（海拔 740 m，中心点地理坐标为 128°06′25.05″E、42°23′56.8″N，面积为 1 600 m²）和长白山次生白桦林辅助观测场海拔 777 m，中心坐标 128°05′57.5″E、42°24′7″N，面积为 1 600 m²）土壤质量含水量长期定位监测数据的相关信息，时间跨度为 2009—2018 年。数据产品频率：2009—2016 年，1 次/2 月；2017—2018 年，1 次/月。本数据集由 3 张数据表组成，它们分别为：

长白山阔叶红松林观测场土壤质量含水量数据，包括调查年份、月份、样地代码、探测深度和质量含水量。

长白山气象观测场土壤质量含水量数据，包括调查年份、月份、样地代码、探测深度和质量含水量。

长白山次生白桦林辅助观测场土壤质量含水量数据，包括调查年份、月份、样地代码、探测深度和质量含水量。

（2）数据采集及处理方法

本数据集的土壤含水量数据来自 2009—2018 年长白山阔叶红松林观测场、长白山气象观测场和长白山次生白桦林辅助观测场土壤质量含水量长期定位监测数据。测量方法为人工取样采用烘干法测量，观测深度包括 10 cm、20 cm、30 cm、40 cm、50 cm 和 60 cm 共 6 个层次，2009—2016 年频率为 1 次/2 月，2017—2018 年频率为 1 次/月。观测时间 5—10 月，当年 10—11 月入冬地面封冻后暂停观测，次年 5—6 月恢复观测，因此期间数据缺失，数据出现周期性中断。

数据处理方法为将质控后的按样地计算月平均数据，同一样地原始数据观测频率 1 月内有多次的，某层次的土壤质量含水量为该层次的数次测定值之和除以测定次数。数据单位为％，保留 2 位小数。

（3）数据质量控制和评估

为确保数据质量，长白山站土壤体积含水量监测参考《陆地生态系统水环境观测质量保证与质量控制》相关规定进行。依照 CERN 的统一规划和指导意见，开展生态指标长期观测工作，其中数据管理和质量控制则由专业水分分中心和综合中心负责。

（4）数据

具体数据见表 3-34 至表 3-36。

表 3-34　长白山阔叶红松林观测场土壤质量体积含水量数据

年份	月份	样地代码	采样层次/cm	质量含水量/%	年份	月份	样地代码	采样层次/cm	质量含水量/%
2009	5	CBFZH10CTS_01	0~10	58.95	2010	7	CBFZH10CTS_01	10~20	26.10
2009	5	CBFZH10CTS_01	10~20	21.36	2010	7	CBFZH10CTS_01	20~30	23.09
2009	5	CBFZH10CTS_01	20~30	19.81	2010	7	CBFZH10CTS_01	30~40	26.06
2009	5	CBFZH10CTS_01	30~40	25.24	2010	7	CBFZH10CTS_01	40~50	24.91
2009	5	CBFZH10CTS_01	40~50	26.89	2010	7	CBFZH10CTS_01	50~60	24.53
2009	5	CBFZH10CTS_01	50~60	28.54	2010	9	CBFZH10CTS_01	0~10	107.94
2009	7	CBFZH10CTS_01	0~10	119.14	2010	9	CBFZH10CTS_01	10~20	54.56
2009	7	CBFZH10CTS_01	10~20	23.06	2010	9	CBFZH10CTS_01	20~30	23.07
2009	7	CBFZH10CTS_01	20~30	21.02	2010	9	CBFZH10CTS_01	30~40	24.30
2009	7	CBFZH10CTS_01	30~40	25.15	2010	9	CBFZH10CTS_01	40~50	27.26
2009	7	CBFZH10CTS_01	40~50	26.48	2010	9	CBFZH10CTS_01	50~60	29.99
2009	7	CBFZH10CTS_01	50~60	27.05	2011	5	CBFZH10CTS_01	0~10	110.27
2009	9	CBFZH10CTS_01	0~10	68.30	2011	5	CBFZH10CTS_01	10~20	51.53
2009	9	CBFZH10CTS_01	10~20	16.28	2011	5	CBFZH10CTS_01	20~30	24.85
2009	9	CBFZH10CTS_01	20~30	16.27	2011	5	CBFZH10CTS_01	30~40	29.30
2009	9	CBFZH10CTS_01	30~40	22.27	2011	5	CBFZH10CTS_01	40~50	26.51
2009	9	CBFZH10CTS_01	40~50	25.76	2011	5	CBFZH10CTS_01	50~60	27.76
2009	9	CBFZH10CTS_01	50~60	26.25	2011	7	CBFZH10CTS_01	0~10	176.59
2010	6	CBFZH10CTS_01	0~10	88.19	2011	7	CBFZH10CTS_01	10~20	60.05
2010	6	CBFZH10CTS_01	10~20	30.52	2011	7	CBFZH10CTS_01	20~30	25.56
2010	6	CBFZH10CTS_01	20~30	23.06	2011	7	CBFZH10CTS_01	30~40	25.13
2010	6	CBFZH10CTS_01	30~40	25.25	2011	7	CBFZH10CTS_01	40~50	27.80
2010	6	CBFZH10CTS_01	40~50	27.18	2011	7	CBFZH10CTS_01	50~60	27.07
2010	6	CBFZH10CTS_01	50~60	26.79	2011	9	CBFZH10CTS_01	0~10	64.33
2010	7	CBFZH10CTS_01	0~10	127.02	2011	9	CBFZH10CTS_01	10~20	21.55

（续）

年份	月份	样地代码	采样层次/cm	质量含水量/%	年份	月份	样地代码	采样层次/cm	质量含水量/%
2011	9	CBFZH10CTS_01	20～30	20.79	2013	9	CBFZH10CTS_01	40～50	25.57
2011	9	CBFZH10CTS_01	30～40	25.35	2013	9	CBFZH10CTS_01	50～60	27.68
2011	9	CBFZH10CTS_01	40～50	29.30	2014	5	CBFZH10CTS_01	0～10	84.67
2011	9	CBFZH10CTS_01	50～60	29.42	2014	5	CBFZH10CTS_01	10～20	37.74
2012	5	CBFZH10CTS_01	0～10	101.54	2014	5	CBFZH10CTS_01	20～30	27.88
2012	5	CBFZH10CTS_01	10～20	26.44	2014	5	CBFZH10CTS_01	30～40	23.20
2012	5	CBFZH10CTS_01	20～30	25.45	2014	5	CBFZH10CTS_01	40～50	26.05
2012	5	CBFZH10CTS_01	30～40	27.79	2014	5	CBFZH10CTS_01	50～60	28.20
2012	5	CBFZH10CTS_01	40～50	27.51	2014	7	CBFZH10CTS_01	0～10	38.94
2012	5	CBFZH10CTS_01	50～60	27.78	2014	7	CBFZH10CTS_01	10～20	31.70
2012	7	CBFZH10CTS_01	0～10	79.72	2014	7	CBFZH10CTS_01	20～30	13.74
2012	7	CBFZH10CTS_01	10～20	29.44	2014	7	CBFZH10CTS_01	30～40	11.37
2012	7	CBFZH10CTS_01	20～30	22.52	2014	7	CBFZH10CTS_01	40～50	16.84
2012	7	CBFZH10CTS_01	30～40	23.13	2014	7	CBFZH10CTS_01	50～60	11.42
2012	7	CBFZH10CTS_01	40～50	22.84	2014	9	CBFZH10CTS_01	0～10	54.01
2012	7	CBFZH10CTS_01	50～60	28.07	2014	9	CBFZH10CTS_01	10～20	21.67
2012	9	CBFZH10CTS_01	0～10	87.63	2014	9	CBFZH10CTS_01	20～30	15.56
2012	9	CBFZH10CTS_01	10～20	24.25	2014	9	CBFZH10CTS_01	30～40	17.49
2012	9	CBFZH10CTS_01	20～30	21.43	2014	9	CBFZH10CTS_01	40～50	19.25
2012	9	CBFZH10CTS_01	30～40	24.59	2014	9	CBFZH10CTS_01	50～60	21.36
2012	9	CBFZH10CTS_01	40～50	26.09	2015	5	CBFZH10CTS_01	0～10	36.19
2012	9	CBFZH10CTS_01	50～60	29.17	2015	5	CBFZH10CTS_01	10～20	29.08
2013	5	CBFZH10CTS_01	0～10	82.87	2015	5	CBFZH10CTS_01	20～30	24.08
2013	5	CBFZH10CTS_01	10～20	41.18	2015	5	CBFZH10CTS_01	30～40	24.66
2013	5	CBFZH10CTS_01	20～30	25.08	2015	5	CBFZH10CTS_01	40～50	21.32
2013	5	CBFZH10CTS_01	30～40	23.09	2015	5	CBFZH10CTS_01	50～60	26.35
2013	5	CBFZH10CTS_01	40～50	22.12	2015	7	CBFZH10CTS_01	0～10	97.36
2013	5	CBFZH10CTS_01	50～60	25.11	2015	7	CBFZH10CTS_01	10～20	23.35
2013	7	CBFZH10CTS_01	0～10	112.25	2015	7	CBFZH10CTS_01	20～30	22.25
2013	7	CBFZH10CTS_01	10～20	34.17	2015	7	CBFZH10CTS_01	30～40	24.12
2013	7	CBFZH10CTS_01	20～30	33.01	2015	7	CBFZH10CTS_01	40～50	25.09
2013	7	CBFZH10CTS_01	30～40	26.23	2015	7	CBFZH10CTS_01	50～60	26.70
2013	7	CBFZH10CTS_01	40～50	29.25	2015	9	CBFZH10CTS_01	0～10	88.45
2013	7	CBFZH10CTS_01	50～60	34.23	2015	9	CBFZH10CTS_01	10～20	33.34
2013	9	CBFZH10CTS_01	0～10	85.61	2015	9	CBFZH10CTS_01	20～30	25.47
2013	9	CBFZH10CTS_01	10～20	50.51	2015	9	CBFZH10CTS_01	30～40	22.59
2013	9	CBFZH10CTS_01	20～30	21.85	2015	9	CBFZH10CTS_01	40～50	25.93
2013	9	CBFZH10CTS_01	30～40	23.93	2015	9	CBFZH10CTS_01	50～60	27.49

（续）

年份	月份	样地代码	采样层次/cm	质量含水量/%	年份	月份	样地代码	采样层次/cm	质量含水量/%
2016	5	CBFZH10CTS_01	0~10	57.25	2017	8	CBFZH10CTS_01	20~30	21.53
2016	5	CBFZH10CTS_01	10~20	39.64	2017	8	CBFZH10CTS_01	30~40	21.61
2016	5	CBFZH10CTS_01	20~30	27.91	2017	8	CBFZH10CTS_01	40~50	20.81
2016	5	CBFZH10CTS_01	30~40	30.68	2017	8	CBFZH10CTS_01	50~60	25.11
2016	5	CBFZH10CTS_01	40~50	25.60	2017	9	CBFZH10CTS_01	0~10	12.78
2016	5	CBFZH10CTS_01	50~60	21.95	2017	9	CBFZH10CTS_01	10~20	11.95
2016	7	CBFZH10CTS_01	0~10	127.02	2017	9	CBFZH10CTS_01	20~30	8.66
2016	7	CBFZH10CTS_01	10~20	44.63	2017	9	CBFZH10CTS_01	30~40	6.18
2016	7	CBFZH10CTS_01	20~30	23.45	2017	9	CBFZH10CTS_01	40~50	8.07
2016	7	CBFZH10CTS_01	30~40	24.18	2017	9	CBFZH10CTS_01	50~60	6.75
2016	7	CBFZH10CTS_01	40~50	26.68	2017	10	CBFZH10CTS_01	0~10	16.30
2016	7	CBFZH10CTS_01	50~60	26.13	2017	10	CBFZH10CTS_01	10~20	15.76
2016	9	CBFZH10CTS_01	0~10	151.64	2017	10	CBFZH10CTS_01	20~30	13.02
2016	9	CBFZH10CTS_01	10~20	22.97	2017	10	CBFZH10CTS_01	30~40	9.27
2016	9	CBFZH10CTS_01	20~30	25.00	2017	10	CBFZH10CTS_01	40~50	9.73
2016	9	CBFZH10CTS_01	30~40	22.88	2017	10	CBFZH10CTS_01	50~60	7.87
2016	9	CBFZH10CTS_01	40~50	25.84	2018	4	CBFZH10CTS_01	0~10	0.61
2016	9	CBFZH10CTS_01	50~60	9.34	2018	4	CBFZH10CTS_01	10~20	0.45
2017	5	CBFZH10CTS_01	0~10	57.25	2018	4	CBFZH10CTS_01	20~30	0.24
2017	5	CBFZH10CTS_01	10~20	39.64	2018	4	CBFZH10CTS_01	30~40	0.21
2017	5	CBFZH10CTS_01	20~30	27.91	2018	4	CBFZH10CTS_01	40~50	0.22
2017	5	CBFZH10CTS_01	30~40	30.68	2018	4	CBFZH10CTS_01	50~60	0.21
2017	5	CBFZH10CTS_01	40~50	25.60	2018	5	CBFZH10CTS_01	0~10	0.71
2017	5	CBFZH10CTS_01	50~60	21.95	2018	5	CBFZH10CTS_01	10~20	0.34
2017	6	CBFZH10CTS_01	0~10	48.68	2018	5	CBFZH10CTS_01	20~30	0.25
2017	6	CBFZH10CTS_01	10~20	22.36	2018	5	CBFZH10CTS_01	30~40	0.19
2017	6	CBFZH10CTS_01	20~30	17.55	2018	5	CBFZH10CTS_01	40~50	0.19
2017	6	CBFZH10CTS_01	30~40	19.41	2018	5	CBFZH10CTS_01	50~60	0.21
2017	6	CBFZH10CTS_01	40~50	19.85	2018	6	CBFZH10CTS_01	0~10	0.30
2017	6	CBFZH10CTS_01	50~60	22.23	2018	6	CBFZH10CTS_01	10~20	0.19
2017	7	CBFZH10CTS_01	0~10	96.58	2018	6	CBFZH10CTS_01	20~30	0.17
2017	7	CBFZH10CTS_01	10~20	22.69	2018	6	CBFZH10CTS_01	30~40	0.15
2017	7	CBFZH10CTS_01	20~30	25.28	2018	6	CBFZH10CTS_01	40~50	0.14
2017	7	CBFZH10CTS_01	30~40	24.85	2018	6	CBFZH10CTS_01	50~60	0.14
2017	7	CBFZH10CTS_01	40~50	24.82	2018	7	CBFZH10CTS_01	0~10	0.08
2017	7	CBFZH10CTS_01	50~60	24.42	2018	7	CBFZH10CTS_01	10~20	0.06
2017	8	CBFZH10CTS_01	0~10	55.58	2018	7	CBFZH10CTS_01	20~30	0.06
2017	8	CBFZH10CTS_01	10~20	28.53	2018	7	CBFZH10CTS_01	30~40	0.06

（续）

年份	月份	样地代码	采样层次/cm	质量含水量/%	年份	月份	样地代码	采样层次/cm	质量含水量/%
2018	7	CBFZH10CTS_01	40～50	0.06	2018	9	CBFZH10CTS_01	20～30	0.20
2018	7	CBFZH10CTS_01	50～60	0.06	2018	9	CBFZH10CTS_01	30～40	0.19
2018	8	CBFZH10CTS_01	0～10	0.36	2018	9	CBFZH10CTS_01	40～50	0.21
2018	8	CBFZH10CTS_01	10～20	0.28	2018	9	CBFZH10CTS_01	50～60	0.21
2018	8	CBFZH10CTS_01	20～30	0.22	2018	10	CBFZH10CTS_01	0～10	0.36
2018	8	CBFZH10CTS_01	30～40	0.18	2018	10	CBFZH10CTS_01	10～20	0.24
2018	8	CBFZH10CTS_01	40～50	0.19	2018	10	CBFZH10CTS_01	20～30	0.18
2018	8	CBFZH10CTS_01	50～60	0.18	2018	10	CBFZH10CTS_01	30～40	0.17
2018	9	CBFZH10CTS_01	0～10	0.58	2018	10	CBFZH10CTS_01	40～50	0.23
2018	9	CBFZH10CTS_01	10～20	0.41	2018	10	CBFZH10CTS_01	50～60	0.20

表3-35　长白山气象观测场土壤质量含水量数据

年份	月份	样地代码	采样层次/cm	质量含水量/%	年份	月份	样地代码	采样层次/cm	质量含水量/%
2016	5	CBFFZ10CTS_01	0～10	77.91	2017	6	CBFFZ10CTS_01	0～10	38.80
2016	5	CBFFZ10CTS_01	10～20	38.11	2017	6	CBFFZ10CTS_01	10～20	25.91
2016	5	CBFFZ10CTS_01	20～30	20.72	2017	6	CBFFZ10CTS_01	20～30	15.34
2016	5	CBFFZ10CTS_01	30～40	21.36	2017	6	CBFFZ10CTS_01	30～40	18.67
2016	5	CBFFZ10CTS_01	40～50	23.17	2017	6	CBFFZ10CTS_01	40～50	21.89
2016	5	CBFFZ10CTS_01	50～60	21.82	2017	6	CBFFZ10CTS_01	50～60	20.91
2016	7	CBFFZ10CTS_01	0～10	38.72	2017	7	CBFFZ10CTS_01	0～10	56.12
2016	7	CBFFZ10CTS_01	10～20	21.27	2017	7	CBFFZ10CTS_01	10～20	26.73
2016	7	CBFFZ10CTS_01	20～30	19.19	2017	7	CBFFZ10CTS_01	20～30	24.67
2016	7	CBFFZ10CTS_01	30～40	22.15	2017	7	CBFFZ10CTS_01	30～40	20.53
2016	7	CBFFZ10CTS_01	40～50	24.89	2017	7	CBFFZ10CTS_01	40～50	21.04
2016	7	CBFFZ10CTS_01	50～60	28.11	2017	7	CBFFZ10CTS_01	50～60	20.21
2016	9	CBFFZ10CTS_01	0～10	40.56	2017	8	CBFFZ10CTS_01	0～10	40.69
2016	9	CBFFZ10CTS_01	10～20	20.17	2017	8	CBFFZ10CTS_01	10～20	27.53
2016	9	CBFFZ10CTS_01	20～30	19.45	2017	8	CBFFZ10CTS_01	20～30	19.36
2016	9	CBFFZ10CTS_01	30～40	19.18	2017	8	CBFFZ10CTS_01	30～40	19.19
2016	9	CBFFZ10CTS_01	40～50	21.54	2017	8	CBFFZ10CTS_01	40～50	19.64
2016	9	CBFFZ10CTS_01	50～60	25.54	2017	8	CBFFZ10CTS_01	50～60	23.57
2017	5	CBFFZ10CTS_01	0～10	45.56	2017	9	CBFFZ10CTS_01	0～10	13.99
2017	5	CBFFZ10CTS_01	10～20	21.07	2017	9	CBFFZ10CTS_01	10～20	8.73
2017	5	CBFFZ10CTS_01	20～30	20.25	2017	9	CBFFZ10CTS_01	20～30	6.80
2017	5	CBFFZ10CTS_01	30～40	22.46	2017	9	CBFFZ10CTS_01	30～40	7.21
2017	5	CBFFZ10CTS_01	40～50	20.28	2017	9	CBFFZ10CTS_01	40～50	7.22
2017	5	CBFFZ10CTS_01	50～60	20.98	2017	9	CBFFZ10CTS_01	50～60	6.89

（续）

年份	月份	样地代码	采样层次/cm	质量含水量/%	年份	月份	样地代码	采样层次/cm	质量含水量/%
2017	10	CBFFZ10CTS_01	0～10	8.33	2018	7	CBFFZ10CTS_01	0～10	0.07
2017	10	CBFFZ10CTS_01	10～20	5.31	2018	7	CBFFZ10CTS_01	10～20	0.05
2017	10	CBFFZ10CTS_01	20～30	4.59	2018	7	CBFFZ10CTS_01	20～30	0.05
2017	10	CBFFZ10CTS_01	30～40	7.82	2018	7	CBFFZ10CTS_01	30～40	0.06
2017	10	CBFFZ10CTS_01	40～50	8.00	2018	7	CBFFZ10CTS_01	40～50	0.05
2017	10	CBFFZ10CTS_01	50～60	8.16	2018	7	CBFFZ10CTS_01	50～60	0.07
2018	4	CBFFZ10CTS_01	0～10	0.45	2018	8	CBFFZ10CTS_01	0～10	0.30
2018	4	CBFFZ10CTS_01	10～20	0.24	2018	8	CBFFZ10CTS_01	10～20	0.18
2018	4	CBFFZ10CTS_01	20～30	0.22	2018	8	CBFFZ10CTS_01	20～30	0.19
2018	4	CBFFZ10CTS_01	30～40	0.18	2018	8	CBFFZ10CTS_01	30～40	0.18
2018	4	CBFFZ10CTS_01	40～50	0.22	2018	8	CBFFZ10CTS_01	40～50	0.20
2018	4	CBFFZ10CTS_01	50～60	0.24	2018	8	CBFFZ10CTS_01	50～60	0.20
2018	5	CBFFZ10CTS_01	0～10	0.43	2018	9	CBFFZ10CTS_01	0～10	0.39
2018	5	CBFFZ10CTS_01	10～20	0.27	2018	9	CBFFZ10CTS_01	10～20	0.32
2018	5	CBFFZ10CTS_01	20～30	0.18	2018	9	CBFFZ10CTS_01	20～30	0.23
2018	5	CBFFZ10CTS_01	30～40	0.19	2018	9	CBFFZ10CTS_01	30～40	0.21
2018	5	CBFFZ10CTS_01	40～50	0.20	2018	9	CBFFZ10CTS_01	40～50	0.20
2018	5	CBFFZ10CTS_01	50～60	0.22	2018	9	CBFFZ10CTS_01	50～60	0.23
2018	6	CBFFZ10CTS_01	0～10	0.23	2018	10	CBFFZ10CTS_01	0～10	0.33
2018	6	CBFFZ10CTS_01	10～20	0.16	2018	10	CBFFZ10CTS_01	10～20	0.20
2018	6	CBFFZ10CTS_01	20～30	0.15	2018	10	CBFFZ10CTS_01	20～30	0.18
2018	6	CBFFZ10CTS_01	30～40	0.14	2018	10	CBFFZ10CTS_01	30～40	0.18
2018	6	CBFFZ10CTS_01	40～50	0.13	2018	10	CBFFZ10CTS_01	40～50	0.17
2018	6	CBFFZ10CTS_01	50～60	0.14	2018	10	CBFFZ10CTS_01	50～60	0.19

表 3 - 36　长白山次生白桦林辅助观测场土壤质量含水量数据

年份	月份	样地代码	采样层次/cm	质量含水量/%	年份	月份	样地代码	采样层次/cm	质量含水量/%
2016	5	CBFQX10CTS_01	0～10	18.20	2016	7	CBFQX10CTS_01	40～50	20.70
2016	5	CBFQX10CTS_01	10～20	15.94	2016	7	CBFQX10CTS_01	50～60	20.67
2016	5	CBFQX10CTS_01	20～30	14.09	2016	9	CBFQX10CTS_01	0～10	21.56
2016	5	CBFQX10CTS_01	30～40	16.28	2016	9	CBFQX10CTS_01	10～20	19.35
2016	5	CBFQX10CTS_01	40～50	12.31	2016	9	CBFQX10CTS_01	20～30	20.45
2016	5	CBFQX10CTS_01	50～60	16.42	2016	9	CBFQX10CTS_01	30～40	21.74
2016	7	CBFQX10CTS_01	0～10	22.14	2016	9	CBFQX10CTS_01	40～50	20.96
2016	7	CBFQX10CTS_01	10～20	24.32	2016	9	CBFQX10CTS_01	50～60	22.45
2016	7	CBFQX10CTS_01	20～30	23.40	2017	5	CBFQX10CTS_01	0～10	17.67
2016	7	CBFQX10CTS_01	30～40	23.51	2017	5	CBFQX10CTS_01	10～20	16.43

（续）

年份	月份	样地代码	采样层次/cm	质量含水量/%	年份	月份	样地代码	采样层次/cm	质量含水量/%
2017	5	CBFQX10CTS_01	20~30	19.36	2018	4	CBFQX10CTS_01	40~50	0.19
2017	5	CBFQX10CTS_01	30~40	20.34	2018	4	CBFQX10CTS_01	50~60	0.16
2017	5	CBFQX10CTS_01	40~50	22.20	2018	5	CBFQX10CTS_01	0~10	0.21
2017	5	CBFQX10CTS_01	50~60	21.75	2018	5	CBFQX10CTS_01	10~20	0.18
2017	6	CBFQX10CTS_01	0~10	22.78	2018	5	CBFQX10CTS_01	20~30	0.19
2017	6	CBFQX10CTS_01	10~20	13.09	2018	5	CBFQX10CTS_01	30~40	0.20
2017	6	CBFQX10CTS_01	20~30	13.87	2018	5	CBFQX10CTS_01	40~50	0.20
2017	6	CBFQX10CTS_01	30~40	15.31	2018	5	CBFQX10CTS_01	50~60	0.20
2017	6	CBFQX10CTS_01	40~50	19.32	2018	6	CBFQX10CTS_01	0~10	0.17
2017	6	CBFQX10CTS_01	50~60	16.35	2018	6	CBFQX10CTS_01	10~20	0.13
2017	7	CBFQX10CTS_01	0~10	26.61	2018	6	CBFQX10CTS_01	20~30	0.10
2017	7	CBFQX10CTS_01	10~20	17.04	2018	6	CBFQX10CTS_01	30~40	0.11
2017	7	CBFQX10CTS_01	20~30	19.24	2018	6	CBFQX10CTS_01	40~50	0.17
2017	7	CBFQX10CTS_01	30~40	15.81	2018	6	CBFQX10CTS_01	50~60	0.14
2017	7	CBFQX10CTS_01	40~50	19.97	2018	7	CBFQX10CTS_01	0~10	0.06
2017	7	CBFQX10CTS_01	50~60	16.89	2018	7	CBFQX10CTS_01	10~20	0.05
2017	8	CBFQX10CTS_01	0~10	22.56	2018	7	CBFQX10CTS_01	20~30	0.04
2017	8	CBFQX10CTS_01	10~20	18.64	2018	7	CBFQX10CTS_01	30~40	0.04
2017	8	CBFQX10CTS_01	20~30	18.97	2018	7	CBFQX10CTS_01	40~50	0.07
2017	8	CBFQX10CTS_01	30~40	24.70	2018	7	CBFQX10CTS_01	50~60	0.05
2017	8	CBFQX10CTS_01	40~50	19.30	2018	8	CBFQX10CTS_01	0~10	0.25
2017	8	CBFQX10CTS_01	50~60	17.09	2018	8	CBFQX10CTS_01	10~20	0.19
2017	9	CBFQX10CTS_01	0~10	11.04	2018	8	CBFQX10CTS_01	20~30	0.20
2017	9	CBFQX10CTS_01	10~20	6.26	2018	8	CBFQX10CTS_01	30~40	0.18
2017	9	CBFQX10CTS_01	20~30	5.45	2018	8	CBFQX10CTS_01	40~50	0.19
2017	9	CBFQX10CTS_01	30~40	6.19	2018	8	CBFQX10CTS_01	50~60	0.18
2017	9	CBFQX10CTS_01	40~50	8.47	2018	9	CBFQX10CTS_01	0~10	0.28
2017	9	CBFQX10CTS_01	50~60	8.70	2018	9	CBFQX10CTS_01	10~20	0.19
2017	10	CBFQX10CTS_01	0~10	9.75	2018	9	CBFQX10CTS_01	20~30	0.19
2017	10	CBFQX10CTS_01	10~20	4.93	2018	9	CBFQX10CTS_01	30~40	0.19
2017	10	CBFQX10CTS_01	20~30	3.43	2018	9	CBFQX10CTS_01	40~50	0.17
2017	10	CBFQX10CTS_01	30~40	4.22	2018	9	CBFQX10CTS_01	50~60	0.16
2017	10	CBFQX10CTS_01	40~50	6.45	2018	10	CBFQX10CTS_01	0~10	0.23
2017	10	CBFQX10CTS_01	50~60	8.14	2018	10	CBFQX10CTS_01	10~20	0.18
2018	4	CBFQX10CTS_01	0~10	0.27	2018	10	CBFQX10CTS_01	20~30	0.18
2018	4	CBFQX10CTS_01	10~20	0.19	2018	10	CBFQX10CTS_01	30~40	0.18
2018	4	CBFQX10CTS_01	20~30	0.21	2018	10	CBFQX10CTS_01	40~50	0.16
2018	4	CBFQX10CTS_01	30~40	0.20	2018	10	CBFQX10CTS_01	50~60	0.19

3.3.2　地表水、地下水水质

3.3.2.1　概述

本数据集包含长白山流动地表水观测场（海拔 738 m，属于天然河流）和长白山气象观测场（海拔 740 m，中心点地理坐标为 128°06′25.05″E、42°23′56.8″N，面积为 1 600 m²）地表水、地下水水质长期定位监测数据的相关信息，时间跨度为 2009—2018 年。数据产品频率：2009—2013 年，2 次/年；2014—2015 年，4 次/年；2016—2018 年，1 次/月。本数据集由 2 张数据表组成，它们分别为：

地表水、地下水水质状况，包括样地代码、采样日期、水温、pH、钙离子、镁离子、钾离子、钠离子、碳酸根离子、重碳酸根离子、氯化物、硫酸根离子、化学需氧量、水中溶解氧、矿化度、总氮、总磷和电导率。

水质测试分析方法，包括站代码、分析年份、分析项目名称、分析方法名称、分析方法引用标准。

3.3.2.2　数据采集及处理方法

本数据集的地表水、地下水水质数据来自 2009—2018 年长白山流动地表水观测场和长白山气象观测场地表水、地下水数据。流动地表水采样点为长白山二道白河上游，水源地为长白山天池；地下水采样点为气象观测场地下水观测井。采集指标包括物理指标和水化学指标。物理指标使用已校准便携式多参数水质分析仪现场测定水温、pH、水中溶解氧和矿化度。水化学指标钙离子、镁离子、钾离子、钠离子、碳酸根离子、重碳酸根离子、氯化物、硫酸根离子、硝酸根、化学需氧量、总氮、总磷指标测定方法（表 3-37）。取样时间为 2009—2014 年 8 月、10 月；2014—2015 年 2 月、4 月、6 月、8 月、10 月；2016—2018 年 1—12 月。分析人员及时、详细地记录每个样品的测试值，并将所有数据录入计算机。数据录入完成后，监测人员对数据进行核实，以保证电子版数据和纸质原始记录数据完全一致。

表 3-37　土壤养分测试分析方法记录

站代码	分析年份	分析项目名称	分析方法名称	分析方法引用标准
CBF	2009—2018	钙离子	EDTA-滴定法	GB 7476—1987
CBF	2009—2018	镁离子	EDTA-滴定法	GB 7476—1988
CBF	2009—2018	钾离子	原子吸收分光光度法	GB 11904—1989
CBF	2009—2018	钠离子	原子吸收分光光度法	GB 11904—1990
CBF	2009—2018	碳酸根离子	酸碱滴定法	GB/T 8538—1995
CBF	2009—2018	重碳酸根离子	酸碱滴定法	GB/T 8538—1995
CBF	2009—2018	氯化物	硝酸银滴定法	GB 11904—1990
CBF	2009—2018	硫酸根离子	EDTA-钡滴定法	GB/T 8538—1995
CBF	2009—2018	硝酸根离子	紫外分光光度法	GB/T 8538—1995
CBF	2009—2018	化学需氧量	酸性高锰酸钾滴定法	GB/T 8538—1995
CBF	2009—2018	总氮	碱性过硫酸钾消解-紫外分光光度法	GB 11894—1989
CBF	2009—2018	总磷	钼酸铵分光光度法	GB 11893—1989

3.3.2.3　数据质量控制和评估

按照《中国生态系统研究网络（CERN）长期观测质量管理规范》丛书《陆地生态系统水环境观测质量保证与质量控制》的相关规定执行，样品采集和运输过程增加采样空白和运输空白，实验室分析测定时插入国家标准样品进行质控；八大离子加和法、阴阳离子平衡法、电导率校核、pH 校核等方法分析数据正确性。

3.3.2.4　数据

具体数据见表 3-38。

表 3 - 38　地表水、地下水水质状况

样地代码	采样日期	水温/℃	pH	Ca^{2+}/(mg/L)	Mg^{2+}/(mg/L)	K^+/(mg/L)	Na^+/(mg/L)	CO_3^{2-}/(mg/L)	HCO_3^-/(mg/L)	Cl^-/(mg/L)	SO_4^{2-}/(mg/L)	NO_3^-/(mg/L)	矿化度/(mg/L)	COD/(mg/L)	DO/(mg/L)	总氮/(mg/L)	总磷/(mg/L)	电导率/(mS/cm)
CBFFZ11CLB	2009-8-31	11.50	6.90	12.751	3.094	3.730	22.430	0.000 0	83.094 0	5.417 0	5.239 0	3.960 0	141.241 0	2.29	10.36	1.369 0	0.127 0	139.000
CBFFZ11CLB	2009-10-31	3.00	6.90	9.837	3.757	4.320	30.090	0.000 0	107.098 0	5.725 0	12.225 0	1.020 0	175.704 0	1.33	9.91	1.366 0	0.126 0	173.000
CBFQX01CDX	2009-8-31	8.00	6.90	22.224	5.524	2.130	7.360	0.000 0	103.405 0	0.185 0	12.225 0	1.020 0	155.628 0	6.05	8.87	1.406 0	0.149 0	134.000
CBFQX01CDX	2009-10-31	4.50	6.90	29.875	5.745	2.330	13.290	0.000 0	126.672 0	0.616 0	29.688 0	1.020 0	210.965 0	5.65	9.95	1.448 0	0.141 0	187.000
CBFFZ11CLB	2010-8-31	11.50	7.83	8.880	1.720	3.460	29.640	0.000 0	98.360 0	5.190 0	3.830 0	0.000 0	0.000 0	2.86	15.09	0.821 0	0.539 0	141.000
CBFFZ11CLB	2010-10-31	4.90	8.08	8.430	2.840	4.000	29.250	0.000 0	95.190 0	4.780 0	12.270 0	0.000 0	0.000 0	2.37	17.21	0.519 0	0.052 0	151.000
CBFQX01CDX	2010-8-31	10.50	7.87	13.830	6.270	1.870	10.910	0.000 0	76.150 0	2.180 0	17.520 0	7.480 0	0.000 0	5.55	14.93	0.637 0	0.217 0	120.000
CBFQX01CDX	2010-10-31	6.80	7.42	27.040	8.590	2.870	14.830	0.000 0	136.440 0	2.110 0	24.570 0	1.560 0	201.168 0	4.57	16.62	0.626 0	0.248 0	179.000
CBFFZ11CLB	2011-8-31	10.40	6.75	17.620	2.810	4.130	29.360	0.000 0	133.260 0	5.510 0	5.800 0	2.490 0	187.329 0	4.85	9.84	0.401 0	0.020 0	181.000
CBFFZ11CLB	2011-10-31	4.30	6.70	15.910	3.290	3.650	25.080	0.000 0	126.060 0	4.490 0	5.840 0	2.760 0	217.673 0	2.88	10.96	0.515 0	0.075 0	165.000
CBFQX01CDX	2011-8-31	8.00	5.79	26.820	8.120	2.310	10.740	0.000 0	144.070 0	1.010 0	13.610 0	1.200 0	226.726 0	8.95	12.43	0.522 0	0.257 0	180.000
CBFQX01CDX	2011-10-31	6.20	5.70	33.120	8.670	2.580	10.180	0.000 0	154.870 0	0.710 0	13.150 0	2.680 0	103.793 8	7.58	10.83	0.699 0	0.257 0	196.000
CBFFZ11CLB	2012-8-31	10.50	6.20	17.400	0.230	0.310	0.650	0.000 0	45.300 0	0.650 0	0.098 0	0.124 0	221.909 0	1.87	16.29	0.784 8	0.022 0	73.000
CBFFZ11CLB	2012-10-31	4.60	6.40	13.510	3.190	3.420	24.700	0.000 0	107.590 0	4.140 0	0.107 0	0.030 0	256.787 0	3.73	14.64	0.340 0	0.059 0	156.000
CBFQX01CDX	2012-8-31	6.80	6.10	11.930	2.750	3.830	31.530	0.000 0	118.920 0	5.660 0	0.110 0	0.030 0	232.175 0	2.16	14.30	0.358 0	0.034 0	172.000
CBFQX01CDX	2012-10-31	9.00	6.40	25.000	4.590	2.110	4.860	0.000 0	84.940 0	1.270 0	0.227 0	0.015 0	158.726 0	10.81	12.74	0.748 0	0.176 0	120.000
CBFFZ11CLB	2013-8-31	11.00	7.55	9.080	2.460	3.960	28.800	0.000 0	101.380 0	5.410 0	4.620 0	1.870 0	153.389 0	3.28	15.10	0.756 0	0.000 0	150.000
CBFFZ11CLB	2013-10-31	7.60	8.05	12.090	3.080	3.330	21.350	0.000 0	101.380 0	4.620 0	5.420 0	1.390 0	96.072 0	1.67	15.31	0.569 0	0.000 0	128.000
CBFQX01CDX	2013-8-31	16.00	7.69	11.290	4.660	1.390	6.790	0.000 0	59.140 0	0.920 0	9.720 0	0.900 0	161.942 0	6.26	15.73	0.842 0	0.061 0	88.000
CBFQX01CDX	2013-10-31	9.50	7.34	19.830	8.050	2.100	9.490	0.000 0	107.010 0	1.800 0	10.970 0	1.620 0	157.318 0	3.57	16.24	0.912 0	0.181 0	128.000
CBFFZ11CLB	2014-4-30	13.03	7.36	9.920	8.904	12.252	0.000	0.000 0	88.921 0	4.616 0	31.380 0	0.229 0	154.993 0	3.27	12.36	0.584 0	0.000 0	157.000
CBFFZ11CLB	2014-6-30	13.56	7.38	9.523	9.627	12.252	0.000	0.000 0	73.229 0	3.297 0	45.650 0	0.360 0	148.109 0	2.23	9.95	0.512 0	0.000 0	154,7
CBFFZ11CLB	2014-8-31	15.73	7.50	8.729	10.108	14,294	0.000	0.000 0	83.690 0	4.286 0	39.940 0	0.378 0	169.485 0	2.31	8.85	0.543 0	0.000 0	162/8
CBFFZ11CLB	2014-10-31	6.79	7.40	9.126	12.033	13.273	0.000	0.000 0	94.151 0	4.616 0	35.190 0	0.229 0	116.275 0	2.23	14.43	0.435 0	0.000 0	176.300
CBFQX01CDX	2014-4-30	6.30	6.20	18.649	5.054	5.105	6.062	0.000 0	47.076 0	0.659 0	32.330 0	0.397 0	91.180 9	4.14	9.06	0.432 0	0.029 0	114.000
CBFQX01CDX	2014-6-30	7.90	6.26	13.888	5.632	6.126	13.009	0.000 0	50.999 9	0.000 0	37.47	0.578 0	91.180 9	5.36	5.55	0.499 0	0.161 0	114.700

（续）

样地代码	采样日期	水温/℃	pH	Ca²⁺/(mg/L)	Mg²⁺/(mg/L)	K⁺/(mg/L)	Na⁺/(mg/L)	CO₃²⁻/(mg/L)	HCO₃⁻/(mg/L)	Cl⁻/(mg/L)	SO₄²⁻/(mg/L)	NO₃⁻/(mg/L)	矿化度/(mg/L)	COD/(mg/L)	DO/(mg/L)	总氮/(mg/L)	总磷/(mg/L)	电导率/(mS/cm)
CBFQX01CDX	2014-8-31	7.67	6.37	21.030	7.461	7.147	13.009	0.000 0	78.460	0.000 0	54.210 0	0.192 0	182.421 0	6.85	5.83	0.441 0	0.254 0	143.600
CBFQX01CDX	2014-10-31	7.10	6.28	19.840	4.091	4.084	6.947	0.000 0	52.306	2.637	37.090 0	0.229 0	127.687 0	3.57	7.22	0.459 0	0.040 0	105.600
CBFFZ11CLB	2015-4-30	8.71	7.31	9.785	8.752	7.620	12.412	0.000 0	98.230	4.256	10.213 0	1.936 0	153.204 0	5.99	9.90	0.355 0	0.129 0	185.330
CBFFZ11CLB	2015-6-30	13.92	7.57	11.135	10.254	9.263	30.258	0.000 0	102.417	3.338	18.326 0	1.714 0	186.737 0	4.32	9.97	1.142 0	0.047 0	198.020
CBFFZ11CLB	2015-8-31	10.32	8.24	10.230	9.440	5.685	7.212	0.000 0	48.124	5.112	8.822 0	1.688 0	96.314 0	2.31	9.31	0.948 0	0.018 7	171.950
CBFFZ11CLB	2015-10-31	7.56	7.68	10.120	9.420	8.212	24.160	0.000 0	88.796	3.412	12.487 0	2.128 0	158.813 0	3.69	9.80	0.776 0	0.125 0	176.070
CBFQX01CDX	2015-4-30	7.53	6.42	13.420	4.230	3.680	5.120	0.000 0	56.224	1.224	8.441 0	0.912 0	93.263 0	7.23	0.25	0.884 0	0.084 1	92.430
CBFQX01CDX	2015-6-30	7.57	5.98	15.360	5.280	6.562	9.560	0.000 0	68.325	0.962	6.998 0	0.625 0	113.713 0	6.62	7.91	0.986 0	0.034 0	47.130
CBFQX01CDX	2015-8-31	7.85	6.43	15.820	6.220	3.840	3.120	0.000 0	55.421	0.894	7.346 0	1.562 0	94.286 0	9.18	7.05	1.112 0	0.054 0	133.840
CBFQX01CDX	2015-10-31	7.76	6.90	14.480	5.270	3.850	6.280	0.000 0	59.770	1.026	7.538 0	1.024 0	98.362 0	7.92	4.53	0.945 0	0.064 0	101.350
CBFFZ11CLB	2016-1-31	0.93	7.65	9.535	10.274	7.692	13.767	0.000 0	153.207 6	1.999 4	19.528 5	0.054 5	216.058 0	3.43	11.44	0.359 6	0.191 3	121.890
CBFFZ11CLB	2016-2-28	1.31	7.54	10.816	10.250	6.593	8.083	0.000 0	126.562 8	4.998 5	10.875 8	0.038 4	178.217 4	5.63	11.83	0.374 6	0.191 5	132.640
CBFFZ11CLB	2016-3-31	6.19	8.27	10.758	7.345	6.784	10.782	0.000 0	139.885 2	10.996 6	9.201 1	0.243 4	195.995 3	3.87	10.83	0.364 9	0.279 4	124.650
CBFFZ11CLB	2016-4-30	10.75	8.14	9.041	12.024	6.565	12.408	0.000 0	119.901 6	6.997 8	10.596 7	0.362 1	177.896 9	4.31	11.55	0.396 6	0.162 1	142.130
CBFFZ11CLB	2016-5-31	13.43	8.54	8.291	9.559	6.630	10.232	0.000 0	99.918 0	10.996 6	8.782 4	0.054 5	154.463 5	2.55	8.75	0.364 9	0.207 9	156.850
CBFFZ11CLB	2016-6-30	11.84	8.61	8.547	7.829	6.859	8.328	0.000 0	146.546 4	11.996 3	10.596 7	0.108 5	200.810 9	5.63	8.78	0.359 9	0.281 9	149.280
CBFFZ11CLB	2016-7-31	12.53	8.12	9.352	8.125	6.158	11.355	0.000 0	119.901 6	6.997 8	9.480 2	1.009 6	172.379 3	3.43	8.57	0.386 0	0.196 3	155.690
CBFFZ11CLB	2016-8-31	9.90	7.62	9.974	7.290	8.740	9.543	0.000 0	73.273 2	7.997 5	10.736 2	0.092 3	127.646 3	5.63	9.08	0.348 2	0.142 7	114.500
CBFFZ11CLB	2016-9-30	11.24	8.03	9.681	8.206	7.402	12.045	0.000 0	159.868 8	2.999 1	20.505 4	0.011 4	220.718 7	4.75	9.33	0.324 5	0.241 9	179.100
CBFFZ11CLB	2016-10-31	7.00	7.95	7.414	10.096	8.478	9.624	0.000 0	173.191 2	1.999 4	17.016 4	0.318 9	228.138 0	4.31	12.80	0.393 0	0.271 4	173.300
CBFFZ11CLB	2016-11-30	2.20	8.33	10.084	8.913	5.821	12.338	0.000 0	159.868 8	3.998 8	10.875 8	0.103 1	212.002 5	3.43	11.54	0.362 3	0.257 6	152.000
CBFFZ11CLB	2016-12-31	2.04	8.05	12.006	9.613	6.485	10.665	0.000 0	186.513 6	2.999 1	12.271 4	0.130 1	237.407 2	5.19	12.75	0.408 9	0.236 7	136.900
CBFQX01CDX	2016-1-31	7.00	6.88	12.006	9.323	6.026	12.678	0.000 0	119.901 6	2.999 1	10.875 8	0.211 0	174.021 3	3.87	1.50	0.444 0	0.280 6	103.740
CBFQX01CDX	2016-2-28	7.50	6.99	10.377	8.770	6.841	10.490	0.000 0	139.885 2	12.996 0	9.480 2	0.238 0	199.077 4	2.99	2.85	0.437 9	0.143 6	109.780
CBFQX01CDX	2016-3-31	7.84	6.66	8.986	10.387	5.733	9.730	0.000 0	86.595 6	14.995 4	11.992 3	0.443 1	148.866 4	8.71	5.95	0.359 6	0.260 9	62.320

（续）

样地代码	采样日期	水温/℃	pH	Ca²⁺/(mg/L)	Mg²⁺/(mg/L)	K⁺/(mg/L)	Na⁺/(mg/L)	CO₃²⁻/(mg/L)	HCO₃⁻/(mg/L)	Cl⁻/(mg/L)	SO₄²⁻/(mg/L)	NO₃⁻/(mg/L)	矿化度/(mg/L)	COD/(mg/L)	DO/(mg/L)	总氮/(mg/L)	总磷/(mg/L)	电导率/(mS/cm)
CBFQX01CDX	2016 - 4 - 30	7.61	6.94	7.230	7.156	6.629	8.888	0.000 0	99.918 0	4.998 5	12.131 8	0.173 3	147.125 6	5.19	7.80	0.405 3	0.283 2	71.590
CBFQX01CDX	2016 - 5 - 31	8.70	7.18	9.352	12.288	7.380	11.051	0.000 0	93.256 8	7.997 5	12.411 0	0.259 6	153.995 9	6.95	9.44	0.275 3	0.195 4	48.760
CBFQX01CDX	2016 - 6 - 30	8.50	7.70	11.640	10.755	5.722	9.788	0.000 0	93.256 8	5.998 1	11.015 4	0.227 2	148.405 3	6.51	8.12	0.389 5	0.246 8	74.340
CBFQX01CDX	2016 - 7 - 31	8.25	6.53	8.273	8.959	9.779	9.473	0.000 0	93.256 8	2.999 1	11.294 5	0.146 3	144.182 5	7.39	7.81	0.270 0	0.220 8	84.810
CBFQX01CDX	2016 - 8 - 31	11.59	5.60	9.517	9.042	8.043	11.952	0.000 0	66.612 0	9.996 9	13.248 3	0.378 3	128.789 5	10.91	5.30	0.422 9	0.138 2	52.500
CBFQX01CDX	2016 - 9 - 30	8.56	6.52	9.234	8.754	6.753	9.812	0.000 0	139.885 2	12.996 0	12.550 5	0.874 7	200.860 7	9.15	6.81	0.421 2	0.278 2	102.800
CBFQX01CDX	2016 - 10 - 31	7.93	7.27	9.133	7.716	6.704	11.671	0.000 0	106.579 2	9.996 9	13.667 0	1.311 8	166.778 9	6.95	6.41	0.386 0	0.185 3	73.100
CBFQX01CDX	2016 - 11 - 30	7.50	7.45	8.986	7.906	4.049	10.630	0.000 0	119.901 6	1.999 4	12.411 0	0.238 0	166.121 7	2.99	7.42	0.298 1	0.250 2	89.570
CBFQX01CDX	2016 - 12 - 31	7.86	7.25	8.310	8.531	4.153	11.566	0.000 0	113.240 4	6.997 8	13.806 6	0.076 1	166.681 5	6.07	2.15	0.266 5	0.208 8	87.390
CBFFZ11CLB	2017 - 1 - 31	1.61	8.07	9.938	7.021	7.444	11.416	0.000 0	185.903 6	17.039 4	11.466 2	0.134 5	250.292 8	3.85	12.43	0.258 4	0.132 1	135.100
CBFFZ11CLB	2017 - 2 - 28	4.15	8.09	5.947	7.182	8.761	7.717	0.000 0	70.820 4	22.719 2	3.951 7	0.118 4	127.493 5	3.85	10.97	0.207 3	0.100 9	107.350
CBFFZ11CLB	2017 - 3 - 31	6.60	8.05	10.352	9.499	8.957	11.377	0.000 0	168.198 5	15.903 4	5.986 9	0.323 4	230.553 7	5.27	11.13	0.152 3	0.108 7	128.760
CBFFZ11CLB	2017 - 4 - 30	8.40	7.39	10.917	9.622	6.302	10.879	0.000 0	141.640 9	11.359 6	19.920 0	0.442 1	210.801 9	6.22	5.22	0.333 3	0.132 1	148.770
CBFFZ11CLB	2017 - 5 - 31	7.81	8.60	6.113	9.030	9.249	7.658	0.000 0	141.640 9	5.679 8	8.335 2	0.134 5	187.899 3	6.69	9.81	0.194 0	0.104 8	153.280
CBFFZ11CLB	2017 - 6 - 30	11.87	7.35	12.455	6.948	3.209	12.632	0.000 0	106.230 7	9.655 7	8.804 8	0.188 5	160.761 2	10.96	8.33	0.233 4	0.175 1	126.560
CBFFZ11CLB	2017 - 7 - 31	13.34	6.41	10.680	11.968	3.817	10.930	0.000 0	106.230 7	1.703 9	3.716 9	1.089 6	149.150 7	3.85	8.35	0.331 3	0.163 4	169.220
CBFFZ11CLB	2017 - 8 - 31	10.48	7.22	8.616	9.598	4.129	8.330	0.000 0	35.410 2	18.175 4	3.247 2	0.172 3	87.715 4	4.32	9.00	0.370 6	0.147 8	169.130
CBFFZ11CLB	2017 - 9 - 30	9.17	7.20	6.378	7.367	3.494	13.601	0.000 0	185.903 6	3.975 9	11.622 8	0.091 4	232.611 2	3.85	9.00	0.150 6	0.104 8	167.670
CBFFZ11CLB	2017 - 10 - 31	7.32	7.35	8.055	10.684	5.178	8.473	0.000 0	106.230 7	4.543 8	3.638 6	0.398 9	146.991 1	5.27	9.68	0.195 7	0.128 2	163.180
CBFFZ11CLB	2017 - 11 - 30	18.86	7.37	6.247	7.317	6.663	7.880	0.000 0	115.083 2	3.407 9	13.110 0	0.183 1	160.867 4	3.37	8.46	0.217 8	0.147 8	150.400
CBFFZ11CLB	2017 - 12 - 31	0.43	6.68	11.766	12.005	3.128	11.429	0.000 0	247.871 5	1.703 9	8.413 5	0.210 1	297.578 7	3.85	11.53	0.191 0	0.104 8	142.500
CBFQX01CDX	2017 - 1 - 31	7.84	6.75	8.327	10.992	5.794	10.497	0.000 0	150.493 4	14.767 5	7.317 6	0.291 0	208.312 8	5.74	1.58	0.299 4	0.182 9	94.100
CBFQX01CDX	2017 - 2 - 28	7.16	7.03	11.295	10.955	3.263	12.103	0.000 0	44.262 8	4.543 8	2.934 1	0.318 0	89.395 4	6.22	1.33	0.389 0	0.124 3	94.470
CBFQX01CDX	2017 - 3 - 31	7.84	7.69	9.394	8.870	3.394	11.866	0.000 0	44.262 8	3.975 9	11.231 4	0.523 1	93.953 7	6.69	7.86	0.235 2	0.163 4	66.910
CBFQX01CDX	2017 - 4 - 30	6.91	6.81	8.128	8.143	3.977	10.897	0.000 0	53.115 3	11.359 6	6.691 4	0.253 3	102.490 3	10.01	9.83	0.311 0	0.210 3	47.640

（续）

样地代码	采样日期	水温/℃	pH	Ca²⁺/(mg/L)	Mg²⁺/(mg/L)	K⁺/(mg/L)	Na⁺/(mg/L)	CO₃²⁻/(mg/L)	HCO₃⁻/(mg/L)	Cl⁻/(mg/L)	SO₄²⁻/(mg/L)	NO₃⁻/(mg/L)	矿化度/(mg/L)	COD/(mg/L)	DO/(mg/L)	总氮/(mg/L)	总磷/(mg/L)	电导率/(mS/cm)
CBFQX01CDX	2017-5-31	7.57	6.97	13.542	9.388	3.307	8.415	0.000 0	53.115 3	3.407 9	6.300 0	0.339 6	97.528 3	8.11	8.11	0.432 8	0.300 1	94.870
CBFQX01CDX	2017-6-30	11.53	6.64	7.748	9.770	7.618	7.987	0.000 0	44.262 8	7.951 7	4.421 4	0.307 2	90.071 6	5.74	6.59	0.181 6	0.108 7	58.400
CBFQX01CDX	2017-7-31	8.64	5.81	7.983	9.450	3.237	8.235	0.000 0	194.756 0	2.271 9	21.876 9	0.226 3	247.831 7	6.69	7.95	0.176 3	0.136 1	88.630
CBFQX01CDX	2017-8-31	12.32	5.88	9.575	10.449	4.140	10.743	0.000 0	106.230 7	5.111 8	14.362 4	0.458 3	160.723 4	5.27	8.11	0.713 5	0.229 8	115.660
CBFQX01CDX	2017-9-30	12.13	6.37	5.091	12.240	2.806	7.707	0.000 0	115.083 2	3.975 9	15.771 4	0.954 7	162.863 0	8.59	7.86	0.363 8	0.233 7	121.700
CBFQX01CDX	2017-10-31	9.08	6.91	10.716	11.869	3.339	10.419	0.000 0	70.820 4	5.111 8	8.491 7	1.391 8	121.095 3	8.11	6.45	0.350 1	0.163 4	115.550
CBFQX01CDX	2017-11-30	1.96	6.00	8.019	10.819	4.009	9.623	0.000 0	61.967 3	7.383 7	4.186 6	0.318	106.066 7	4.32	8.13	0.279 2	0.225 9	136.400
CBFQX01CDX	2017-12-31	7.01	5.36	6.139	10.770	4.177	8.437	0.000 0	79.673 0	5.679 8	6.221 7	0.156 1	121.102 1	4.80	6.38	0.233 5	0.175 1	117.000
CBFFZ11CLB	2018-1-31	0.78	7.19	11.264	9.018	3.193	12.536	10.113 6	77.613 6	8.997 2	5.371 4	2.916	141.058 6	4.38	10.73	2.923	0.237	127.700
CBFFZ11CLB	2018-2-28	2.36	7.47	10.802	9.186	3.058	12.613	5.056 8	106.169 6	8.497 4	5.533 3	2.239	163.157 0	4.94	11.73	2.241	0.236	131.400
CBFFZ11CLB	2018-3-31	6.70	7.12	10.496	4.984	2.768	11.513	0.000 0	86.400 1	6.997 8	5.533 3	2.491	131.377	4.15	10.08	2.497	0.242	95.590
CBFFZ11CLB	2018-4-30	8.30	7.00	10.904	7.074	2.990	11.783	0.000 0	104.705 2	6.997 8	7.422 0	0.960	152.852 8	4.33	9.30	0.962	0.266	80.820
CBFFZ11CLB	2018-5-31	11.26	7.12	9.922	7.614	3.138	12.745	11.558 4	72.488 2	9.497 1	8.555 2	2.404 0	137.994 8	5.14	8.37	2.407 0	0.214	145.780
CBFFZ11CLB	2018-6-30	14.06	7.15	10.054	6.636	3.065	12.608	15.892 8	108.366 2	7.997 5	9.202 8	1.754 0	175.576 3	3.59	8.27	1.758 0	0.231 0	157.410
CBFFZ11CLB	2018-7-31	16.14	7.33	10.512	7.700	3.496	13.213	7.224 0	104.705 2	9.497 1	6.666 5	1.802 0	164.921 3	4.37	8.33	1.803 0	0.236 0	188.200
CBFFZ11CLB	2018-8-31	12.84	6.86	9.950	6.174	3.622	13.267	14.448 0	79.078 0	8.997 2	7.529 9	2.081 0	145.230 6	4.78	7.81	2.913 0	0.227 0	160.200
CBFFZ11CLB	2018-9-30	10.87	7.21	12.106	8.040	3.487	12.827	7.946 4	107.634 0	9.497 1	8.501 3	2.746 0	172.854 3	4.91	8.57	2.746 0	0.236 0	160.000
CBFFZ11CLB	2018-10-31	6.39	7.72	10.974	9.710	3.560	13.313	9.391 2	85.667 9	9.497 1	6.666 5	2.617 0	151.395 6	5.22	10.31	2.617 0	0.242 0	142.900
CBFFZ11CLB	2018-11-30	2.55	7.00	10.968	10.182	3.390	12.646	0.000 0	120.081 5	7.497 7	7.152 2	2.721 0	174.710 7	4.73	11.53	2.721 0	0.251 0	122.200
CBFFZ11CLB	2018-12-31	0.32	7.50	12.236	9.498	3.189	12.708	0.000 0	120.813 7	7.497 7	6.072 9	2.931 0	174.949 6	4.18	11.29	2.931 0	0.224 0	112.300

（续）

样地代码	采样日期	水温/℃	pH	Ca^{2+}/(mg/L)	Mg^{2+}/(mg/L)	K^+/(mg/L)	Na^+/(mg/L)	CO_3^{2-}/(mg/L)	HCO_3^-/(mg/L)	Cl^-/(mg/L)	SO_4^{2-}/(mg/L)	NO_3^-/(mg/L)	矿化度/(mg/L)	COD/(mg/L)	DO/(mg/L)	总氮/(mg/L)	总磷/(mg/L)	电导率/(mS/cm)
CBFQX01CDX	2018-1-31	7.53	6.35	13.986	8.898	1.863	6.738	0.000 0	68.095 0	1.499 5	9.418 7	2.391 0	113.299 3	7.51	6.47	2.394 0	0.146 0	103.700
CBFQX01CDX	2018-2-28	8.66	6.19	12.654	10.976	1.743	6.451	0.000 0	57.844 1	1.999 4	10.174 2	2.947 0	105.246 7	7.48	6.25	2.955 0	0.120 0	119.300
CBFQX01CDX	2018-3-31	9.47	6.86	14.020	10.426	1.646	5.749	0.000 0	54.183 1	2.999 1	19.186 2	3.984 0	112.956 5	7.56	4.53	3.987 0	0.144 0	102.010
CBFQX01CDX	2018-4-30	4.51	6.13	15.794	7.132	0.556	4.078	0.000 0	32.949 2	1.499 5	13.412 0	3.004 0	78.630 0	7.95	6.53	3.007 0	0.265 0	98.950
CBFQX01CDX	2018-5-31	10.01	6.47	14.088	8.434	1.290	6.760	0.000 0	38.074 6	1.999 4	13.573 9	3.085 0	87.781 7	7.50	8.18	3.110 0	0.144 0	81.830
CBFQX01CDX	2018-6-30	9.50	6.90	12.552	8.154	1.674	6.569	0.000 0	59.308 5	4.498 6	10.390 0	3.254 0	106.991 6	6.89	8.10	3.257 0	0.134 0	108.830
CBFQX01CDX	2018-7-31	8.88	7.70	12.166	8.602	1.383	7.134	0.000 0	58.576 3	2.499 2	10.012 3	3.171 0	103.909 3	6.90	7.84	3.179 0	0.125 0	109.600
CBFQX01CDX	2018-8-31	10.23	7.55	13.818	8.454	3.716	8.087	0.000 0	76.149 2	2.999 1	9.472 6	2.143 0	125.275 4	7.15	7.12	2.145 0	0.111 0	105.800
CBFQX01CDX	2018-9-30	10.80	7.43	15.174	6.946	1.263	6.864	0.000 0	41.003 4	2.499 2	12.224 8	2.150 0	88.313 9	7.03	7.76	2.159 0	0.126 0	66.200
CBFQX01CDX	2018-10-31	8.13	7.08	12.622	7.754	1.842	6.862	0.000 0	77.613 6	3.498 9	9.202 8	2.765 0	122.784 9	7.25	7.66	2.740 0	0.229 0	100.300
CBFQX01CDX	2018-11-30	7.90	6.76	12.806	7.820	2.193	7.886	0.000 0	75.417 0	2.499 2	8.339 4	2.856 0	121.308 5	7.15	8.87	2.866 0	0.254 0	106.600
CBFQX01CDX	2018-12-31	6.51	6.90	12.938	7.120	2.195	7.439	0.000 0	84.935 7	1.499 5	8.015 6	2.687 0	127.366 1	7.73	8.41	2.695 0	0.183 0	94.800

3.3.3　雨水水质

3.3.3.1　概述

本数据集是长白山气象观测场（海拔740 m，中心点地理坐标为128°06′25.05″E、42°23′56.8″N，面积为1 600 m²）雨水水质长期定位监测数据的相关信息，时间跨度为2009—2018年。数据集包括调查年月、样地代码、水温、pH、矿化度、硫酸根离子、非溶性总质量和电导率。数据产品频率：2009—2012年，4次/1年；2013—2018年，1次/月。

3.3.3.2　数据采集及处理方法

本数据集的雨水水质数据来自2009—2018年长白山气象观测场雨水水质数据。长白山气象观测场以"□"形布设雨水收集器（图2-5），每月收集雨水进行长期定位监测。采集指标水温、pH、矿化度和电导率使用已校准便携式多参数水质分析仪现场测定，硫酸根离子测定方法为EDTA-钡滴定法，非溶性物质总含量测定方法为质量法。取样时间为2009—2012年1月、4月、8月、10月；2012—2018年1—12月。分析人员及时、详细地记录每个样品的测试值，并将所有数据录入计算机。数据录入完成后，监测人员对数据进行核实，以保证电子版数据和纸质原始记录数据完全一致。

3.3.3.3　数据质量控制和评估

按照《中国生态系统研究网络（CERN）长期观测质量管理规范》丛书《陆地生态系统水环境观测质量保证与质量控制》的相关规定执行，样品采集和运输过程增加采样空白和运输空白，实验室分析测定时插入国家标准样品进行质控。

3.3.3.4　数据

具体数据见表3-39。

表 3-39　雨水水质状况

年份	月份	样地代码	水温/℃	pH	矿化度/(mg/L)	硫酸根（SO_4^{2-}）/(mg/L)	非溶性物质总含量/(mg/L)	电导率/(mS/cm)
2009	1	CBFQX01	−8.1	6.90	126.53	2.620 0	181.60	124.000
2009	4	CBFQX01	3.0	6.80	131.05	8.732 0	15.60	138.000
2009	8	CBFQX01	26.5	6.70	81.66	9.605 0	40.40	68.000
2009	10	CBFQX01	5.0	7.50	36.24	5.239 0	14.40	31.000
2010	1	CBFQX01	−10.5	7.58	未检测	47.890 0	未检测	201.000
2010	4	CBFQX01	1.4	7.27	未检测	18.600 0	未检测	97.000
2010	8	CBFQX01	21.0	7.21	未检测	11.010 0	未检测	56.000
2010	10	CBFQX01	9.6	7.08	未检测	3.350 0	未检测	23.000
2011	1	CBFQX01	1.1	6.89	140.08	27.010 0	32.00	144.000
2011	4	CBFQX01	1.0	6.90	116.67	23.870 0	56.00	126.000
2011	8	CBFQX01	20.7	6.50	113.58	43.780 0	40.00	178.000
2011	10	CBFQX01	8.4	6.62	73.21	4.570 0	24.00	68.000
2012	1	CBFQX01	2.5	6.30	103.53	8.850 0	73.20	105.000
2012	4	CBFQX01	2.4	6.10	96.28	7.680 0	109.20	97.000
2012	8	CBFQX01	15.8	6.40	257.06	13.680 0	127.60	183.000
2012	10	CBFQX01	10.5	6.20	85.50	6.240 0	106.80	86.000
2013	1	CBFQX01	14.6	7.81	49.13	3.646 0	151.80	74.240
2013	2	CBFQX01	13.8	7.70	62.68	4.892 0	24.80	94.430

（续）

年份	月份	样地代码	水温/℃	pH	矿化度/ (mg/L)	硫酸根（SO_4^{2-}）/ (mg/L)	非溶性物质总含 量/（mg/L）	电导率/ (mS/cm)
2013	3	CBFQX01	15.5	8.93	42.93	3.406 0	225.80	64.700
2013	4	CBFQX01	16.9	7.32	23.90	2.616 0	202.80	36.520
2013	5	CBFQX01	20.0	7.41	51.89	2.734 0	18.80	78.670
2013	6	CBFQX01	23.3	7.33	65.13	10.620 0	44.80	98.190
2013	7	CBFQX01	22.8	6.60	8.37	1.429 0	11.80	12.840
2013	8	CBFQX01	23.5	4.75	20.88	4.525 0	88.68	31.890
2013	9	CBFQX01	8.8	5.20	7.78	2.336 0	9.80	11.930
2013	10	CBFQX01	14.2	6.06	11.31	7.622 0	108.30	17.620
2013	11	CBFQX01	11.6	8.32	30.85	2.896 0	134.30	47.720
2013	12	CBFQX01	13.4	5.94	24.83	4.540 0	211.30	38.450
2014	1	CBFQX01	10.8	6.85	31.92	8.784 0	220.90	50.420
2014	2	CBFQX01	14.5	4.72	32.37	7.689 0	82.90	51.190
2014	3	CBFQX01	13.1	8.27	65.47	13.490 0	104.90	103.400
2014	4	CBFQX01	8.9	5.23	62.27	13.810 0	165.90	985.100
2014	5	CBFQX01	19.6	5.28	20.33	5.051 0	89.90	32.360
2014	6	CBFQX01	22.9	5.01	23.78	5.549 0	73.83	37.730
2014	7	CBFQX01	24.9	4.36	22.52	5.346 0	73.83	35.070
2014	8	CBFQX01	25.3	7.42	35.08	3.853 0	73.83	54.200
2014	9	CBFQX01	7.5	7.08	29.11	3.241 0	73.83	45.050
2015	1	CBFQX01	19.8	6.74	20.38	4.341 0	154.00	32.280
2015	2	CBFQX01	12.3	7.20	19.86	4.125 0	32.50	30.880
2015	3	CBFQX01	14.6	8.83	31.86	2.243 0	50.00	49.280
2015	4	CBFQX01	14.7	9.89	49.15	3.303 0	70.50	76.080
2015	5	CBFQX01	22.0	6.20	22.43	4.590 0	106.00	34.840
2015	6	CBFQX01	21.0	6.56	22.23	4.332 0	2.00	34.520
2015	7	CBFQX01	23.6	9.45	21.05	0.680 1	51.56	32.990
2015	8	CBFQX01	21.6	8.87	28.54	2.628 0	585.56	44.530
2015	9	CBFQX01	10.3	6.72	31.26	2.967 0	1 293.56	48.780
2015	10	CBFQX01	19.5	6.63	23.34	4.192 0	142.00	36.240
2015	11	CBFQX01	22.8	7.18	19.94	0.786 6	139.56	31.150
2015	12	CBFQX01	18.8	6.67	11.58	1.715 0	74.00	18.120
2016	1	CBFQX01	23.1	6.73	27.29	2.339 0	198.67	43.060
2016	2	CBFQX01	17.6	6.34	17.10	2.650 0	94.67	27.200
2016	3	CBFQX01	22.2	6.53	55.69	7.792 0	66.67	87.710
2016	4	CBFQX01	4.5	6.55	48.69	8.598 0	682.67	75.850
2016	5	CBFQX01	22.5	5.66	15.87	3.060 0	122.67	25.320
2016	6	CBFQX01	23.7	5.88	11.04	2.173 0	58.67	17.390
2016	7	CBFQX01	14.9	7.43	7.07	0.241 4	146.20	11.180

(续)

年份	月份	样地代码	水温/℃	pH	矿化度/(mg/L)	硫酸根（SO_4^{2-}）/(mg/L)	非溶性物质总含量/(mg/L)	电导率/(mS/cm)
2016	8	CBFQX01	14.6	7.49	5.73	0.418 3	342.20	9.030
2016	9	CBFQX01	4.5	7.26	10.14	1.863 0	178.00	16.000
2016	10	CBFQX01	19.8	6.84	48.02	7.508 0	260.20	75.080
2016	11	CBFQX01	12.3	7.00	25.79	6.705 0	672.20	40.300
2016	12	CBFQX01	14.6	7.07	12.84	2.424 0	42.20	20.250
2017	1	CBFQX01	11.4	6.63	29.66	3.084 0	2.75	18.620
2017	2	CBFQX01	10.4	6.81	25.48	1.855 0	1.87	15.950
2017	3	CBFQX01	12.2	6.94	76.95	4.667 0	4.07	48.820
2017	4	CBFQX01	8.7	6.43	39.87	2.716 0	4.62	25.280
2017	5	CBFQX01	4.9	6.59	63.35	4.058 0	6.89	40.210
2017	6	CBFQX01	8.5	6.30	43.78	2.633 0	3.50	21.770
2017	7	CBFQX01	11.2	7.19	49.90	2.374 0	6.03	32.620
2017	8	CBFQX01	8.6	6.74	27.90	2.215 0	1.63	17.900
2017	9	CBFQX01	14.0	6.27	43.38	5.760 0	2.28	28.200
2017	10	CBFQX01	14.6	6.64	18.41	1.616 0	4.59	11.630
2017	11	CBFQX01	6.1	6.28	79.63	8.392 0	10.07	50.780
2017	12	CBFQX01	11.5	6.33	48.53	4.891 0	3.71	30.870
2018	1	CBFQX01	6.2	6.34	38.60	6.039 0	7.50	60.710
2018	2	CBFQX01	16.0	6.40	28.74	4.809 0	4.58	45.340
2018	3	CBFQX01	9.4	7.76	14.22	2.476 0	5.96	22.780
2018	4	CBFQX01	4.5	7.01	73.80	15.860 0	12.52	116.400
2018	5	CBFQX01	4.6	7.02	22.00	4.625 0	3.90	34.870
2018	6	CBFQX01	25.9	6.26	11.60	2.275 0	1.16	18.500
2018	7	CBFQX01	14.8	6.13	7.50	0.937 7	0.88	11.970
2018	8	CBFQX01	22.9	6.24	9.59	2.283 0	1.33	15.300
2018	9	CBFQX01	15.0	6.20	4.11	0.590 0	0.68	6.590
2018	10	CBFQX01	9.0	6.07	15.01	2.543 0	2.25	24.050
2018	11	CBFQX01	12.7	6.39	21.15	2.761 0	3.34	33.530
2018	12	CBFQX01	15.6	6.28	43.32	8.258 0	6.26	68.410

3.3.4 蒸发量

3.3.4.1 概述

本数据集是长白山气象观测场（海拔 740 m，中心点地理坐标为 128°06′25.05″E、42°23′56.8″N，面积为 1 600 m²）蒸发量长期定位监测数据的相关信息，时间跨度为 2009—2018 年。数据集包括调查年、月、样地代码、月蒸发量和水温。数据产品频率：2009—2018 年，1 次/月。

3.3.4.2 数据采集及处理方法

本数据集的蒸发量数据来自 2009—2018 年长白山气象观测场蒸发量数据。长白山气象观测场随机布设 E-601 蒸发皿（图 2-5），每日进行蒸发量的人工观测，日蒸发量质控后数据累加形成月蒸发量。观测时间为 2009—2018 年 1—12 月。当年 11 月至次年 4 月入冬封冻，无法测量水温，所以水温数据出现周期性中断。分析人员及时、详细地记录观测值，并将所有数据录入计算机。数据录入完成后，监测人员对数据进行核实，以保证电子版数据和纸质原始记录数据完全一致。

3.3.4.3　数据质量控制和评估

严格执行 E-601 蒸发皿的维护要求。对逐日水面蒸发量与逐日降水量进行对照。对突出偏大、偏小确属不合理的水面蒸发量，参照有关因素和邻站资料予以改正。

3.3.4.4　数据

具体数据见表 3-40。

表 3-40　蒸发量

年份	月份	样地代码	月蒸发量/mm	水温/℃	年份	月份	样地代码	月蒸发量/mm	水温/℃
2009	1	CBFQX01	20.5	—	2011	7	CBFQX01	147.3	23.3
2009	2	CBFQX01	40.9	—	2011	8	CBFQX01	127.4	22.7
2009	3	CBFQX01	69.2	—	2011	9	CBFQX01	106.5	12.8
2009	4	CBFQX01	125.7	—	2011	10	CBFQX01	83.9	9.4
2009	5	CBFQX01	191.5	10.8	2011	11	CBFQX01	36.8	—
2009	6	CBFQX01	131.7	17.2	2011	12	CBFQX01	24.3	—
2009	7	CBFQX01	126.6	21.1	2012	1	CBFQX01	19.7	—
2009	8	CBFQX01	154.9	21.8	2012	2	CBFQX01	29.7	—
2009	9	CBFQX01	117.2	15.5	2012	3	CBFQX01	62.2	—
2009	10	CBFQX01	87.7	9.6	2012	4	CBFQX01	143.2	—
2009	11	CBFQX01	43.5	—	2012	5	CBFQX01	144.1	11.5
2009	12	CBFQX01	19.1	—	2012	6	CBFQX01	93.3	18.9
2010	1	CBFQX01	45.9	—	2012	7	CBFQX01	134.9	20.3
2010	2	CBFQX01	36.3	—	2012	8	CBFQX01	97.7	20.3
2010	3	CBFQX01	56.9	—	2012	9	CBFQX01	75.0	15.8
2010	4	CBFQX01	81.0	—	2012	10	CBFQX01	78.1	9.2
2010	5	CBFQX01	155.7	10.4	2012	11	CBFQX01	36.4	—
2010	6	CBFQX01	179.7	20.8	2012	12	CBFQX01	18.2	—
2010	7	CBFQX01	125.8	22.6	2013	1	CBFQX01	27.1	—
2010	8	CBFQX01	108.7	22.1	2013	2	CBFQX01	30.6	—
2010	9	CBFQX01	75.6	16.6	2013	3	CBFQX01	65.1	—
2010	10	CBFQX01	68.9	7.8	2013	4	CBFQX01	72.2	—
2010	11	CBFQX01	47.5	—	2013	5	CBFQX01	161.4	11.7
2010	12	CBFQX01	25.1	—	2013	6	CBFQX01	155.5	20.5
2011	1	CBFQX01	15.4	—	2013	7	CBFQX01	106.4	23.3
2011	2	CBFQX01	43.1	—	2013	8	CBFQX01	113.2	23.4
2011	3	CBFQX01	66.6	—	2013	9	CBFQX01	105.8	16.7
2011	4	CBFQX01	105.9	—	2013	10	CBFQX01	82.0	10.1
2011	5	CBFQX01	130.2	10.7	2013	11	CBFQX01	36.4	—
2011	6	CBFQX01	142.1	18.6	2013	12	CBFQX01	21.9	—

（续）

年份	月份	样地代码	月蒸发量/ mm	水温/℃	年份	月份	样地代码	月蒸发量/ mm	水温/℃
2014	1	CBFQX01	32.4	—	2016	7	CBFQX01	132.6	21.7
2014	2	CBFQX01	33.8	—	2016	8	CBFQX01	115.4	21.6
2014	3	CBFQX01	69.8	—	2016	9	CBFQX01	78.0	15.6
2014	4	CBFQX01	148.3	—	2016	10	CBFQX01	65.8	6.3
2014	5	CBFQX01	128.2	10.2	2016	11	CBFQX01	26.5	—
2014	6	CBFQX01	121.2	15.2	2016	12	CBFQX01	27.8	—
2014	7	CBFQX01	157.2	18.2	2017	1	CBFQX01	20.4	—
2014	8	CBFQX01	137.3	18.9	2017	2	CBFQX01	26.8	—
2014	9	CBFQX01	117.0	13.3	2017	3	CBFQX01	57.9	—
2014	10	CBFQX01	85.2	9.7	2017	4	CBFQX01	114.7	—
2014	11	CBFQX01	45.8	—	2017	5	CBFQX01	158.5	8.3
2014	12	CBFQX01	18.8	—	2017	6	CBFQX01	148.1	15.5
2015	1	CBFQX01	17.9	—	2017	7	CBFQX01	155.8	21.1
2015	2	CBFQX01	33.9	—	2017	8	CBFQX01	121.3	18.6
2015	3	CBFQX01	74.6	—	2017	9	CBFQX01	108.7	9.8
2015	4	CBFQX01	130.2	—	2017	10	CBFQX01	83.1	7.1
2015	5	CBFQX01	177.6	9.8	2017	11	CBFQX01	35.9	—
2015	6	CBFQX01	156.1	17.1	2017	12	CBFQX01	19.5	—
2015	7	CBFQX01	138.4	20.8	2018	1	CBFQX01	18.0	—
2015	8	CBFQX01	101.7	19.5	2018	2	CBFQX01	19.9	—
2015	9	CBFQX01	103.3	14.6	2018	3	CBFQX01	81.5	—
2015	10	CBFQX01	84.8	7.5	2018	4	CBFQX01	125.8	—
2015	11	CBFQX01	34.6	—	2018	5	CBFQX01	146.7	9.1
2015	12	CBFQX01	19.0	—	2018	6	CBFQX01	122.5	14.1
2016	1	CBFQX01	20.0	—	2018	7	CBFQX01	161.4	20.2
2016	2	CBFQX01	31.0	—	2018	8	CBFQX01	99.9	19.1
2016	3	CBFQX01	74.1	—	2018	9	CBFQX01	84.2	10.3
2016	4	CBFQX01	106.5	—	2018	10	CBFQX01	69.4	3.5
2016	5	CBFQX01	153.7	7.5	2018	11	CBFQX01	37.6	—
2016	6	CBFQX01	118.3	16.6	2018	12	CBFQX01	24.2	—

3.3.5　地下水位

3.3.5.1　概述

本数据集是长白山气象观测场（海拔 740 m，中心点地理坐标为 128°06′25.05″E、42°23′56.8″N，面积为 1 600 m²）地下水位长期定位监测数据的相关信息，时间跨度为 2009—2018 年。数据集包括调查年、月、样地代码、观测点名称、植被名称、地下水埋深、标准差、有效数据和地面高程。数据产品频率：2009—2018 年，1 次/月。

3.3.5.2 数据采集及处理方法

本数据集的地下水位数据来自 2009—2018 年长白山气象观测场地下水位数据，地面高程为 740.00 m。2009 年 1 月至 2014 年 6 月用人工方法每 5 d 观测 1 次，2014 年 7 月至 2018 年 12 月利用压力式传感器每天进行自动观测。人工方法观测期间，因当年 11 月至次年 4 月入冬封冻，无法进行观测，所以数据出现周期性中断。分析人员及时、详细地记录观测值，并将所有数据录入计算机。数据录入完成后，监测人员对数据进行核实，以保证电子版数据和纸质原始记录数据完全一致。

3.3.5.3 数据质量控制和评估

原始数据质量控制方法采用多年数据比对，删除异常值或标注说明。

3.3.5.4 数据

具体数据见表 3-41。

表 3-41 地下水位

年份	月份	样地代码	观测点名称	植被名称	地下水埋深/m	标准差	有效数据/条
2009	5	CBFQX01	气象站地下水井采样点	杂草群落和草坪	9.49	0.07	6
2009	6	CBFQX01	气象站地下水井采样点	杂草群落和草坪	9.22	0.16	6
2009	7	CBFQX01	气象站地下水井采样点	杂草群落和草坪	9.06	0.10	6
2009	8	CBFQX01	气象站地下水井采样点	杂草群落和草坪	9.04	0.03	6
2009	9	CBFQX01	气象站地下水井采样点	杂草群落和草坪	8.97	0.01	6
2009	10	CBFQX01	气象站地下水井采样点	杂草群落和草坪	9.16	0.21	6
2010	5	CBFQX01	气象站地下水井采样点	杂草群落和草坪	8.98	0.04	6
2010	6	CBFQX01	气象站地下水井采样点	杂草群落和草坪	9.00	0.04	6
2010	7	CBFQX01	气象站地下水井采样点	杂草群落和草坪	7.36	1.08	6
2010	8	CBFQX01	气象站地下水井采样点	杂草群落和草坪	8.50	0.18	6
2010	9	CBFQX01	气象站地下水井采样点	杂草群落和草坪	8.07	0.06	6
2010	10	CBFQX01	气象站地下水井采样点	杂草群落和草坪	7.79	0.76	6
2011	5	CBFQX01	气象站地下水井采样点	杂草群落和草坪	8.98	0.04	6
2011	6	CBFQX01	气象站地下水井采样点	杂草群落和草坪	9.00	0.04	6
2011	7	CBFQX01	气象站地下水井采样点	杂草群落和草坪	7.36	1.08	6
2011	8	CBFQX01	气象站地下水井采样点	杂草群落和草坪	8.50	0.18	6
2011	9	CBFQX01	气象站地下水井采样点	杂草群落和草坪	8.07	0.06	6
2011	10	CBFQX01	气象站地下水井采样点	杂草群落和草坪	7.79	0.76	6
2012	5	CBFQX01	气象站地下水井采样点	杂草群落和草坪	8.94	0.34	3
2012	6	CBFQX01	气象站地下水井采样点	杂草群落和草坪	5.87	2.18	3
2012	7	CBFQX01	气象站地下水井采样点	杂草群落和草坪	6.77	2.36	3
2012	8	CBFQX01	气象站地下水井采样点	杂草群落和草坪	7.10	0.13	4
2012	9	CBFQX01	气象站地下水井采样点	杂草群落和草坪	7.46	0.58	3
2012	10	CBFQX01	气象站地下水井采样点	杂草群落和草坪	7.66	0.02	3
2013	5	CBFQX01	气象站地下水井采样点	杂草群落和草坪	6.93	1.36	3
2013	6	CBFQX01	气象站地下水井采样点	杂草群落和草坪	8.28	0.15	3
2013	7	CBFQX01	气象站地下水井采样点	杂草群落和草坪	4.24	1.63	3
2013	8	CBFQX01	气象站地下水井采样点	杂草群落和草坪	5.10	1.98	3

（续）

年份	月份	样地代码	观测点名称	植被名称	地下水埋深/m	标准差	有效数据/条
2013	9	CBFQX01	气象站地下水井采样点	杂草群落和草坪	5.87	2.13	3
2013	10	CBFQX01	气象站地下水井采样点	杂草群落和草坪	7.43	0.32	3
2014	5	CBFQX01	气象站地下水井采样点	杂草群落和草坪	7.51	2.62	3
2014	6	CBFQX01	气象站地下水井采样点	杂草群落和草坪	6.48	1.19	4
2014	7	CBFQX01	气象站地下水井采样点	杂草群落和草坪	7.76	1.03	31
2014	8	CBFQX01	气象站地下水井采样点	杂草群落和草坪	8.28	0.12	31
2014	9	CBFQX01	气象站地下水井采样点	杂草群落和草坪	8.47	0.18	30
2014	10	CBFQX01	气象站地下水井采样点	杂草群落和草坪	8.67	0.17	31
2014	11	CBFQX01	气象站地下水井采样点	杂草群落和草坪	8.87	0.06	30
2014	12	CBFQX01	气象站地下水井采样点	杂草群落和草坪	9.04	0.05	31
2015	1	CBFQX01	气象站地下水井采样点	杂草群落和草坪	9.15	0.04	31
2015	2	CBFQX01	气象站地下水井采样点	杂草群落和草坪	9.27	0.06	28
2015	3	CBFQX01	气象站地下水井采样点	杂草群落和草坪	9.30	0.28	31
2015	4	CBFQX01	气象站地下水井采样点	杂草群落和草坪	9.32	0.27	30
2015	5	CBFQX01	气象站地下水井采样点	杂草群落和草坪	9.07	0.93	31
2015	6	CBFQX01	气象站地下水井采样点	杂草群落和草坪	8.90	1.25	30
2015	7	CBFQX01	气象站地下水井采样点	杂草群落和草坪	7.25	2.80	31
2015	8	CBFQX01	气象站地下水井采样点	杂草群落和草坪	7.07	2.37	31
2015	9	CBFQX01	气象站地下水井采样点	杂草群落和草坪	8.08	1.73	30
2015	10	CBFQX01	气象站地下水井采样点	杂草群落和草坪	8.86	0.17	31
2015	11	CBFQX01	气象站地下水井采样点	杂草群落和草坪	8.95	0.16	30
2015	12	CBFQX01	气象站地下水井采样点	杂草群落和草坪	9.16	0.04	31
2016	1	CBFQX01	气象站地下水井采样点	杂草群落和草坪	9.23	0.03	31
2016	2	CBFQX01	气象站地下水井采样点	杂草群落和草坪	9.16	0.04	29
2016	3	CBFQX01	气象站地下水井采样点	杂草群落和草坪	9.05	0.10	30
2016	4	CBFQX01	气象站地下水井采样点	杂草群落和草坪	8.35	1.56	30
2016	5	CBFQX01	气象站地下水井采样点	杂草群落和草坪	7.33	1.26	31
2016	6	CBFQX01	气象站地下水井采样点	杂草群落和草坪	6.61	2.45	30
2016	7	CBFQX01	气象站地下水井采样点	杂草群落和草坪	6.89	2.41	31
2016	8	CBFQX01	气象站地下水井采样点	杂草群落和草坪	5.67	2.53	31
2016	9	CBFQX01	气象站地下水井采样点	杂草群落和草坪	5.95	2.96	30
2016	10	CBFQX01	气象站地下水井采样点	杂草群落和草坪	8.95	0.27	31
2016	11	CBFQX01	气象站地下水井采样点	杂草群落和草坪	9.16	0.07	30
2016	12	CBFQX01	气象站地下水井采样点	杂草群落和草坪	9.17	0.03	31
2017	1	CBFQX01	气象站地下水井采样点	杂草群落和草坪	8.85	0.04	31
2017	2	CBFQX01	气象站地下水井采样点	杂草群落和草坪	8.97	0.05	28
2017	3	CBFQX01	气象站地下水井采样点	杂草群落和草坪	9.08	0.04	31
2017	4	CBFQX01	气象站地下水井采样点	杂草群落和草坪	7.33	1.80	30

（续）

年份	月份	样地代码	观测点名称	植被名称	地下水埋深/m	标准差	有效数据/条
2017	5	CBFQX01	气象站地下水井采样点	杂草群落和草坪	7.48	2.13	31
2017	6	CBFQX01	气象站地下水井采样点	杂草群落和草坪	8.24	0.62	30
2017	7	CBFQX01	气象站地下水井采样点	杂草群落和草坪	6.50	2.29	31
2017	8	CBFQX01	气象站地下水井采样点	杂草群落和草坪	6.63	1.75	31
2017	9	CBFQX01	气象站地下水井采样点	杂草群落和草坪	7.78	0.23	30
2017	10	CBFQX01	气象站地下水井采样点	杂草群落和草坪	7.97	0.05	31
2017	11	CBFQX01	气象站地下水井采样点	杂草群落和草坪	8.20	0.09	30
2017	12	CBFQX01	气象站地下水井采样点	杂草群落和草坪	8.35	0.04	31
2018	1	CBFQX01	气象站地下水井采样点	杂草群落和草坪	8.81	0.05	31
2018	2	CBFQX01	气象站地下水井采样点	杂草群落和草坪	8.91	0.09	28
2018	3	CBFQX01	气象站地下水井采样点	杂草群落和草坪	9.01	0.06	31
2018	4	CBFQX01	气象站地下水井采样点	杂草群落和草坪	9.01	0.07	30
2018	5	CBFQX01	气象站地下水井采样点	杂草群落和草坪	7.38	2.18	31
2018	6	CBFQX01	气象站地下水井采样点	杂草群落和草坪	7.41	1.73	30
2018	7	CBFQX01	气象站地下水井采样点	杂草群落和草坪	7.81	0.81	31
2018	8	CBFQX01	气象站地下水井采样点	杂草群落和草坪	5.53	2.62	31
2018	9	CBFQX01	气象站地下水井采样点	杂草群落和草坪	6.94	0.98	30
2018	10	CBFQX01	气象站地下水井采样点	杂草群落和草坪	7.00	1.63	31
2018	11	CBFQX01	气象站地下水井采样点	杂草群落和草坪	8.49	0.34	30
2018	12	CBFQX01	气象站地下水井采样点	杂草群落和草坪	9.05	0.03	31

3.4　气象长期观测数据

3.4.1　气象人工观测要素

3.4.1.1　气压

（1）概述

本数据集是长白山气象观测场（海拔 740 m，中心点地理坐标为 128°06′25.05″E、42°23′56.8″N，面积为 1 600 m²）人工观测气压数据的相关信息，时间跨度为 2009—2018 年。数据集包括观测年、月、气压和有效条数。数据产品频率：1 次/月。

（2）数据采集及处理方法

本数据集的气压数据来自 2009—2018 年长白山气象观测场人工观测数据。利用空盒气压表进行观测，观测层次为 1 m，每日 8：00、14：00、20：00 分别观测 1 次，频率为 3 次/d。

数据处理方法为对每日质控后的所有 3 个时次观测数据进行平均，计算日平均值。再用日均值合计值除以日数获得月平均值。1 日中定时记录缺测 1 次或以上时，该日不做日平均。1 月中日均值缺测 7 次或以上时，该月不做月统计，按缺测处理。

（3）数据质量控制和评估

原始数据质量控制方法为超出气候学界限值域 300～1 100 hPa 的数据为错误数据；24 h 变压的绝对值小于 50 hPa。

（4）数据

具体数据见表 3-42。

表 3-42　人工观测气压

年份	月份	气压/hPa	有效数据/条	年份	月份	气压/hPa	有效数据/条
2009	1	933.5	31	2012	1	934.8	31
2009	2	930.0	28	2012	2	931.4	29
2009	3	929.2	31	2012	3	930.0	31
2009	4	928.4	30	2012	4	925.5	30
2009	5	927.0	31	2012	5	926.8	31
2009	6	921.1	30	2012	6	925.1	30
2009	7	923.4	31	2012	7	924.2	31
2009	8	927.8	31	2012	8	928.5	31
2009	9	931.1	30	2012	9	931.6	30
2009	10	931.0	31	2012	10	932.0	31
2009	11	935.2	30	2012	11	930.0	30
2009	12	931.7	31	2012	12	932.3	31
2010	1	932.1	31	2013	1	933.8	31
2010	2	931.9	28	2013	2	932.6	28
2010	3	930.7	31	2013	3	927.8	31
2010	4	929.0	30	2013	4	925.1	30
2010	5	925.5	31	2013	5	925.7	31
2010	6	927.7	30	2013	6	925.9	30
2010	7	925.2	31	2013	7	922.4	31
2010	8	928.7	31	2013	8	924.8	31
2010	9	931.6	30	2013	9	932.4	30
2010	10	934.3	31	2013	10	935.3	31
2010	11	931.2	30	2013	11	930.3	30
2010	12	926.3	31	2013	12	931.6	31
2011	1	934.1	31	2014	1	932.6	31
2011	2	932.8	28	2014	2	936.7	28
2011	3	930.1	31	2014	3	931.0	31
2011	4	926.2	30	2014	4	931.1	30
2011	5	925.1	31	2014	5	924.0	31
2011	6	923.7	30	2014	6	924.7	30
2011	7	924.6	31	2014	7	925.2	31
2011	8	927.7	31	2014	8	927.7	31
2011	9	931.5	30	2014	9	931.3	30
2011	10	934.1	31	2014	10	934.2	31
2011	11	936.2	30	2014	11	933.2	30
2011	12	936.3	31	2014	12	931.1	31

（续）

年份	月份	气压/hPa	有效数据/条	年份	月份	气压/hPa	有效数据/条
2015	1	934.0	31	2017	1	933.7	31
2015	2	931.3	28	2017	2	932.0	28
2015	3	930.8	31	2017	3	931.0	31
2015	4	929.0	30	2017	4	925.3	30
2015	5	923.1	31	2017	5	925.7	31
2015	6	924.1	30	2017	6	925.3	30
2015	7	925.4	31	2017	7	925.4	31
2015	8	927.0	31	2017	8	926.6	31
2015	9	932.1	30	2017	9	929.7	30
2015	10	931.4	31	2017	10	936.3	31
2015	11	938.1	30	2017	11	931.8	30
2015	12	934.5	31	2017	12	932.7	31
2016	1	933.3	31	2018	1	931.8	31
2016	2	931.9	29	2018	2	931.2	28
2016	3	931.5	31	2018	3	931.3	31
2016	4	926.1	30	2018	4	927.8	30
2016	5	925.3	31	2018	5	926.5	31
2016	6	924.3	30	2018	6	924.1	30
2016	7	926.4	31	2018	7	926.9	31
2016	8	926.3	31	2018	8	927.1	31
2016	9	931.3	30	2018	9	930.2	30
2016	10	934.3	31	2018	10	932.3	31
2016	11	934.0	30	2018	11	934.9	30
2016	12	934.3	31	2018	12	935.8	31

3.4.1.2　气温

3.4.1.2.1　概述

本数据集是长白山气象观测场（海拔 740 m，中心点地理坐标为 128°06′25.05″E、42°23′56.8″N，面积为 1 600 m²）气温人工观测数据的相关信息，时间跨度为 2009—2018 年。数据集包括观测年、月、气温和有效条数。数据产品频率：1 次/月。

3.4.1.2.2　数据采集及处理方法

本数据集的气温数据来自 2009—2018 年长白山气象观测场人工观测数据。利用干球温度表进行观测，观测层次为 1.5 m，每日 8：00、14：00、20：00 分别观测 1 次，频率为 3 次/d。

数据处理方法为将当日最低气温和前 1 日 20：00 气温的平均值作为 2：00 的插补气温。若当日最低气温或前 1 天 20：00 气温缺测，则 2：00 气温用 8：00 记录代替。对每日质控后的所有 4 个时次观测数据进行平均，计算日平均值。1 日中定时记录缺测 1 次或以上时，该日不做日平均。用日均值合计值除以日数获得月平均值。1 月中日均值缺测 7 次或以上时，该月不做月统计，按缺测处理。

3.4.1.2.3　数据质量控制和评估

原始数据质量控制方法为超出气候学界限值域 −80～60 ℃的数据为错误数据；气温大于等于露

点温度；24 h气温变化范围小于 50 ℃；与台站下垫面及周围环境相似的 1 个或多个邻近站的气温数据计算本台站气温值，比较台站观测值和计算值，如果超出阈值即认为观测数据可疑。

3.4.1.2.4 数据

具体数据见表 3-43。

表 3-43 人工观测气温

年份	月份	气温/℃	有效数据/条	年份	月份	气温/℃	有效数据/条
2009	1	−14.2	31	2011	11	−3.2	30
2009	2	−8.4	28	2011	12	−15.6	31
2009	3	−2.9	31	2012	1	−18.7	31
2009	4	8.0	30	2012	2	−13.1	29
2009	5	15.8	31	2012	3	−5.1	31
2009	6	16.1	30	2012	4	5.9	30
2009	7	19.5	31	2012	5	12.0	31
2009	8	20.1	31	2012	6	15.5	30
2009	9	14.6	30	2012	7	19.5	31
2009	10	7.2	31	2012	8	18.6	31
2009	11	−5.1	30	2012	9	13.0	30
2009	12	−13.2	31	2012	10	4.9	31
2010	1	−15.7	31	2012	11	−5.3	30
2010	2	−12.4	28	2012	12	−17.0	31
2010	3	−6.8	31	2013	1	−16.8	31
2010	4	1.8	30	2013	2	−13.7	28
2010	5	14.5	31	2013	3	−4.9	31
2010	6	18.9	30	2013	4	1.6	30
2010	7	19.7	31	2013	5	13.4	31
2010	8	19.4	31	2013	6	17.8	30
2010	9	13.5	30	2013	7	20.0	31
2010	10	4.8	31	2013	8	19.1	31
2010	11	−3.6	30	2013	9	12.7	30
2010	12	−13.3	31	2013	10	6.1	31
2011	1	−19.1	31	2013	11	−3.0	30
2011	2	−9.4	28	2013	12	−12.8	31
2011	3	−4.3	31	2014	1	−13.7	31
2011	4	4.2	30	2014	2	−13.1	28
2011	5	11.1	31	2014	3	−1.6	31
2011	6	16.3	30	2014	4	6.9	30
2011	7	20.2	31	2014	5	11.7	31
2011	8	19.3	31	2014	6	16.6	30
2011	9	12.0	30	2014	7	19.8	31
2011	10	6.1	31	2014	8	18.7	31

（续）

年份	月份	气温/℃	有效数据/条	年份	月份	气温/℃	有效数据/条
2014	9	12.4	30	2016	11	−5.8	30
2014	10	6.6	31	2016	12	−10.7	31
2014	11	−0.7	30	2017	1	−14.2	31
2014	12	−14.2	31	2017	2	−10.0	28
2015	1	−14.1	31	2017	3	−2.4	31
2015	2	−9.8	28	2017	4	6.7	30
2015	3	−2.3	31	2017	5	13.3	31
2015	4	7.0	30	2017	6	15.4	30
2015	5	13.0	31	2017	7	20.9	31
2015	6	16.4	30	2017	8	18.8	31
2015	7	19.5	31	2017	9	13.1	30
2015	8	18.4	31	2017	10	5.2	31
2015	9	12.9	30	2017	11	−5.6	30
2015	10	5.4	31	2017	12	−14.1	31
2015	11	−5.2	30	2018	1	−17.4	31
2015	12	−11.1	31	2018	2	−14.4	28
2016	1	−17.7	31	2018	3	−1.0	31
2016	2	−11.5	29	2018	4	7.9	30
2016	3	−1.6	31	2018	5	12.2	31
2016	4	6.5	30	2018	6	17.2	30
2016	5	13.4	31	2018	7	22.2	31
2016	6	16.4	30	2018	8	19.7	31
2016	7	20.4	31	2018	9	12.1	30
2016	8	19.4	31	2018	10	5.1	31
2016	9	13.9	30	2018	11	−2.9	30
2016	10	5.0	31	2018	12	−12.5	31

3.4.1.3　相对湿度

3.4.1.3.1　概述

本数据集是长白山气象观测场（海拔 740 m，中心点地理坐标为 128°06′25.05″E、42°23′56.8″N，面积为 1 600 m²）相对湿度人工观测数据的相关信息，时间跨度为 2009—2018 年。数据集包括观测年、月、相对湿度和有效条数。数据产品频率：1 次/月。

3.4.1.3.2　数据采集及处理方法

本数据集的相对湿度数据来自 2009—2018 年长白山气象观测场人工观测数据。非结冰期采用干球温度表和湿球温度表，结冰期采用毛发湿度表观测，观测层次为 1.5 m，按照干、湿球温度表的温度差值查《湿度查算表》获得相对湿度，每日 8：00、14：00、20：00 分别观测 1 次，频率为 3 次/d。

数据处理方法为将 2：00 相对湿度用 8：00 记录代替，然后对每日质控后的所有 4 个时次观测数据进行平均，计算日平均值。1 日中定时记录缺测 1 次或以上时，该日不做日平均。用日均值合计值除以日数获得月平均值。1 月中日均值缺测 7 次或以上时，该月不做月统计，按缺测处理。

3.4.1.3.3 数据质量控制和评估

原始数据质量控制方法为相对湿度介于 0%～100% 之间；干球温度大于等于湿球温度（结冰期除外）。

3.4.1.3.4 数据

具体数据见表 3-44。

表 3-44 人工观测相对湿度

年份	月份	相对湿度/%	有效数据/条	年份	月份	相对湿度/%	有效数据/条
2009	1	70	31	2011	10	58	31
2009	2	59	28	2011	11	73	30
2009	3	55	31	2011	12	—	—
2009	4	53	30	2012	1	71	31
2009	5	56	31	2012	2	61	29
2009	6	78	30	2012	3	62	31
2009	7	82	31	2012	4	53	30
2009	8	76	31	2012	5	63	31
2009	9	71	30	2012	6	83	30
2009	10	65	31	2012	7	82	31
2009	11	65	30	2012	8	85	31
2009	12	—	—	2012	9	83	30
2010	1	66	31	2012	10	65	31
2010	2	64	28	2012	11	79	30
2010	3	59	31	2012	12	—	—
2010	4	61	30	2013	1	—	—
2010	5	63	31	2013	2	—	—
2010	6	69	30	2013	3	56	31
2010	7	86	31	2013	4	65	30
2010	8	84	31	2013	5	63	31
2010	9	83	30	2013	6	75	30
2010	10	67	31	2013	7	86	31
2010	11	66	30	2013	8	83	31
2010	12	69	31	2013	9	74	30
2011	1	71	31	2013	10	65	31
2011	2	61	28	2013	11	70	30
2011	3	57	31	2013	12	71	31
2011	4	52	30	2014	1	65	31
2011	5	68	31	2014	2	65	28
2011	6	75	30	2014	3	59	31
2011	7	82	31	2014	4	48	30
2011	8	84	31	2014	5	70	31
2011	9	74	30	2014	6	80	30

（续）

年份	月份	相对湿度/%	有效数据/条	年份	月份	相对湿度/%	有效数据/条
2014	7	77	31	2016	10	66	31
2014	8	78	31	2016	11	73	30
2014	9	73	30	2016	12	70	31
2014	10	60	31	2017	1	—	—
2014	11	64	30	2017	2	63	28
2014	12	—	—	2017	3	61	31
2015	1	—	—	2017	4	57	30
2015	2	64	28	2017	5	62	31
2015	3	57	31	2017	6	75	30
2015	4	51	30	2017	7	82	31
2015	5	55	31	2017	8	83	31
2015	6	76	30	2017	9	70	30
2015	7	80	31	2017	10	62	31
2015	8	84	31	2017	11	70	30
2015	9	77	30	2017	12	—	—
2015	10	60	31	2018	1	—	—
2015	11	76	30	2018	2	—	—
2015	12	72	31	2018	3	54	31
2016	1	—	—	2018	4	52	30
2016	2	63	29	2018	5	68	31
2016	3	60	31	2018	6	78	30
2016	4	59	30	2018	7	81	31
2016	5	63	31	2018	8	84	31
2016	6	78	30	2018	9	79	30
2016	7	83	31	2018	10	66	31
2016	8	84	31	2018	11	68	30
2016	9	83	30	2018	12	—	—

注："—"为缺失数据。

3.4.1.4 地表温度

3.4.1.4.1 概述

本数据集是长白山气象观测场（海拔 740 m，中心点地理坐标为 128°06′25.05″E、42°23′56.8″N，面积为 1 600 m²）地表温度人工观测数据的相关信息，时间跨度为 2009—2018 年。数据集包括观测年、月、地表温度和有效条数。数据产品频率：1 次/月。

3.4.1.4.2 数据采集及处理方法

本数据集的地表温度数据来自 2009—2018 年长白山气象观测场人工观测数据。利用水银地温表进行观测，观测层次为地表面 0 cm 处。每日 8：00、14：00、20：00 分别观测 1 次，频率为 3 次/d。

数据处理方法为将当日地面最低温度和前 1 日 20 时地表温度的平均值作为 2：00 的地表温度，然后对每日质控后的所有 4 个时次观测数据进行平均，计算日平均值。1 日中定时记录缺测 1 次或以上时，该日不做日平均。用日均值合计值除以日数获得月平均值。1 月中日均值缺测 7 次或以上时，该月不做月统计，按缺测处理。

3.4.1.4.3　数据质量控制和评估

原始数据质量控制方法为超出气候学界限值域−90～90 ℃的数据为错误数据；地表温度 24 h 变化范围小于 60 ℃。

3.4.1.4.4　数据

具体数据见表 3−45。

表 3−45　人工观测地表温度

年份	月份	地表温度/℃	有效数据/条	年份	月份	地表温度/℃	有效数据/条
2009	1	−14.6	31	2011	9	15.6	30
2009	2	−10.2	28	2011	10	7.2	31
2009	3	−2.3	31	2011	11	−2.7	30
2009	4	9.4	30	2011	12	−17.8	31
2009	5	20.9	31	2012	1	−22.2	31
2009	6	21.1	30	2012	2	−16.1	29
2009	7	24.8	31	2012	3	−6.4	31
2009	8	25.6	31	2012	4	6.4	30
2009	9	19.6	30	2012	5	14.6	31
2009	10	9.7	31	2012	6	19.0	30
2009	11	−3.7	30	2012	7	23.3	31
2009	12	−11.1	31	2012	8	22.0	31
2010	1	−16.6	31	2012	9	16.6	30
2010	2	−15.6	28	2012	10	5.9	31
2010	3	−8.6	31	2012	11	−3.8	30
2010	4	2.4	30	2012	12	−15.8	31
2010	5	14.2	31	2013	1	−18.7	31
2010	6	25.2	30	2013	2	−15.9	28
2010	7	23.5	31	2013	3	−5.7	31
2010	8	22.5	31	2013	4	1.9	30
2010	9	16.7	30	2013	5	14.5	31
2010	10	7.2	31	2013	6	21.5	30
2010	11	−2.6	30	2013	7	23.1	31
2010	12	−11.9	31	2013	8	21.7	31
2011	1	−18.8	31	2013	9	15.4	30
2011	2	−11.4	28	2013	10	7.1	31
2011	3	−3.5	31	2013	11	−2.9	30
2011	4	5.3	30	2013	12	−11.9	31
2011	5	13.8	31	2014	1	−14.4	31
2011	6	20.6	30	2014	2	−16.0	28
2011	7	25.2	31	2014	3	−3.7	31
2011	8	23.2	31	2014	4	7.8	30

（续）

年份	月份	地表温度/℃	有效数据/条	年份	月份	地表温度/℃	有效数据/条
2014	5	14.4	31	2016	9	17.2	30
2014	6	20.4	30	2016	10	6.7	31
2014	7	24.1	31	2016	11	−4.4	30
2014	8	23.3	31	2016	12	−9.1	31
2014	9	16.3	30	2017	1	−13.1	31
2014	10	7.4	31	2017	2	−10.1	28
2014	11	−2.9	30	2017	3	−1.7	31
2014	12	−10.9	31	2017	4	7.1	30
2015	1	−14.3	31	2017	5	17.0	31
2015	2	−11.2	28	2017	6	21.2	30
2015	3	−3.9	31	2017	7	25.2	31
2015	4	8.7	30	2017	8	23.2	31
2015	5	15.4	31	2017	9	16.2	30
2015	6	20.1	30	2017	10	6.3	31
2015	7	23.8	31	2017	11	−3.9	30
2015	8	21.5	31	2017	12	−12.7	31
2015	9	16.6	30	2018	1	−16.0	31
2015	10	6.6	31	2018	2	−13.6	28
2015	11	−2.8	30	2018	3	−1.1	31
2015	12	−10.9	31	2018	4	8.5	30
2016	1	−17.9	31	2018	5	15.0	31
2016	2	−11.9	29	2018	6	20.6	30
2016	3	−1.0	31	2018	7	25.6	31
2016	4	7.4	30	2018	8	22.8	31
2016	5	15.7	31	2018	9	14.4	30
2016	6	19.4	30	2018	10	5.6	31
2016	7	23.5	31	2018	11	−2.8	30
2016	8	22.6	31	2018	12	−11.5	31

3.4.1.5　降水量

3.4.1.5.1　概述

本数据集是长白山气象观测场（海拔 740 m，中心点地理坐标为 128°06′25.05″E、42°23′56.8″N，面积为 1 600 m²）降水量人工观测数据的相关信息，时间跨度为 2009—2018 年。数据集包括观测年、月、月累计降水量和有效条数。数据产品频率：1 次/月。

3.4.1.5.2　数据采集及处理方法

本数据集的降水量数据来自 2009—2018 年长白山气象观测场人工观测数据。利用雨（雪）量器每天 8：00 和 20：00 观测前 12 h 的累计降水量，观测层次为距地面高度 70 cm，冬季积雪超过 30 m 时距地面高度 1.0～1.2 m。每日 8：00、20：00 分别观测 1 次，频率为 2 次/d。

数据处理方法为降水量的日总量由该日降水量各时值累加获得。1 日中定时记录缺测 1 次，另一定时记录未缺测时，按实有记录做日合计，全天缺测时不做日合计。月累计降水量由日总量累加而得。1 月中降水量缺测 7 d 或以上时，该月不做月合计，按缺测处理。

3.4.1.5.3　数据质量控制和评估

原始数据质量控制方法为降水量大于 0.0 mm 或者微量时，应有降水或者雪暴天气现象。

3.4.1.5.4　数据

具体数据见表 3 - 46。

表 3 - 46　人工观测降水量

年份	月份	月累计降水量/mm	有效数据/条	年份	月份	月累计降水量/mm	有效数据/条
2009	1	12.5	31	2011	9	48.2	30
2009	2	40.5	28	2011	10	22.5	31
2009	3	16.0	31	2011	11	89.4	30
2009	4	44.6	30	2011	12	4.7	31
2009	5	50.7	31	2012	1	1.0	31
2009	6	191.7	30	2012	2	10.7	29
2009	7	142.1	31	2012	3	24.1	31
2009	8	125.0	31	2012	4	35.2	30
2009	9	39.2	30	2012	5	119.5	31
2009	10	95.5	31	2012	6	105.1	30
2009	11	21.9	30	2012	7	120.8	31
2009	12	12.3	31	2012	8	129.7	31
2010	1	5.5	31	2012	9	105.9	30
2010	2	19.1	28	2012	10	49.7	31
2010	3	60.9	31	2012	11	80.0	30
2010	4	52.9	30	2012	12	8.7	31
2010	5	56.2	31	2013	1	9.9	31
2010	6	56.9	30	2013	2	9.7	28
2010	7	289.3	31	2013	3	26.1	31
2010	8	121.9	31	2013	4	57.0	30
2010	9	123.5	30	2013	5	87.5	31
2010	10	52.6	31	2013	6	61.4	30
2010	11	20.5	30	2013	7	75.9	31
2010	12	27.1	31	2013	8	280.0	31
2011	1	2.1	31	2013	9	33.0	30
2011	2	4.0	28	2013	10	34.8	31
2011	3	6.9	31	2013	11	63.6	30
2011	4	30.9	30	2013	12	10.8	31
2011	5	85.7	31	2014	1	7.7	31
2011	6	94.5	30	2014	2	9.6	28
2011	7	168.8	31	2014	3	25.1	31
2011	8	181.2	31	2014	4	13.9	30

（结）

年份	月份	月累计降水量/mm	有效数据/条	年份	月份	月累计降水量/mm	有效数据/条
2014	5	118.2	31	2016	9	125.6	30
2014	6	126.2	30	2016	10	42.0	31
2014	7	59.9	31	2016	11	29.0	30
2014	8	79.3	31	2016	12	30.3	31
2014	9	28.8	30	2017	1	8.3	31
2014	10	27.6	31	2017	2	11.7	28
2014	11	19.7	30	2017	3	6.4	31
2014	12	9.5	31	2017	4	43.9	30
2015	1	8.3	31	2017	5	118.3	31
2015	2	14.5	28	2017	6	36.3	30
2015	3	34.4	31	2017	7	237.4	31
2015	4	42.0	30	2017	8	146.4	31
2015	5	62.4	31	2017	9	11.0	30
2015	6	120.6	30	2017	10	41.0	31
2015	7	205.1	31	2017	11	33.8	30
2015	8	122.3	31	2017	12	13.5	31
2015	9	35.6	30	2018	1	4.5	31
2015	10	26.6	31	2018	2	18.7	28
2015	11	62.5	30	2018	3	41.7	31
2015	12	10.0	31	2018	4	42.8	30
2016	1	14.9	31	2018	5	124.1	31
2016	2	27.6	29	2018	6	85.9	30
2016	3	25.8	31	2018	7	61.7	31
2016	4	48.9	30	2018	8	289.9	31
2016	5	100.0	31	2018	9	44.1	30
2016	6	157.3	30	2018	10	43.0	31
2016	7	116.8	31	2018	11	20.5	30
2016	8	213.5	31	2018	12	12.7	31

3.4.2 气象自动观测要素

3.4.2.1 气压

（1）概述

本数据集是长白山气象观测场自动观测气压数据的相关信息，时间跨度为 2009—2018 年。数据集包括观测年、月、气压和有效条数。数据产品频率：1 次/月。

（2）数据采集及处理方法

本数据集的气压数据来自 2009—2018 年长白山气象观测场自动观测数据。气压采用 DPA501（2008 年 1 月至 2016 年 9 月）、DDA501（2016 年 10 月至 2018 年 12 月）数字气压表观测，观测层次为距地面小于 1 m，每 10 s 采测 1 个气压值，每 1 min 采测 6 个气压值，去除 1 个最大值和 1 个最小值后取平均值,作为每分钟的气压值,正点时采测的气压值作为正点数据存储。

数据处理方法为对质控后日均值合计值除以日数获得月平均值。日平均值缺测 6 次或者以上时,不做月统计。

（3）数据质量控制和评估

原始数据质量控制方法为超出气候学界限值域 300～1 100 hPa 的数据为错误数据；所观测的气压不小于日最低气压且不大于日最高气压,气压小于海平面气压；24 h 变压的绝对值小于 50 hPa；1 min 内允许的最大变化值为 1.0 hPa,1 h 内变化幅度的最小值为 0.1 hPa；某一定时气压缺测时,用前、后两定时数据内插求得,按正常数据统计,若连续 2 个或以上定时数据缺测时,不能内插,仍按缺测处理；1 日中若 24 次定时观测记录有缺测时,该日按照 2：00、8：00、14：00、20：00 计 4 次定时记录做日平均,若 4 次定时记录缺测 1 次或以上,但该日各定时记录缺测 5 次或以下时,按实有记录作日统计,缺测 6 次或以上时,不做日平均。

（4）数据

具体数据见表 3 - 47。

表 3 - 47　自动观测气压

年份	月份	气压/hPa	有效数据/条	年份	月份	气压/hPa	有效数据/条
2009	1	932.3	31	2011	2	931.6	28
2009	2	929.0	28	2011	3	929.1	31
2009	3	928.2	31	2011	4	925.1	30
2009	4	927.2	30	2011	5	923.9	31
2009	5	926.0	31	2011	6	922.6	30
2009	6	919.8	30	2011	7	923.4	31
2009	7	922.0	31	2011	8	926.5	31
2009	8	926.5	31	2011	9	930.3	30
2009	9	930.0	30	2011	10	933.0	31
2009	10	929.9	31	2011	11	935.1	30
2009	11	934.3	30	2011	12	935.4	31
2009	12	930.7	31	2012	1	934.0	31
2010	1	931.0	31	2012	2	930.4	29
2010	2	930.7	28	2012	3	928.8	31
2010	3	929.7	31	2012	4	924.2	30
2010	4	927.8	30	2012	5	925.7	31
2010	5	924.2	31	2012	6	924.0	30
2010	6	926.6	30	2012	7	922.9	31
2010	7	923.7	31	2012	8	927.2	31
2010	8	927.5	31	2012	9	930.4	30
2010	9	930.5	30	2012	10	931.2	31
2010	10	933.2	31	2012	11	929.0	30
2010	11	930.1	30	2012	12	931.6	31
2010	12	925.0	31	2013	1	932.9	31
2011	1	933.2	31	2013	2	931.8	28

（续）

年份	月份	气压/hPa	有效数据/条	年份	月份	气压/hPa	有效数据/条
2013	3	926.5	31	2016	2	931.3	29
2013	4	924.0	30	2016	3	930.6	31
2013	5	924.5	31	2016	4	925.3	30
2013	6	924.6	30	2016	5	—	0
2013	7	920.9	31	2016	6	923.5	30
2013	8	923.6	31	2016	7	925.3	31
2013	9	931.4	30	2016	8	925.0	31
2013	10	934.3	31	2016	9	930.3	30
2013	11	928.9	30	2016	10	933.6	31
2013	12	929.5	31	2016	11	933.6	30
2014	1	931.8	31	2016	12	933.6	31
2014	2	935.9	28	2017	1	929.9	31
2014	3	929.8	31	2017	2	928.1	28
2014	4	930.0	30	2017	3	928.2	31
2014	5	922.7	31	2017	4	920.8	30
2014	6	923.6	30	2017	5	921.8	31
2014	7	923.9	31	2017	6	922.3	30
2014	8	926.6	31	2017	7	922.2	31
2014	9	930.3	30	2017	8	923.6	31
2014	10	933.7	31	2017	9	926.3	30
2014	11	932.3	30	2017	10	933.7	31
2014	12	929.8	31	2017	11	928.0	30
2015	1	933.1	31	2017	12	929.5	31
2015	2	930.4	28	2018	1	930.9	31
2015	3	930.2	31	2018	2	930.4	28
2015	4	928.0	30	2018	3	930.6	31
2015	5	921.9	31	2018	4	926.8	30
2015	6	923.2	30	2018	5	925.3	31
2015	7	924.3	31	2018	6	923.1	30
2015	8	926.0	31	2018	7	926.1	31
2015	9	931.2	30	2018	8	926.2	31
2015	10	930.8	31	2018	9	929.5	30
2015	11	937.2	30	2018	10	931.6	31
2015	12	934.1	31	2018	11	934.5	30
2016	1	932.7	31	2018	12	935.3	31

注："—"为缺失数据。

3.4.2.2　10 min 平均风速

（1）概述

本数据集是长白山气象观测场 10 min 平均风速自动观测数据的相关信息，时间跨度为 2009—

2018 年。数据集包括观测年、月、10 min 平均风速和有效条数。数据产品频率：1 次/月。

（2）数据采集及处理方法

本数据集的 10 min 平均风速数据来自 2009—2018 年长白山气象观测场自动观测数据。10 min 平均风速采用 WAA151 风速传感器观测，观测层次为 10 m 风杆，每秒采测 1 次风速数据，以 1 s 为步长求 3 s 滑动平均值，以 3 s 为步长求 1 min 滑动平均风速，然后以 1 min 为步长求 10 min 滑动平均风速。正点时存储 10 min 平均风速值。

数据处理方法为对质控后日均值合计值除以日数获得月平均值。日平均值缺测 6 次或者以上时，不做月统计。

（3）数据质量控制和评估

原始数据质量控制方法为超出气候学界限值域 0～75 m/s 的数据为错误数据；10 min 平均风速小于最大风速；1 日中若 24 次定时观测记录有缺测时，该日按照 2：00、8：00、14：00、20：00 4 次定时记录做日平均，若 4 次定时记录缺测 1 次或以上，但该日各定时记录缺测 5 次或以下时，按实有记录作日统计，缺测 6 次或以上时，不做日平均。

（4）数据

具体数据见表 3 - 48。

表 3 - 48　自动观测 10 min 平均风速

年份	月份	10 min 平均风速/（m/s）	有效数据/条	年份	月份	10 min 平均风速/（m/s）	有效数据/条
2009	1	0.6	31	2010	12	0.1	31
2009	2	0.7	28	2011	1	0.0	31
2009	3	1.2	31	2011	2	0.1	28
2009	4	0.6	30	2011	3	0.1	31
2009	5	0.5	31	2011	4	0.1	30
2009	6	0.3	30	2011	5	0.1	31
2009	7	0.2	31	2011	6	0.2	30
2009	8	0.2	31	2011	7	0.3	31
2009	9	0.3	30	2011	8	0.3	31
2009	10	0.6	31	2011	9	0.7	30
2009	11	0.9	30	2011	10	1.1	31
2009	12	0.9	31	2011	11	0.9	30
2010	1	1.1	31	2011	12	1.2	31
2010	2	1.3	28	2012	1	1.0	31
2010	3	1.3	31	2012	2	1.6	29
2010	4	1.5	30	2012	3	1.4	31
2010	5	1.1	31	2012	4	1.4	30
2010	6	0.6	30	2012	5	0.6	31
2010	7	0.3	31	2012	6	0.3	30
2010	8	0.3	31	2012	7	0.2	31
2010	9	0.4	30	2012	8	0.1	31
2010	10	0.0	31	2012	9	0.3	30
2010	11	0.1	30	2012	10	1.2	31

（续）

年份	月份	10 min 平均风速/（m/s）	有效数据/条	年份	月份	10 min 平均风速/（m/s）	有效数据/条
2012	11	1.1	30	2015	12	1.2	31
2012	12	1.1	31	2016	1	1.0	31
2013	1	1.1	31	2016	2	1.2	29
2013	2	1.6	28	2016	3	1.3	31
2013	3	1.8	31	2016	4	1.4	30
2013	4	1.4	30	2016	5	—	0
2013	5	1.1	31	2016	6	0.7	30
2013	6	0.7	30	2016	7	0.4	31
2013	7	0.7	31	2016	8	0.5	31
2013	8	0.8	31	2016	9	0.7	30
2013	9	0.8	30	2016	10	1.1	31
2013	10	1.0	31	2016	11	1.0	30
2013	11	1.4	30	2016	12	1.1	31
2013	12	1.2	31	2017	1	1.2	31
2014	1	1.4	31	2017	2	1.5	28
2014	2	1.2	28	2017	3	1.1	31
2014	3	1.3	31	2017	4	1.4	30
2014	4	1.3	30	2017	5	1.2	31
2014	5	1.2	31	2017	6	0.8	30
2014	6	0.6	30	2017	7	0.6	31
2014	7	0.8	31	2017	8	0.6	31
2014	8	0.6	31	2017	9	0.8	30
2014	9	0.8	30	2017	10	0.8	31
2014	10	1.1	31	2017	11	1.4	30
2014	11	1.2	30	2017	12	1.1	31
2014	12	1.4	31	2018	1	0.9	31
2015	1	1.0	31	2018	2	1.2	28
2015	2	1.2	28	2018	3	1.3	31
2015	3	1.4	31	2018	4	1.5	30
2015	4	1.3	30	2018	5	0.8	31
2015	5	1.4	31	2018	6	0.7	30
2015	6	0.9	30	2018	7	0.6	31
2015	7	0.6	31	2018	8	0.4	31
2015	8	0.6	31	2018	9	0.4	30
2015	9	0.7	30	2018	10	0.7	31
2015	10	1.2	31	2018	11	0.7	30
2015	11	0.6	30	2018	12	0.9	31

注："—"为缺失数据。

3.4.2.3　气温

（1）概述

本数据集是长白山气象观测场气温自动观测数据的相关信息，时间跨度为 2009—2018 年。数据集包括观测年、月、气温和有效条数。数据产品频率：1 次/月。

（2）数据采集及处理方法

本数据集的气温数据来自 2009—2018 年长白山气象观测场自动观测数据。气温采用 HMP450（2008 年 1 月至 2016 年 9 月）、HMP155（2016 年 10 月至 2018 年 12 月）温度传感器观测，观测层次为距地面 1.5 m，每 10 s 采测 1 个温度值，每 1 min 采测 6 个温度值，去除 1 个最大值和 1 个最小值后取平均值，作为每分钟的温度值存储。正点时采测的温度值作为正点数据存储。

数据处理方法为对用质控后的日均值合计值除以日数获得月平均值。日平均值缺测 6 次或者以上时，不做月统计。

（3）数据质量控制和评估

原始数据质量控制方法为超出气候学界限值域−80～60 ℃的数据为错误数据；1 min 内允许的最大变化值为 3 ℃，1 h 内变化幅度的最小值为 0.1 ℃；定时气温大于等于日最低地温且小于等于日最高气温；气温大于等于露点温度；24 h 气温变化范围小于 50 ℃；利用与台站下垫面及周围环境相似的 1 个或多个邻近站观测数据计算本站气温值，比较台站观测值和计算值，如果超出阈值即认为观测数据可疑；某一定时气温缺测时，用前、后两定时数据内插求得，按正常数据统计，若连续 2 个或以上定时数据缺测时，不能内插，仍按缺测处理；1 日中若 24 次定时观测记录有缺测时，该日按照 2：00、8：00、14：00、20：00 4 次定时记录做日平均，若 4 次定时记录缺测 1 次或以上，但该日各定时记录缺测 5 次或以下时，按实有记录作日统计，缺测 6 次或以上时，不做日平均。

（4）数据

具体数据见表 3-49。

表 3-49　自动观测气温

年份	月份	气温/℃	有效数据/条	年份	月份	气温/℃	有效数据/条
2009	1	−14.5	31	2010	5	13.0	31
2009	2	−9.5	28	2010	6	18.9	30
2009	3	−3.7	31	2010	7	19.6	31
2009	4	6.4	30	2010	8	19.3	31
2009	5	14.3	31	2010	9	13.2	30
2009	6	14.7	30	2010	10	4.5	31
2009	7	18.1	31	2010	11	−3.3	30
2009	8	18.6	31	2010	12	−13.0	31
2009	9	12.9	30	2011	1	−18.8	31
2009	10	5.8	31	2011	2	−9.5	28
2009	11	−6.1	30	2011	3	−4.5	31
2009	12	−14.1	31	2011	4	4.5	30
2010	1	−15.7	31	2011	5	11.1	31
2010	2	−12.3	28	2011	6	16.4	30
2010	3	−7.2	31	2011	7	20.2	31
2010	4	1.8	30	2011	8	19.1	31

（续）

年份	月份	气温/℃	有效数据/条	年份	月份	气温/℃	有效数据/条
2011	9	11.8	30	2014	12	−13.8	31
2011	10	6.0	31	2015	1	−13.4	31
2011	11	−3.3	30	2015	2	−9.3	28
2011	12	−15.3	31	2015	3	−2.2	31
2012	1	−18.2	31	2015	4	6.9	30
2012	2	−13.1	29	2015	5	13.1	31
2012	3	−5.2	31	2015	6	16.5	30
2012	4	5.9	30	2015	7	19.5	31
2012	5	12.0	31	2015	8	18.3	31
2012	6	15.6	30	2015	9	12.9	30
2012	7	19.7	31	2015	10	5.4	31
2012	8	18.7	31	2015	11	−4.9	30
2012	9	12.9	30	2015	12	−10.4	31
2012	10	5.0	31	2016	1	−16.9	31
2012	11	−5.1	30	2016	2	−10.7	29
2012	12	−16.7	31	2016	3	−1.5	31
2013	1	−15.9	31	2016	4	6.7	30
2013	2	−13.3	28	2016	5	—	0
2013	3	−4.7	31	2016	6	16.1	30
2013	4	1.6	30	2016	7	20.4	31
2013	5	13.6	31	2016	8	19.0	31
2013	6	18.0	30	2016	9	13.6	30
2013	7	20.1	31	2016	10	5.1	31
2013	8	19.1	31	2016	11	−5.7	30
2013	9	12.5	30	2016	12	−10.1	31
2013	10	6.0	31	2017	1	−13.7	31
2013	11	−3.0	30	2017	2	−9.7	28
2013	12	−12.2	31	2017	3	−2.4	31
2014	1	−13.2	31	2017	4	6.6	30
2014	2	−12.3	28	2017	5	13.1	31
2014	3	−1.6	31	2017	6	15.4	30
2014	4	7.1	30	2017	7	20.8	31
2014	5	11.8	31	2017	8	18.7	31
2014	6	16.9	30	2017	9	13.1	30
2014	7	20.0	31	2017	10	4.9	31
2014	8	18.8	31	2017	11	−5.4	30
2014	9	12.3	30	2017	12	−13.5	31
2014	10	6.5	31	2018	1	−17.1	31
2014	11	−1.4	30	2018	2	−14.4	28

（续）

年份	月份	气温/℃	有效数据/条	年份	月份	气温/℃	有效数据/条
2018	3	−1.1	31	2018	8	19.6	31
2018	4	7.9	30	2018	9	11.9	30
2018	5	12.0	31	2018	10	5.0	31
2018	6	17.1	30	2018	11	−3.1	30
2018	7	21.9	31	2018	12	−12.4	31

注："—"为缺失数据。

3.4.2.4 相对湿度

（1）概述

本数据集是长白山气象观测场相对湿度自动观测数据的相关信息，时间跨度为 2009—2018 年。数据集包括观测年、月、相对湿度和有效条数。数据产品频率：1 次/月。

（2）数据采集及处理方法

本数据集的相对湿度数据来自 2009—2018 年长白山气象观测场自动观测数据。相对湿度采用 HMP450（2008 年 1 月至 2016 年 9 月）、HMP155（2016 年 10 月至 2018 年 12 月）湿度传感器观测，观测层次为距地面 1.5 m，每 10 s 采测 1 个湿度值，每 1 min 采测 6 个湿度值，去除 1 个最大值和 1 个最小值后取平均值，作为每分钟的湿度值存储。正点时采测的湿度值作为正点数据存储。

数据处理方法为对用质控后的日均值合计值除以日数获得月平均值。日平均值缺测 6 次或者以上时，不做月统计。

（3）数据质量控制和评估

原始数据质量控制方法为相对湿度介于 0～100%；定时相对湿度大于等于日最小相对湿度；干球温度大于等于湿球温度（结冰期除外）某一定时相对湿度缺测时，用前、后两定时数据内插求得，按正常数据统计，若连续 2 个或以上定时数据缺测时，不能内插，仍按缺测处理；1 日中若 24 次定时观测记录有缺测时，该日按照 2：00、8：00、14：00、20：00 4 次定时记录做日平均，若 4 次定时记录缺测 1 次或以上，但该日各定时记录缺测 5 次或以下时，按实有记录作日统计，缺测 6 次或以上时，不做日平均。

（4）数据

具体数据见表 3-50。

表 3-50 自动观测相对湿度

年份	月份	相对湿度/%	有效数据/条	年份	月份	相对湿度/%	有效数据/条
2009	1	67	31	2009	11	68	30
2009	2	58	28	2009	12	68	31
2009	3	52	31	2010	1	60	31
2009	4	53	30	2010	2	59	28
2009	5	55	31	2010	3	57	31
2009	6	79	30	2010	4	60	30
2009	7	83	31	2010	5	61	31
2009	8	77	31	2010	6	68	30
2009	9	73	30	2010	7	85	31
2009	10	63	31	2010	8	84	31

（续）

年份	月份	相对湿度/%	有效数据/条	年份	月份	相对湿度/%	有效数据/条
2010	9	84	30	2013	12	70	31
2010	10	68	31	2014	1	59	31
2010	11	63	30	2014	2	60	28
2010	12	64	31	2014	3	58	31
2011	1	62	31	2014	4	50	30
2011	2	52	28	2014	5	71	31
2011	3	54	31	2014	6	82	30
2011	4	50	30	2014	7	79	31
2011	5	66	31	2014	8	—	0
2011	6	74	30	2014	9	—	0
2011	7	80	31	2014	10	56	31
2011	8	83	31	2014	11	63	30
2011	9	74	30	2014	12	71	31
2011	10	57	31	2015	1	68	31
2011	11	72	30	2015	2	63	28
2011	12	62	31	2015	3	57	31
2012	1	61	31	2015	4	53	30
2012	2	52	29	2015	5	57	31
2012	3	55	31	2015	6	78	30
2012	4	48	30	2015	7	82	31
2012	5	64	31	2015	8	87	31
2012	6	80	30	2015	9	79	30
2012	7	79	31	2015	10	63	31
2012	8	83	31	2015	11	79	30
2012	9	83	30	2015	12	74	31
2012	10	66	31	2016	1	67	31
2012	11	78	30	2016	2	65	29
2012	12	67	31	2016	3	61	31
2013	1	65	31	2016	4	55	30
2013	2	58	28	2016	5	—	0
2013	3	56	31	2016	6	80	30
2013	4	65	30	2016	7	84	31
2013	5	63	31	2016	8	85	31
2013	6	75	30	2016	9	84	30
2013	7	86	31	2016	10	67	31
2013	8	85	31	2016	11	70	30
2013	9	77	30	2016	12	69	31
2013	10	66	31	2017	1	64	31
2013	11	73	30	2017	2	60	28

（续）

年份	月份	相对湿度/%	有效数据/条	年份	月份	相对湿度/%	有效数据/条
2017	3	59	31	2018	2	61	28
2017	4	55	30	2018	3	56	31
2017	5	63	31	2018	4	52	30
2017	6	76	30	2018	5	70	31
2017	7	83	31	2018	6	79	30
2017	8	85	31	2018	7	84	31
2017	9	74	30	2018	8	87	31
2017	10	63	31	2018	9	83	30
2017	11	66	30	2018	10	68	31
2017	12	67	31	2018	11	68	30
2018	1	63	31	2018	12	62	31

注："—"为缺失数据。

3.4.2.5　地表温度

（1）概述

本数据集是长白山气象观测场地表温度自动观测数据的相关信息，时间跨度为 2009—2018 年。数据集包括观测年、月、地表温度和有效条数。数据产品频率：1 次/月。

（2）数据采集及处理方法

本数据集的地表温度数据来自 2009—2018 年长白山气象观测场自动观测数据。地表温度采用 QMT110 地温传感器，观测层次为地表面 0 cm 处，每 10 s 采测 1 次地表温度值，每 1 min 采测 6 次，去除 1 个最大值和 1 个最小值后取平均值，作为每分钟的地表温度值存储，正点时采测的地表温度值作为正点数据存储。

数据处理方法为对用质控后的日均值合计值除以日数获得月平均值。日平均值缺测 6 次或者以上时，不做月统计。

（3）数据质量控制和评估

原始数据质量控制方法为超出气候学界限值域 −90～90 ℃ 的数据为错误数据；1 min 内允许的最大变化值为 5 ℃，1 h 内变化幅度的最小值为 0.1 ℃；定时观测地表温度大于等于日地表最低温度且小于等于日地表最高温度；地表温度 24 h 变化范围小于 60 ℃；某一定时地表温度缺测时，用前、后两定时数据内插求得，按正常数据统计，若连续 2 个或以上定时数据缺测时，不能内插，仍按缺测处理；1 日中若 24 次定时观测记录有缺测时，该日按照 2：00、8：00、14：00、20：00 4 次定时记录做日平均，若 4 次定时记录缺测 1 次或以上，但该日各定时记录缺测 5 次或以下时，按实有记录作日统计，缺测 6 次或以上时，不做日平均。

（4）数据

具体数据见表 3 - 51。

表 3 - 51　自动观测地表温度

年份	月份	地表温度/℃	有效数据/条	年份	月份	地表温度/℃	有效数据/条
2009	1	−9.0	31	2009	4	7.0	30
2009	2	−4.1	28	2009	5	17.0	31
2009	3	−1.3	31	2009	6	17.3	30

（续）

年份	月份	地表温度/℃	有效数据/条	年份	月份	地表温度/℃	有效数据/条
2009	7	20.4	31	2012	10	8.4	31
2009	8	22.2	31	2012	11	3.1	30
2009	9	16.0	30	2012	12	1.1	31
2009	10	7.6	31	2013	1	0.3	31
2009	11	0.8	30	2013	2	0.0	28
2009	12	−1.7	31	2013	3	1.0	31
2010	1	−2.9	31	2013	4	2.8	30
2010	2	−2.5	28	2013	5	12.6	31
2010	3	−0.8	31	2013	6	16.7	30
2010	4	2.8	30	2013	7	21.2	31
2010	5	13.6	31	2013	8	20.4	31
2010	6	19.6	30	2013	9	14.7	30
2010	7	22.6	31	2013	10	8.7	31
2010	8	22.4	31	2013	11	3.8	30
2010	9	15.9	30	2013	12	1.8	31
2010	10	6.8	31	2014	1	0.9	31
2010	11	0.9	30	2014	2	0.8	28
2010	12	−0.8	31	2014	3	2.0	31
2011	1	−3.0	31	2014	4	6.6	30
2011	2	−2.4	28	2014	5	11.8	31
2011	3	−0.6	31	2014	6	16.9	30
2011	4	4.8	30	2014	7	19.5	31
2011	5	12.2	31	2014	8	18.7	31
2011	6	15.3	30	2014	9	14.0	30
2011	7	18.5	31	2014	10	8.0	31
2011	8	20.6	31	2014	11	2.1	30
2011	9	13.6	30	2014	12	−1.5	31
2011	10	7.3	31	2015	1	−1.2	31
2011	11	2.5	30	2015	2	−0.8	28
2011	12	−1.1	31	2015	3	1.1	31
2012	1	−3.6	31	2015	4	4.5	30
2012	2	−3.6	29	2015	5	11.3	31
2012	3	−0.1	31	2015	6	15.6	30
2012	4	5.5	30	2015	7	18.2	31
2012	5	12.2	31	2015	8	18.6	31
2012	6	15.6	30	2015	9	13.9	30
2012	7	19.7	31	2015	10	7.7	31
2012	8	18.8	31	2015	11	3.7	30
2012	9	15.2	30	2015	12	2.7	31

（续）

年份	月份	地表温度/℃	有效数据/条	年份	月份	地表温度/℃	有效数据/条
2016	1	1.2	31	2017	7	20.4	31
2016	2	1.1	29	2017	8	20.1	31
2016	3	1.4	31	2017	9	13.2	30
2016	4	6.1	30	2017	10	4.6	31
2016	5	—	0	2017	11	−0.5	30
2016	6	14.5	30	2017	12	−3.3	31
2016	7	19.1	31	2018	1	−4.0	31
2016	8	19.0	31	2018	2	−3.8	28
2016	9	15.0	30	2018	3	−0.4	31
2016	10	6.2	31	2018	4	4.3	30
2016	11	−0.1	30	2018	5	10.9	31
2016	12	−0.8	31	2018	6	16.2	30
2017	1	−1.1	31	2018	7	20.7	31
2017	2	−0.9	28	2018	8	19.7	31
2017	3	−0.4	31	2018	9	12.9	30
2017	4	5.2	30	2018	10	5.7	31
2017	5	13.0	31	2018	11	−0.2	30
2017	6	15.8	30	2018	12	−6.2	31

注："—"为缺失数据。

3.4.2.6　土壤温度（5 cm）

（1）概述

本数据集是长白山气象观测场土壤温度（5 cm）自动观测数据的相关信息，时间跨度为2009—2018年。数据集包括观测年、月、土壤温度（5 cm）和有效条数。数据产品频率：1次/月。

（2）数据采集及处理方法

本数据集的土壤温度（5 cm）数据来自2009—2018年长白山气象观测场自动观测数据。土壤温度（5 cm）采用QMT110地温传感器，观测层次为地面以下5 cm，每10 s采测1次5 cm地温值，每1 min采测6次，去除1个最大值和1个最小值后取平均值，作为每分钟的5 cm地温值存储。正点时采测的5 cm地温值作为正点数据存储。

数据处理方法为对用质控后的日均值合计值除以日数获得月平均值。日平均值缺测6次或者以上时，不做月统计。

（3）数据质量控制和评估

原始数据质量控制方法为超出气候学界限值域−90～90 ℃的数据为错误数据；1 min内允许的最大变化值为5 ℃，1 h内变化幅度的最小值为0.1 ℃；定时观测地表温度大于等于日地表最低温度且小于等于日地表最高温度；地表温度24 h变化范围小于60 ℃；某一定时地表温度缺测时，用前、后两定时数据内插求得，按正常数据统计，若连续2个或以上定时数据缺测时，不能内插，仍按缺测处理；1日中若24次定时观测记录有缺测时，该日按照2：00、8：00、14：00、20：00 4次定时记录做日平均，若4次定时记录缺测1次或以上，但该日各定时记录缺测5次或以下时，按实有记录作日统计，缺测6次或以上时，不做日平均。

（4）数据

具体数据见表3-52。

表3-52　自动观测土壤温度（5 cm）

年份	月份	土壤温度（5 cm）/℃	有效数据/条	年份	月份	土壤温度（5 cm）/℃	有效数据/条
2009	1	−7.8	31	2012	1	−7.3	31
2009	2	−4.0	28	2012	2	−6.5	29
2009	3	−1.4	31	2012	3	−2.3	31
2009	4	5.6	30	2012	4	2.8	30
2009	5	14.7	31	2012	5	9.8	31
2009	6	16.5	30	2012	6	14.3	30
2009	7	19.8	31	2012	7	18.4	31
2009	8	20.5	31	2012	8	17.9	31
2009	9	14.1	30	2012	9	14.0	30
2009	10	6.3	31	2012	10	6.8	31
2009	11	0.7	30	2012	11	1.5	30
2009	12	−1.5	31	2012	12	−0.4	31
2010	1	−2.8	31	2013	1	−1.3	31
2010	2	−2.5	28	2013	2	−1.4	28
2010	3	−1.0	31	2013	3	−0.3	31
2010	4	2.0	30	2013	4	1.0	30
2010	5	12.3	31	2013	5	11.2	31
2010	6	18.4	30	2013	6	15.8	30
2010	7	19.7	31	2013	7	19.7	31
2010	8	19.6	31	2013	8	19.1	31
2010	9	14.7	30	2013	9	13.4	30
2010	10	5.8	31	2013	10	7.3	31
2010	11	−0.2	30	2013	11	2.2	30
2010	12	−1.8	31	2013	12	0.3	31
2011	1	−4.1	31	2014	1	−0.7	31
2011	2	−3.2	28	2014	2	−0.8	28
2011	3	−1.7	31	2014	3	0.1	31
2011	4	2.3	30	2014	4	4.7	30
2011	5	9.4	31	2014	5	10.4	31
2011	6	14.3	30	2014	6	15.7	30
2011	7	17.7	31	2014	7	18.4	31
2011	8	19.6	31	2014	8	17.7	31
2011	9	12.7	30	2014	9	12.8	30
2011	10	5.9	31	2014	10	6.6	31
2011	11	0.9	30	2014	11	0.8	30
2011	12	−3.4	31	2014	12	−2.9	31

（续）

年份	月份	土壤温度 (5 cm) /℃	有效数据/条	年份	月份	土壤温度 (5 cm) /℃	有效数据/条
2015	1	−2.7	31	2017	1	−0.8	31
2015	2	−2.3	28	2017	2	−0.7	28
2015	3	−0.7	31	2017	3	−0.3	31
2015	4	2.0	30	2017	4	4.7	30
2015	5	9.5	31	2017	5	12.7	31
2015	6	14.2	30	2017	6	15.6	30
2015	7	16.9	31	2017	7	20.0	31
2015	8	17.4	31	2017	8	19.9	31
2015	9	12.8	30	2017	9	13.4	30
2015	10	6.4	31	2017	10	5.2	31
2015	11	2.2	30	2017	11	0.3	30
2015	12	1.1	31	2017	12	−2.7	31
2016	1	−0.5	31	2018	1	−3.5	31
2016	2	−0.6	29	2018	2	−3.5	28
2016	3	−0.2	31	2018	3	−0.4	31
2016	4	4.6	30	2018	4	3.6	30
2016	5	—	0	2018	5	10.4	31
2016	6	13.4	30	2018	6	15.7	30
2016	7	17.7	31	2018	7	20.3	31
2016	8	18.3	31	2018	8	19.5	31
2016	9	15.1	30	2018	9	13.1	30
2016	10	6.8	31	2018	10	6.2	31
2016	11	0.6	30	2018	11	0.5	30
2016	12	−0.5	31	2018	12	−5.3	31

　　注："—" 为缺失数据。

3.4.2.7　土壤温度（10 cm）

（1）概述

本数据集是长白山气象观测场土壤温度（10 cm）自动观测数据的相关信息，时间跨度为 2009—2018 年。数据集包括观测年、月、土壤温度（10 cm）和有效条数。数据产品频率：1 次/月。

（2）数据采集及处理方法

本数据集的土壤温度（10 cm）数据来自 2009—2018 年长白山气象观测场自动观测数据。土壤温度（10 cm）采用 QMT110 地温传感器，观测层次为地面以下 10 cm，每 10 s 采测 1 次 10 cm 地温值，每 1 min 采测 6 次，去除 1 个最大值和 1 个最小值后取平均值，作为每分钟的 10 cm 地温值存储。正点时采测的 10 cm 地温值作为正点数据存储。

数据处理方法为对用质控后的日均值合计值除以日数获得月平均值。日平均值缺测 6 次或者以上时，不做月统计。

（3）数据质量控制和评估

原始数据质量控制方法为超出气候学界限值域−70～70 ℃的数据为错误数据；1 min 内允许的最大变化值为 1 ℃，2 h 内变化幅度的最小值为 0.1 ℃；10 cm 地温 24 h 变化范围小于 40 ℃；某一定时土壤温度（10 cm）缺测时，用前、后两定时数据内插求得，按正常数据统计，若连续 2 个或以上定时数据缺测时，不能内插，仍按缺测处理；1 日中若 24 次定时观测记录有缺测时，该日按照 2：00、8：00、14：00、20：00 4 次定时记录做日平均，若 4 次定时记录缺测 1 次或以上，但该日各定时记录缺测 5 次或以下时，按实有记录作日统计，缺测 6 次或以上时，不做日平均。

（4）数据

具体数据见表 3‐53。

表 3‐53　长白山站自动观测土壤温度（10 cm）

年份	月份	土壤温度（10 cm）/℃	有效数据/条	年份	月份	土壤温度（10 cm）/℃	有效数据/条
2009	1	−6.4	31	2011	9	13.1	30
2009	2	−3.3	28	2011	10	6.6	31
2009	3	−1.1	31	2011	11	1.6	30
2009	4	4.4	30	2011	12	−2.5	31
2009	5	13.6	31	2012	1	−6.2	31
2009	6	15.9	30	2012	2	−5.8	29
2009	7	19.3	31	2012	3	−2.1	31
2009	8	20.3	31	2012	4	2.1	30
2009	9	14.5	30	2012	5	9.0	31
2009	10	7.2	31	2012	6	13.7	30
2009	11	1.6	30	2012	7	17.9	31
2009	12	−0.7	31	2012	8	17.7	31
2010	1	−2.1	31	2012	9	14.2	30
2010	2	−2.0	28	2012	10	7.4	31
2010	3	−0.7	31	2012	11	2.1	30
2010	4	1.5	30	2012	12	0.1	31
2010	5	11.1	31	2013	1	−0.8	31
2010	6	17.2	30	2013	2	−1.0	28
2010	7	19.3	31	2013	3	−0.2	31
2010	8	19.5	31	2013	4	0.7	30
2010	9	15.1	30	2013	5	10.5	31
2010	10	6.6	31	2013	6	15.2	30
2010	11	0.8	30	2013	7	19.2	31
2010	12	−1.2	31	2013	8	19.0	31
2011	1	−3.2	31	2013	9	13.7	30
2011	2	−2.7	28	2013	10	7.9	31
2011	3	−1.4	31	2013	11	2.9	30
2011	4	1.6	30	2013	12	0.9	31
2011	5	8.4	31	2014	1	−0.3	31
2011	6	13.6	30	2014	2	−0.5	28
2011	7	17.2	31	2014	3	0.1	31
2011	8	19.3	31	2014	4	4.5	30

（续）

年份	月份	土壤温度（10 cm）/℃	有效数据/条	年份	月份	土壤温度（10 cm）/℃	有效数据/条
2014	5	10.1	31	2016	9	15.2	30
2014	6	15.3	30	2016	10	7.5	31
2014	7	18.0	31	2016	11	1.2	30
2014	8	17.5	31	2016	12	0.0	31
2014	9	13.1	30	2017	1	−0.4	31
2014	10	7.2	31	2017	2	−0.5	28
2014	11	1.6	30	2017	3	−0.2	31
2014	12	−2.1	31	2017	4	4.2	30
2015	1	−2.2	31	2017	5	12.3	31
2015	2	−1.9	28	2017	6	15.1	30
2015	3	−0.6	31	2017	7	19.5	31
2015	4	1.6	30	2017	8	19.7	31
2015	5	9.0	31	2017	9	13.7	30
2015	6	13.8	30	2017	10	5.9	31
2015	7	16.5	31	2017	11	1.1	30
2015	8	17.3	31	2017	12	−2.0	31
2015	9	13.1	30	2018	1	−2.8	31
2015	10	7.0	31	2018	2	−3.0	28
2015	11	2.7	30	2018	3	−0.4	31
2015	12	1.6	31	2018	4	2.9	30
2016	1	0.1	31	2018	5	9.8	31
2016	2	−0.2	29	2018	6	15.1	30
2016	3	0.0	31	2018	7	19.7	31
2016	4	4.4	30	2018	8	19.3	31
2016	5	—	0	2018	9	13.4	30
2016	6	13.1	30	2018	10	6.8	31
2016	7	17.2	31	2018	11	1.3	30
2016	8	18.2	31	2018	12	−4.1	31

注："—"为缺失数据。

3.4.2.8　土壤温度（15 cm）

（1）概述

本数据集是长白山气象观测场土壤温度（15 cm）自动观测数据的相关信息，时间跨度为 2009—2018 年。数据集包括观测年、月、土壤温度（15 cm）和有效条数。数据产品频率：1 次/月。

（2）数据采集及处理方法

本数据集的土壤温度（15 cm）数据来自 2009—2018 年长白山气象观测场自动观测数据。土壤温度（15 cm）采用 QMT110 地温传感器，观测层次为地面以下 15 cm，每 10 s 采测 1 次 15 cm 地温值，每 1 min 采测 6 次，去除 1 个最大值和 1 个最小值后取平均值，作为每分钟的 15 cm 地温值存储。正点时采测的 15 cm 地温值作为正点数据存储。

数据处理方法为对用质控后的日均值合计值除以日数获得月平均值。日平均值缺测 6 次或者以上时，不做月统计。

（3）数据质量控制和评估

原始数据质量控制方法为超出气候学界限值域−60～60 ℃的数据为错误数据；1 min 内允许的最大变化值为 1 ℃，2 h 内变化幅度的最小值为 0.1 ℃；15 cm 地温 24 h 变化范围小于 40 ℃；某一定时土壤温度（15 cm）缺测时，用前、后两定时数据内插求得，按正常数据统计，若连续 2 个或以上定时数据缺测时，不能内插，仍按缺测处理；1 日中若 24 次定时观测记录有缺测时，该日按照 2：00、8：00、14：00、20：00 4 次定时记录做日平均，若 4 次定时记录缺测 1 次或以上，但该日各定时记录缺测 5 次或以下时，按实有记录作日统计，缺测 6 次或以上时，不做日平均。

（4）数据

具体数据见表 3-54。

表 3-54　自动观测土壤温度（15 cm）

年份	月份	土壤温度（15 cm）/℃	有效数据/条	年份	月份	土壤温度（15 cm）/℃	有效数据/条
2009	1	−5.7	31	2011	5	7.4	31
2009	2	−3.0	28	2011	6	12.9	30
2009	3	−1.2	31	2011	7	16.5	31
2009	4	3.4	30	2011	8	18.8	31
2009	5	12.6	31	2011	9	13.2	30
2009	6	15.2	30	2011	10	7.0	31
2009	7	18.6	31	2011	11	2.0	30
2009	8	19.8	31	2011	12	−1.8	31
2009	9	14.5	30	2012	1	−5.3	31
2009	10	7.6	31	2012	2	−5.3	29
2009	11	2.0	30	2012	3	−2.0	31
2009	12	−0.3	31	2012	4	1.4	30
2010	1	−1.8	31	2012	5	8.0	31
2010	2	−1.8	28	2012	6	12.9	30
2010	3	−0.7	31	2012	7	17.2	31
2010	4	0.9	30	2012	8	17.3	31
2010	5	10.0	31	2012	9	14.1	30
2010	6	16.3	30	2012	10	7.7	31
2010	7	18.7	31	2012	11	2.4	30
2010	8	19.1	31	2012	12	0.4	31
2010	9	15.1	30	2013	1	−0.6	31
2010	10	7.0	31	2013	2	−0.8	28
2010	11	1.3	30	2013	3	−0.2	31
2010	12	−0.8	31	2013	4	0.4	30
2011	1	−2.6	31	2013	5	9.6	31
2011	2	−2.4	28	2013	6	14.5	30
2011	3	−1.3	31	2013	7	18.6	31
2011	4	1.0	30	2013	8	18.7	31

（续）

年份	月份	土壤温度（15 cm）/℃	有效数据/条	年份	月份	土壤温度（15 cm）/℃	有效数据/条
2013	9	13.6	30	2016	5	—	0
2013	10	8.2	31	2016	6	12.7	30
2013	11	3.2	30	2016	7	16.7	31
2013	12	1.1	31	2016	8	17.9	31
2014	1	−0.1	31	2016	9	15.2	30
2014	2	−0.4	28	2016	10	7.9	31
2014	3	0.0	31	2016	11	1.6	30
2014	4	4.1	30	2016	12	0.3	31
2014	5	9.5	31	2017	1	−0.1	31
2014	6	14.7	30	2017	2	−0.3	28
2014	7	17.5	31	2017	3	−0.1	31
2014	8	17.2	31	2017	4	3.9	30
2014	9	13.2	30	2017	5	11.8	31
2014	10	7.4	31	2017	6	14.6	30
2014	11	2.0	30	2017	7	19.1	31
2014	12	−1.5	31	2017	8	19.5	31
2015	1	−1.8	31	2017	9	13.8	30
2015	2	−1.7	28	2017	10	6.3	31
2015	3	−0.6	31	2017	11	1.6	30
2015	4	1.0	30	2017	12	−1.5	31
2015	5	8.4	31	2018	1	−2.4	31
2015	6	13.2	30	2018	2	−2.7	28
2015	7	16.0	31	2018	3	−0.4	31
2015	8	17.0	31	2018	4	2.2	30
2015	9	13.1	30	2018	5	9.3	31
2015	10	7.3	31	2018	6	14.6	30
2015	11	2.9	30	2018	7	19.2	31
2015	12	1.8	31	2018	8	19.1	31
2016	1	0.3	31	2018	9	13.6	30
2016	2	−0.1	29	2018	10	7.2	31
2016	3	0.0	31	2018	11	1.8	30
2016	4	4.0	30	2018	12	−3.2	31

注："—"为缺失数据。

3.4.2.9　土壤温度（20 cm）

（1）概述

本数据集是长白山气象观测场土壤温度（20 cm）自动观测数据的相关信息，时间跨度为 2009—2018 年。数据集包括观测年、月、土壤温度（20 cm）和有效条数。数据产品频率：1 次/月。

（2）数据采集及处理方法

本数据集的土壤温度（20 cm）数据来自 2009—2018 年长白山气象观测场自动观测数据。土壤温度（20 cm）采用 QMT110 地温传感器，观测层次为地面以下 20 cm，每 10 s 采测 1 次 20 cm 地温值，每 1 min 采测 6 次，去除 1 个最大值和 1 个最小值后取平均值，作为每分钟的 20 cm 地温值存储。正点时采测的 20 cm 地温值作为正点数据存储。

数据处理方法为对用质控后的日均值合计值除以日数获得月平均值。日平均值缺测 6 次或者以上时，不做月统计。

（3）数据质量控制和评估

原始数据质量控制方法为超出气候学界限值域－50～50 ℃的数据为错误数据；1 min 内允许的最大变化值为 1 ℃，2 h 内变化幅度的最小值为 0.1 ℃；20 cm 地温 24 h 变化范围小于 30 ℃；某一定时土壤温度（20 cm）缺测时，用前、后两定时数据内插求得，按正常数据统计，若连续 2 个或以上定时数据缺测时，不能内插，仍按缺测处理；1 日中若 24 次定时观测记录有缺测时，该日按照 2：00、8：00、14：00、20：00 4 次定时记录做日平均，若 4 次定时记录缺测 1 次或以上，但该日各定时记录缺测 5 次或以下时，按实有记录作日统计，缺测 6 次或以上时，不做日平均。

（4）数据

具体数据见表 3 - 55。

表 3 - 55　自动观测土壤温度（20 cm）

年份	月份	土壤温度（20 cm）/℃	有效数据/条	年份	月份	土壤温度（20 cm）/℃	有效数据/条
2009	1	－5.2	31	2011	1	－2.1	31
2009	2	－2.8	28	2011	2	－2.2	28
2009	3	－1.1	31	2011	3	－1.2	31
2009	4	2.6	30	2011	4	0.5	30
2009	5	11.8	31	2011	5	6.6	31
2009	6	14.5	30	2011	6	12.4	30
2009	7	18.1	31	2011	7	15.9	31
2009	8	19.4	31	2011	8	18.4	31
2009	9	14.5	30	2011	9	13.3	30
2009	10	7.9	31	2011	10	7.2	31
2009	11	2.4	30	2011	11	2.4	30
2009	12	0.0	31	2011	12	－1.2	31
2010	1	－1.4	31	2012	1	－4.5	31
2010	2	－1.6	28	2012	2	－4.9	29
2010	3	－0.7	31	2012	3	－2.0	31
2010	4	0.5	30	2012	4	0.9	30
2010	5	9.1	31	2012	5	7.2	31
2010	6	15.5	30	2012	6	12.3	30
2010	7	18.2	31	2012	7	16.7	31
2010	8	18.7	31	2012	8	17.0	31
2010	9	15.1	30	2012	9	14.0	30
2010	10	7.3	31	2012	10	7.9	31
2010	11	1.7	30	2012	11	2.7	30
2010	12	－0.3	31	2012	12	0.7	31

（续）

年份	月份	土壤温度（20 cm）/℃	有效数据/条	年份	月份	土壤温度（20 cm）/℃	有效数据/条
2013	1	−0.3	31	2016	1	0.4	31
2013	2	−0.6	28	2016	2	0.0	29
2013	3	−0.3	31	2016	3	0.1	31
2013	4	0.2	30	2016	4	3.8	30
2013	5	8.9	31	2016	5	—	0
2013	6	14.0	30	2016	6	12.3	30
2013	7	18.1	31	2016	7	16.2	31
2013	8	18.5	31	2016	8	17.6	31
2013	9	13.6	30	2016	9	15.2	30
2013	10	8.4	31	2016	10	8.2	31
2013	11	3.4	30	2016	11	1.9	30
2013	12	1.3	31	2016	12	0.4	31
2014	1	0.1	31	2017	1	0.1	31
2014	2	−0.2	28	2017	2	−0.1	28
2014	3	−0.1	31	2017	3	−0.1	31
2014	4	3.8	30	2017	4	3.7	30
2014	5	9.2	31	2017	5	11.5	31
2014	6	14.3	30	2017	6	14.4	30
2014	7	17.1	31	2017	7	18.8	31
2014	8	16.9	31	2017	8	19.3	31
2014	9	13.2	30	2017	9	13.9	30
2014	10	7.6	31	2017	10	6.6	31
2014	11	2.3	30	2017	11	2.0	30
2014	12	−1.0	31	2017	12	−1.1	31
2015	1	−1.5	31	2018	1	−2.1	31
2015	2	−1.5	28	2018	2	−2.5	28
2015	3	−0.6	31	2018	3	−0.4	31
2015	4	0.6	30	2018	4	1.8	30
2015	5	8.0	31	2018	5	9.0	31
2015	6	12.8	30	2018	6	14.3	30
2015	7	15.6	31	2018	7	18.8	31
2015	8	16.7	31	2018	8	18.9	31
2015	9	13.1	30	2018	9	13.6	30
2015	10	7.5	31	2018	10	7.5	31
2015	11	3.1	30	2018	11	2.1	30
2015	12	2.0	31	2018	12	−2.7	31

注："—"为缺失数据。

3.4.2.10 土壤温度（40 cm）

（1）概述

本数据集是长白山气象观测场土壤温度（40 cm）自动观测数据的相关信息，时间跨度为 2009—2018 年。数据集包括观测年、月、土壤温度（40 cm）和有效条数。数据产品频率：1 次/月。

（2）数据采集及处理方法

本数据集的土壤温度（40 cm）数据来自 2009—2018 年长白山气象观测场自动观测数据。土壤温度（40 cm）采用 QMT110 地温传感器，观测层次为地面以下 40 cm，每 10 s 采测 1 次 40 cm 地温值，每 1 min 采测 6 次，去除 1 个最大值和 1 个最小值后取平均值，作为每分钟的 40 cm 地温值存储。正点时采测的 40 cm 地温值作为正点数据存储。

数据处理方法为对质控后的日均值合计值除以日数获得月平均值。日平均值缺测 6 次或者以上时，不做月统计。

（2）数据质量控制和评估

原始数据质量控制方法为超出气候学界限值域 −45～45 ℃ 的数据为错误数据；1 min 内允许的最大变化值为 0.5 ℃，2h 内变化幅度的最小值为 0.1 ℃；40 cm 地温 24 h 变化范围小于 30 ℃；某一定时土壤温度（40 cm）缺测时，用前、后两定时数据内插求得，按正常数据统计，若连续 2 个或以上定时数据缺测时，不能内插，仍按缺测处理；1 日中若 24 次定时观测记录有缺测时，该日按照 2：00、8：00、14：00、20：00 4 次定时记录做日平均，若 4 次定时记录缺测 1 次或以上，但该日各定时记录缺测 5 次或以下时，按实有记录作日统计，缺测 6 次或以上时，不做日平均。

（3）数据

具体数据见表 3-56。

表 3-56　自动观测土壤温度（40 cm）

年份	月份	土壤温度（40 cm）/℃	有效数据/条	年份	月份	土壤温度（40 cm）/℃	有效数据/条
2009	1	−2.48	31	2010	7	16.0	31
2009	2	−1.6	28	2010	8	17.4	31
2009	3	−0.8	31	2010	9	15.3	30
2009	4	0.7	30	2010	10	8.9	31
2009	5	8.7	31	2010	11	3.6	30
2009	6	12.3	30	2010	12	1.3	31
2009	7	16.2	31	2011	1	0.1	31
2009	8	17.7	31	2011	2	−0.8	28
2009	9	14.5	30	2011	3	−0.6	31
2009	10	9.3	31	2011	4	−0.2	30
2009	11	4.4	30	2011	5	3.9	31
2009	12	1.6	31	2011	6	10.2	30
2010	1	0.2	31	2011	7	13.8	31
2010	2	−0.4	28	2011	8	17.0	31
2010	3	−0.2	31	2011	9	13.6	30
2010	4	−0.1	30	2011	10	8.6	31
2010	5	6.2	31	2011	11	4.1	30
2010	6	12.7	30	2011	12	1.0	31

（续）

年份	月份	土壤温度（40 cm）/℃	有效数据/条	年份	月份	土壤温度（40 cm）/℃	有效数据/条
2012	1	−1.5	31	2015	4	0.0	30
2012	2	−2.8	29	2015	5	6.4	31
2012	3	−1.4	31	2015	6	11.1	30
2012	4	−0.2	30	2015	7	14.1	31
2012	5	4.2	31	2015	8	15.8	31
2012	6	10.1	30	2015	9	13.3	30
2012	7	14.6	31	2015	10	8.8	31
2012	8	15.9	31	2015	11	4.4	30
2012	9	13.9	30	2015	12	3.1	31
2012	10	9.1	31	2016	1	1.5	31
2012	11	4.1	30	2016	2	0.8	29
2012	12	2.0	31	2016	3	0.7	31
2013	1	0.8	31	2016	4	3.2	30
2013	2	0.4	28	2016	5	—	0
2013	3	0.2	31	2016	6	11.1	30
2013	4	0.5	30	2016	7	14.6	31
2013	5	6.6	31	2016	8	16.7	31
2013	6	11.9	30	2016	9	15.2	30
2013	7	16.2	31	2016	10	9.6	31
2013	8	17.5	31	2016	11	3.4	30
2013	9	13.8	30	2016	12	1.5	31
2013	10	9.5	31	2017	1	0.9	31
2013	11	4.9	30	2017	2	0.6	28
2013	12	2.6	31	2017	3	0.5	31
2014	1	1.2	31	2017	4	3.2	30
2014	2	0.6	28	2017	5	10.0	31
2014	3	0.5	31	2017	6	12.8	30
2014	4	3.1	30	2017	7	17.1	31
2014	5	7.8	31	2017	8	18.4	31
2014	6	12.5	30	2017	9	14.3	30
2014	7	15.5	31	2017	10	8.2	31
2014	8	15.9	31	2017	11	3.6	30
2014	9	13.6	30	2017	12	0.7	31
2014	10	8.9	31	2018	1	−0.4	31
2014	11	4.1	30	2018	2	−1.3	28
2014	12	0.9	31	2018	3	−0.3	31
2015	1	0.0	31	2018	4	0.4	30
2015	2	−0.4	28	2018	5	7.3	31
2015	3	−0.3	31	2018	6	12.4	30

（续）

年份	月份	土壤温度（40 cm）/℃	有效数据/条	年份	月份	土壤温度（40 cm）/℃	有效数据/条
2018	7	16.9	31	2018	10	8.7	31
2018	8	17.9	31	2018	11	3.7	30
2018	9	14.0	30	2018	12	0.1	31

注："—"为缺失数据。

3.4.2.11　土壤温度（60 cm）

（1）概述

本数据集是长白山气象观测场土壤温度（60 cm）自动观测数据的相关信息，时间跨度为2009—2018年。数据集包括观测年、月、土壤温度（60 cm）和有效条数。数据产品频率：1次/月。

（2）数据采集及处理方法

本数据集的土壤温度（60 cm）数据来自2009—2018年长白山气象观测场自动观测数据。土壤温度（60 cm）采用QMT110地温传感器，观测层次为地面以下60 cm，每10 s采测1次60 cm地温值，每1 min采测6次，去除1个最大值和1个最小值后取平均值，作为每分钟的60 cm地温值存储。正点时采测的60 cm地温值作为正点数据存储。

数据处理方法为对用质控后的日均值合计值除以日数获得月平均值。日平均值缺测6次或者以上时，不做月统计。

（3）数据质量控制和评估

原始数据质量控制方法为超出气候学界限值域−40～40 ℃的数据为错误数据；1 min内允许的最大变化值为0.1 ℃，1 h内变化幅度的最小值为0.1 ℃；60 cm地温24 h变化范围小于20 ℃；某一定时土壤温度（60 cm）缺测时，用前、后两定时数据内插求得，按正常数据统计，若连续2个或以上定时数据缺测时，不能内插，仍按缺测处理；1日中若24次定时观测记录有缺测时，该日按照2：00、8：00、14：00、20：00 4次定时记录做日平均，若4次定时记录缺测1次或以上，但该日各定时记录缺测5次或以下时，按实有记录作日统计，缺测6次或以上时，不做日平均。

（4）数据

具体数据见表3-57。

表3-57　自动观测土壤温度（60 cm）

年份	月份	土壤温度（60 cm）/℃	有效数据/条	年份	月份	土壤温度（60 cm）/℃	有效数据/条
2009	1	−2.5	31	2010	1	0.2	31
2009	2	−1.6	28	2010	2	−0.4	28
2009	3	−0.8	31	2010	3	−0.2	31
2009	4	0.7	30	2010	4	−0.1	30
2009	5	8.7	31	2010	5	6.2	31
2009	6	12.3	30	2010	6	12.7	30
2009	7	16.2	31	2010	7	16.0	31
2009	8	17.7	31	2010	8	17.4	31
2009	9	14.5	30	2010	9	15.3	30
2009	10	9.3	31	2010	10	8.9	31
2009	11	4.4	30	2010	11	3.6	30
2009	12	1.6	31	2010	12	1.3	31

（续）

年份	月份	土壤温度（60 cm）/℃	有效数据/条	年份	月份	土壤温度（60 cm）/℃	有效数据/条
2011	1	0.1	31	2014	4	3.1	30
2011	2	−0.8	28	2014	5	7.8	31
2011	3	−0.6	31	2014	6	12.5	30
2011	4	−0.2	30	2014	7	15.5	31
2011	5	3.9	31	2014	8	15.9	31
2011	6	10.2	30	2014	9	13.6	30
2011	7	13.8	31	2014	10	8.9	31
2011	8	17.0	31	2014	11	4.1	30
2011	9	13.6	30	2014	12	0.9	31
2011	10	8.6	31	2015	1	0.0	31
2011	11	4.1	30	2015	2	−0.4	28
2011	12	1.0	31	2015	3	−0.3	31
2012	1	−1.5	31	2015	4	0.0	30
2012	2	−2.8	29	2015	5	6.4	31
2012	3	−1.4	31	2015	6	11.1	30
2012	4	−0.2	30	2015	7	14.1	31
2012	5	4.2	31	2015	8	15.8	31
2012	6	10.1	30	2015	9	13.3	30
2012	7	14.6	31	2015	10	8.8	31
2012	8	15.9	31	2015	11	4.4	30
2012	9	13.9	30	2015	12	3.1	31
2012	10	9.1	31	2016	1	1.5	31
2012	11	4.1	30	2016	2	0.8	29
2012	12	2.0	31	2016	3	0.7	31
2013	1	0.8	31	2016	4	3.2	30
2013	2	0.4	28	2016	5	—	0
2013	3	0.2	31	2016	6	11.1	30
2013	4	0.5	30	2016	7	14.6	31
2013	5	6.6	31	2016	8	16.7	31
2013	6	11.9	30	2016	9	15.2	30
2013	7	16.2	31	2016	10	9.6	31
2013	8	17.5	31	2016	11	3.4	30
2013	9	13.8	30	2016	12	1.5	31
2013	10	9.5	31	2017	1	0.9	31
2013	11	4.9	30	2017	2	0.6	28
2013	12	2.6	31	2017	3	0.5	31
2014	1	1.2	31	2017	4	3.2	30
2014	2	0.6	28	2017	5	10.0	31
2014	3	0.5	31	2017	6	12.8	30

（续）

年份	月份	土壤温度（60 cm）/℃	有效数据/条	年份	月份	土壤温度（60 cm）/℃	有效数据/条
2017	7	17.1	31	2018	4	0.4	30
2017	8	18.4	31	2018	5	7.3	31
2017	9	14.3	30	2018	6	12.4	30
2017	10	8.2	31	2018	7	16.9	31
2017	11	3.6	30	2018	8	17.9	31
2017	12	0.7	31	2018	9	14.0	30
2018	1	−0.4	31	2018	10	8.7	31
2018	2	−1.3	28	2018	11	3.7	30
2018	3	−0.3	31	2018	12	0.1	31

注："—"为缺失数据。

3.4.2.12 土壤温度（100 cm）

（1）概述

本数据集是长白山气象观测场土壤温度（100 cm）自动观测数据的相关信息，时间跨度为2009—2018年。数据集包括观测年、月、土壤温度（100 cm）和有效条数。数据产品频率：1次/月。

（2）数据采集及处理方法

本数据集的土壤温度（100 cm）数据来自2009—2018年长白山气象观测场自动观测数据。土壤温度（100 cm）采用QMT110地温传感器，观测层次为地面以下100 cm，每10 s采测1次100 cm地温值，每1 min采测6次，去除1个最大值和1个最小值后取平均值，作为每分钟的100 cm地温值存储。正点时采测的100 cm地温值作为正点数据存储。

数据处理方法为对用质控后的日均值合计值除以日数获得月平均值。日平均值缺测6次或者以上时，不做月统计。

（3）数据质量控制和评估

原始数据质量控制方法为超出气候学界限值域−40~40 ℃的数据为错误数据；1 min内允许的最大变化值为0.1 ℃，1 h内变化幅度的最小值为0.1 ℃；100 cm地温24 h变化范围小于20 ℃；某一定时土壤温度（100 cm）缺测时，用前、后两定时数据内插求得，按正常数据统计，若连续2个或以上定时数据缺测时，不能内插，仍按缺测处理；1日中若24次定时观测记录有缺测时，该日按照2：00、8：00、14：00、20：00 4次定时记录做日平均，若4次定时记录缺测1次或以上，但该日各定时记录缺测5次或以下时，按实有记录作日统计，缺测6次或以上时，不做日平均。

（4）数据

具体数据见表3-58。

表3-58 自动观测土壤温度（100 cm）

年份	月份	土壤温度（100 cm）/℃	有效数据/条	年份	月份	土壤温度（100 cm）/℃	有效数据/条
2009	1	−1.4	31	2009	7	12.8	31
2009	2	0.7	28	2009	8	14.4	31
2009	3	0.5	31	2009	9	13.6	30
2009	4	0.8	30	2009	10	10.8	31
2009	5	4.6	31	2009	11	7.2	30
2009	6	8.6	30	2009	12	4.3	31

（续）

年份	月份	土壤温度（100 cm）/℃	有效数据/条	年份	月份	土壤温度（100 cm）/℃	有效数据/条
2010	1	2.6	31	2013	4	1.4	30
2010	2	1.7	28	2013	5	3.8	31
2010	3	1.3	31	2013	6	8.4	30
2010	4	1.1	30	2013	7	12.1	31
2010	5	3.3	31	2013	8	14.5	31
2010	6	8.3	30	2013	9	13.4	30
2010	7	11.7	31	2013	10	10.8	31
2010	8	14.2	31	2013	11	7.3	30
2010	9	14.2	30	2013	12	4.8	31
2010	10	10.8	31	2014	1	3.2	31
2010	11	6.6	30	2014	2	2.3	28
2010	12	3.9	31	2014	3	1.8	31
2011	1	2.5	31	2014	4	2.5	30
2011	2	1.5	28	2014	5	5.5	31
2011	3	1.0	31	2014	6	9.2	30
2011	4	0.8	30	2014	7	12.1	31
2011	5	1.9	31	2014	8	13.5	31
2011	6	6.5	30	2014	9	13.1	30
2011	7	10.0	31	2014	10	10.4	31
2011	8	13.4	31	2014	11	7.0	30
2011	9	12.9	30	2014	12	3.9	31
2011	10	10.1	31	2015	1	2.4	31
2011	11	6.8	30	2015	2	1.6	28
2011	12	3.8	31	2015	3	1.2	31
2012	1	2.0	31	2015	4	1.1	30
2012	2	0.7	29	2015	5	3.9	31
2012	3	0.2	31	2015	6	7.9	30
2012	4	0.2	30	2015	7	10.9	31
2012	5	1.6	31	2015	8	13.2	31
2012	6	6.5	30	2015	9	12.7	30
2012	7	10.5	31	2015	10	10.2	31
2012	8	13.0	31	2015	11	6.8	30
2012	9	12.8	30	2015	12	5.0	31
2012	10	10.4	31	2016	1	3.5	31
2012	11	6.6	30	2016	2	2.5	29
2012	12	4.3	31	2016	3	2.0	31
2013	1	2.8	31	2016	4	2.7	30
2013	2	2.0	28	2016	5	—	0
2013	3	1.6	31	2016	6	8.6	30

（续）

年份	月份	土壤温度（100 cm）/℃	有效数据/条	年份	月份	土壤温度（100 cm）/℃	有效数据/条
2016	7	11.3	31	2017	10	10.5	31
2016	8	14.0	31	2017	11	6.7	30
2016	9	14.1	30	2017	12	3.6	31
2016	10	11.3	31	2018	1	2.1	31
2016	11	6.6	30	2018	2	1.1	28
2016	12	3.9	31	2018	3	0.8	31
2017	1	2.8	31	2018	4	0.9	30
2017	2	2.2	28	2018	5	4.4	31
2017	3	1.8	31	2018	6	8.8	30
2017	4	2.7	30	2018	7	12.6	31
2017	5	6.9	31	2018	8	15.0	31
2017	6	9.8	30	2018	9	13.8	30
2017	7	13.2	31	2018	10	10.5	31
2017	8	15.4	31	2018	11	6.7	30
2017	9	14.1	30	2018	12	3.4	31

注："—"为缺失数据。

3.4.2.13 降水量

（1）概述

本数据集是长白山气象观测场降水量自动观测数据的相关信息，时间跨度为 2009—2018 年。数据集包括观测年、月、月累计降水量和有效条数。数据产品频率：1 次/月。

（2）数据采集及处理方法

本数据集的降水量数据来自 2009—2018 年长白山气象观测场自动观测数据。降水量采用 RG13H 型雨量计观测，观测层次为距地面 70 cm，每分钟计算出 1 min 降水量，正点时计算、存储 1 h 的累计降水量，每日 20 时存储每日累计降水。

数据处理方法为 1 月中降水量缺测 6 d 或以下时，按实有记录做月合计，缺测 7 d 或以上时，该月不做月合计。

（3）数据质量控制和评估

原始数据质量控制方法为降雨强度超出气候学界限值域 0～400 mm/min 的数据为错误数据；降水量大于 0.0 mm 或者微量时，应有降水或者雪暴天气现象；1 日中各时降水量缺测数小时但不是全天缺测时，按实有记录做日合计。全天缺测时，不做日合计，按缺测处理。

（4）数据

具体数据见表 3-59。

表 3-59 自动观测降水量

年份	月份	月累计降水量/mm	有效数据/条	年份	月份	月累计降水量/mm	有效数据/条
2009	1	13	31	2009	5	51	31
2009	2	41	28	2009	6	192	30
2009	3	16	31	2009	7	142	31
2009	4	45	30	2009	8	125	31

（续）

年份	月份	月累计降水量/mm	有效数据/条	年份	月份	月累计降水量/mm	有效数据/条
2009	9	39	30	2012	12	9	31
2009	10	96	31	2013	1	10	31
2009	11	22	30	2013	2	10	28
2009	12	12	31	2013	3	26	31
2010	1	6	31	2013	4	57	30
2010	2	19	28	2013	5	88	31
2010	3	61	31	2013	6	61	30
2010	4	53	30	2013	7	76	31
2010	5	56	31	2013	8	280	31
2010	6	57	30	2013	9	33	30
2010	7	289	31	2013	10	35	31
2010	8	122	31	2013	11	64	30
2010	9	124	30	2013	12	11	31
2010	10	53	31	2014	1	8	31
2010	11	21	30	2014	2	10	28
2010	12	27	31	2014	3	25	31
2011	1	2	31	2014	4	14	30
2011	2	4	28	2014	5	118	31
2011	3	7	31	2014	6	126	30
2011	4	31	30	2014	7	60	31
2011	5	86	31	2014	8	79	31
2011	6	95	30	2014	9	29	30
2011	7	169	31	2014	10	28	31
2011	8	181	31	2014	11	20	30
2011	9	48	30	2014	12	10	31
2011	10	23	31	2015	1	8	31
2011	11	89	30	2015	2	15	28
2011	12	5	31	2015	3	34	31
2012	1	1	31	2015	4	42	30
2012	2	11	29	2015	5	62	31
2012	3	24	31	2015	6	121	30
2012	4	35	30	2015	7	205	31
2012	5	120	31	2015	8	122	31
2012	6	105	30	2015	9	36	30
2012	7	121	31	2015	10	27	31
2012	8	130	31	2015	11	63	30
2012	9	106	30	2015	12	10	31
2012	10	50	31	2016	1	15	31
2012	11	80	30	2016	2	28	29

（续）

年份	月份	月累计降水量/mm	有效数据/条	年份	月份	月累计降水量/mm	有效数据/条
2016	3	26	31	2017	8	146	31
2016	4	49	30	2017	9	11	30
2016	5	100	0	2017	10	41	31
2016	6	157	30	2017	11	34	30
2016	7	117	31	2017	12	14	31
2016	8	214	31	2018	1	5	31
2016	9	126	30	2018	2	19	28
2016	10	42	31	2018	3	42	31
2016	11	29	30	2018	4	43	30
2016	12	30	31	2018	5	124	31
2017	1	8	31	2018	6	86	30
2017	2	12	28	2018	7	62	31
2017	3	6	31	2018	8	290	31
2017	4	44	30	2018	9	44	30
2017	5	118	31	2018	10	43	31
2017	6	36	30	2018	11	21	30
2017	7	237	31	2018	12	13	31

3.4.2.14 太阳辐射

（1）概述

本数据集是长白山气象观测场太阳辐射自动观测数据的相关信息，时间跨度为 2009—2018 年。数据集包括观测年、月、日累计总辐射和有效条数。数据产品频率：1 次/月。

（2）数据采集及处理方法

本数据集的太阳辐射数据来自 2009—2018 年长白山气象观测场自动观测数据。太阳辐射采用 CMP11 系统采集数据，观测层次为距地面 1.5 m 处，每 10 s 采测 1 次，每 1 min 采测 6 次辐照度（瞬时值），去除 1 个最大值和 1 个最小值后取平均值，正点（地方平均太阳时）采集存储辐照度，同时计存储曝辐量（累积值）。

数据处理方法为 1 月中辐射曝辐量日总量缺测 9 d 或以下时，除以实有记录天数。缺测 10 d 或以上时，该月不做月统计，按缺测处理。

（3）数据质量控制和评估

原始数据质量控制方法总辐射最大值不能超过气候学界限值 2 000 W/m²；当前瞬时值与前 1 次值的差异小于最大变幅 800 W/m²；小时总辐射量大于等于小时净辐射、反射辐射和紫外辐射；除阴天、雨天和雪天外总辐射一般在中午前后出现极大值；小时总辐射累积值应小于同一地理位置大气层顶的辐射总量，小时总辐射累积值可以稍微大于同一地理位置在大气具有很大透过率和非常晴朗天空状态下的小时总辐射累积值，所有夜间观测的小时总辐射累积值小于 0 时用 0 代替；辐射曝辐量缺测数小时但不是全天缺测时，按实有记录做日合计，全天缺测时，不做日合计。

（4）数据

具体数据见表 3-60。

表 3-60 自动观测太阳辐射

年份	月份	日累计总辐射/（MJ/m²）	有效数据/条	年份	月份	日累计总辐射/（MJ/m²）	有效数据/条
2009	1	6.785	31	2012	4	17.091	30
2009	2	9.954	28	2012	5	19.638	31
2009	3	14.360	31	2012	6	16.628	30
2009	4	16.406	30	2012	7	18.237	31
2009	5	20.022	31	2012	8	15.295	31
2009	6	17.418	30	2012	9	12.184	30
2009	7	17.592	31	2012	10	11.535	31
2009	8	19.424	31	2012	11	4.944	30
2009	9	15.860	30	2012	12	6.276	31
2009	10	11.506	31	2013	1	7.383	31
2009	11	6.921	30	2013	2	10.602	28
2009	12	—	31	2013	3	13.124	31
2010	1	7.616	31	2013	4	14.361	30
2010	2	9.588	28	2013	5	19.065	31
2010	3	13.254	31	2013	6	20.184	30
2010	4	14.886	30	2013	7	15.211	31
2010	5	17.321	31	2013	8	16.395	31
2010	6	21.911	30	2013	9	15.664	30
2010	7	15.306	31	2013	10	11.385	31
2010	8	15.126	31	2013	11	5.744	30
2010	9	11.799	30	2013	12	5.550	31
2010	10	11.245	31	2014	1	7.870	31
2010	11	7.726	30	2014	2	9.937	28
2010	12	5.912	31	2014	3	14.271	31
2011	1	7.818	31	2014	4	19.095	30
2011	2	11.099	28	2014	5	16.684	31
2011	3	14.985	31	2014	6	—	30
2011	4	17.142	30	2014	7	19.435	31
2011	5	17.487	31	2014	8	17.925	31
2011	6	19.090	30	2014	9	16.458	30
2011	7	18.251	31	2014	10	—	31
2011	8	17.199	31	2014	11	7.545	30
2011	9	15.716	30	2014	12	4.959	31
2011	10	11.728	31	2015	1	6.299	31
2011	11	6.949	30	2015	2	9.157	28
2011	12	7.024	31	2015	3	13.042	31
2012	1	8.162	31	2015	4	16.684	30
2012	2	10.411	29	2015	5	19.061	31
2012	3	13.963	31	2015	6	18.041	30

（续）

年份	月份	日累计总辐射/（MJ/m²）	有效数据/条	年份	月份	日累计总辐射/（MJ/m²）	有效数据/条
2015	7	18.010	31	2017	4	17.176	30
2015	8	14.007	31	2017	5	20.566	31
2015	9	14.291	30	2017	6	20.175	30
2015	10	11.000	31	2017	7	19.169	31
2015	11	3.928	30	2017	8	16.860	31
2015	12	5.646	31	2017	9	16.017	30
2016	1	7.534	31	2017	10	11.365	31
2016	2	9.860	29	2017	11	6.932	30
2016	3	13.450	31	2017	12	5.037	31
2016	4	15.456	30	2018	1	7.953	31
2016	5	17.881	31	2018	2	10.373	28
2016	6	16.545	30	2018	3	15.747	31
2016	7	16.247	31	2018	4	17.122	30
2016	8	15.452	31	2018	5	18.628	31
2016	9	12.819	30	2018	6	18.656	30
2016	10	10.704	31	2018	7	19.442	31
2016	11	5.629	30	2018	8	14.731	31
2016	12	5.805	31	2018	9	14.508	30
2017	1	7.330	31	2018	10	11.194	31
2017	2	9.161	28	2018	11	7.869	30
2017	3	13.521	31	2018	12	6.410	31

注："—"为缺失数据。